纪念中国载人航天工程 30 年发展成就

航天运输工程

——策划·设计·实施

董学军 路建功 薛 辉 孙成亮 等 编著

中国宇航出版社

·北京·

图书在版编目（CIP）数据

航天运输工程：策划·设计·实施／董学军等编著
. -- 北京：中国宇航出版社，2023.10
ISBN 978 - 7 - 5159 - 2302 - 4

Ⅰ.①航… Ⅱ.①董… Ⅲ.①航天运输－运输工程
Ⅳ.①V2

中国国家版本馆 CIP 数据核字(2023)第 201441 号

责任编辑　侯丽平　　**封面设计**　王晓武

出　版 **发　行**	**中国宇航出版社**	

社　址	北京市阜成路 8 号　**邮　编**　100830	**版　次**	2023 年 10 月第 1 版
	(010)68768548		2023 年 10 月第 1 次印刷
网　址	www.caphbook.com	**规　格**	787×1092
经　销	新华书店	**开　本**	1/16
发行部	(010)68767386　　(010)68371900	**印　张**	17.25
	(010)68767382　　(010)88100613（传真）	**字　数**	420 千字
零售店	读者服务部　　(010)68371105	**书　号**	ISBN 978 - 7 - 5159 - 2302 - 4
承　印	北京厚诚则铭印刷科技有限公司	**定　价**	98.00 元

本书如有印装质量问题，可与发行部联系调换

《航天运输工程——策划·设计·实施》
编著人员名单

董学军　路建功　薛　辉　孙成亮　杜建洲
高　杰　杨舒农　郭　涛　李立洁　王小虎
樊剑博　徐　强　徐赐睿　邬仲勋

　　载人航天是人类驾驶和乘坐载人航天器在太空从事各种探测、试验、研究的往返飞行活动。几千年来，人类一直期盼能有一天飞向"九重天"，如在我国古代就有"嫦娥奔月"的美丽神话，有"敦煌飞天"的艺术想象，有"万户升天"的悲壮故事。然而，太空环境与地面环境迥异，极为恶劣，发展载人航天技术，把人送入太空，面临着一系列巨大的挑战。因此，直至 1961 年 4 月 12 日，苏联航天员加加林乘坐东方号（Vostok）飞船实现了人类第一次环绕地球的低轨道飞行，才揭开了世界载人航天活动的序幕。

　　1992 年 9 月 21 日，我国载人航天工程正式立项。载人航天高新技术工程上马后，中国航天人在发展国防科技、抢占太空高地、探索未知宇宙的世界性战略博弈中，坚持走自主创新之路，用最少的钱干最大的事，在有限的时间内干最难的事，仅用 30 年的时间就在世界载人航天领域实现了跟跑、并跑乃至局部领跑，搏出了大国尊严，巩固了大国地位，树立了大国形象，彰显了大国气魄，正在推动我国从航天大国向着航天强国阔步迈进。

30年来，中华民族迈着雄健的脚步，在浩瀚的太空走出了一条令世人惊叹的载人航天之路，走出了一条自力更生、自强不息的中国特色航天事业发展之路，在伟大复兴的历史进程中不断留下光辉的足迹。从"神舟一号"到"神舟四号"的无人飞船发射，从"神舟五号"杨利伟的飞天圆梦，到中国空间站"T"字基本构型建成；从问天实验舱、梦天实验舱成功"问天"，到载人飞船与货运飞船形成"天作之合"；从航天员可以在太空驻留半年之久，到两个乘组的六位航天员太空会师，中国人在探索浩瀚宇宙的新征程上跑出了"加速度"，也为中国载人航天在而立之年铸就了时代的丰碑。

在普通人太空旅行的梦想就将实现，月球基地的建设即将付诸实践，殖民火星的计划正如火如荼的当下，我们守正创新、勇毅前行，坚持从实践中来，到实践中去，总结凝练30年载人航天工程经验与启示，寻觅能融合数字智能且更加科学高效的系统工程技术方法，取得了定义载人航天运输系统工程，确认其工程范围、策划其工程过程、设计其工程实现、付诸其工程实施、保证其工程质量、护卫其工程安全的技术成果。

2021年我们开始组织本书编著，分8章论述载人航天运输系统工程的内涵，阐述载人航天运输工程范围、策划、设计、实施和质量安全保证技术，展望载人航天运输未来发展和运营模式。董学军主持载人航天运输系统工程研究，策划设计本书的内容结构，撰写了第1、2、3、5、6章，参与第4、7章的撰写并对全书进行了统稿；孙成亮组织载人航天运输系统工程研究，参与全书的结构设计；路建功撰写了第8章，并参与了全书统稿；薛辉撰写了第7章，参与全书统稿，并与杜建洲、高杰、杨舒农共同撰写了第4章；郭涛、李立洁、王小虎、樊剑博、邬仲勋分别参与第1、2、3、5、6章的撰写；徐强、徐赐睿参与第1章的撰写，李立洁、郭涛组织了本书的出版。

感谢航天系统部对载人航天运输系统工程出版工作的大力支持，感谢酒泉卫星发射中心、太原卫星发射中心、西昌卫星发射中心、西安卫星测控中心、海上卫星测控部等单位在课题研究和本书编写过程中给予的巨大帮助。酒泉卫星发射中心技术部主任张海波，正高级工程师王国保、王洪志，高级工程师冯丑明、周晓明在本书成稿过程中提出了宝贵意见，提供了重要数据和资料，给予了大力支持，在此一并感谢！

　　本书是中国载人航天工程技术人员的集体智慧结晶，谨以此纪念中国载人航天工程实施 30 年来的伟大成就，并向中国航天人致敬。

　　书中不当和疏漏之处，敬请读者批评指正。

编著者于东风航天城

2023 年 6 月

目　录
Contents

第1章
载人航天运输概论

内容提要

载人航天运输是乘员乘坐载人航天器到达预定轨道、空间站或地外天体并最终返回地球的过程。本章首先简要回顾载人航天发展历程，概述中国载人航天活动；其次讨论载人航天运输系统的主要特征、系统构成及其各部分功能；最后定义载人航天运输系统工程，论述载人航天运输系统工程的原则和结构。

总结人类文明历史，经历了从陆地到海洋、到天空、到近地轨道、到深空的过程。以斯蒂芬·威廉·霍金为代表的科学家指出，地球终将难以承受人类数量的增长和对资源的掠夺与开发，围绕能源的争夺将使世界各国陷入战争的深渊，并最终导致人类的灭绝。因此，人类将目光瞄向太阳系、银河系和更加遥远的宇宙，开发利用地球外天体，建立地球外行星基地，以最终实现人类的太空移民，延续人类文明的发展，这正是人类持续发展载人航天的重大意义。

1.1 载人航天历史

1.1.1 国际载人航天发展

"地球是人类的摇篮，但人类不可能永远生活在摇篮里……"千百年来，人类对宇宙未知的探索和对遨游浩瀚星空的向往从未停止。回溯人类载人航天的历程，或许需要从古老的传说和近代的科幻开始。

（1）从地球到月球

人类有很多关于月亮的故事和有关月神的传说。中国神话传说，嫦娥偷吃了后羿的仙丹飞上月球，成为长生不老的月宫仙子。日本神话传说，有一位来自月亮的女神称为"辉夜姬"，能令黑暗的屋子蓬荜生辉。印度神话传说，月亮之神是个拥有四只手的男性，每只手都有很特殊的能力。西方神话中也有月亮女神的传说，古希腊神话中的月亮女神阿尔忒弥斯是太阳神阿波罗的孪生妹妹，所以，美国人将登月计划命名为阿波罗计划。

1609 年，伽利略发明了人类历史上第一台望远镜，从此，美丽神秘的月亮就变成了表面坑坑洼洼的月球，而到月球旅行的设想和小说也开始层出不穷，延续了几个世纪。很多航天科学家童年时代都产生过去月球旅游的想法，包括美国的"火箭之父"罗伯特·戈达德和苏联火箭专家科罗廖夫，也包括德国的火箭专家冯·布劳恩，他们都看过凡尔纳著名的科幻小说《从地球到月球》。

20 世纪 20 年代，科幻电影《月亮上的姑娘》在德国诞生，影片大量借鉴了德国"火箭之父"赫尔曼·奥伯特关于火箭的研究论文，该片在火箭迷中获得经久不衰的赞扬。约 20 年后，即 1942 年 10 月，这群受《月亮上的姑娘》影响的人，竟然真的制造出了能载着炸弹长远飞行的 V－2 火箭，并于 1943 年年底定型投产。1944 年 9 月，第一枚 V－2 火箭落到伦敦，之后，德国又向伦敦发射了多枚 V－2 火箭，造成了大量的平民伤亡和财产损失。1945 年，德国在第二次世界大战中失败，V－2 火箭的发明者冯·布劳恩和 400 余名火箭专家向美军投降，苏联也缴获了大量的 V－2 火箭成品和部件，并俘获了一些火箭专家，以此为起点，美国和苏联开始了各自的火箭和空间计划。

1957 年 10 月 4 日，苏联率先发射了人类第一颗人造地球卫星——斯普特尼克 1 号（Sputnik－1），该事件在伦敦和纽约瞬间掀起轩然大波，西方媒体几乎清一色大标题、大篇幅地报道，内容如出一辙："怎么会有这事？"一个月后，即 11 月 3 日，苏联第二颗人造地球卫星升空，这次卫星的质量大增，而且还在卫星内塞进了一只名叫"莱卡"的小狗。四天后，"莱卡"死于太空。很显然，苏联把"莱卡"送上太空的目的就是为了有朝一日把人送上太空。

苏联发射人造地球卫星，搭载"卫星狗"，让以第一科技强国自居的美国人深感耻辱、备受打击。为反击苏联的太空优势，五星上将出身的时任美国总统艾森豪威尔命令当时研究"人造卫星"的美国海军尽快发射一颗人造卫星。1957 年 12 月 6 日，美国海军点燃了推力只有苏运载火箭 3% 的小火箭，此小火箭随后就连同其携带的先锋 TV3 卫星（实际质量仅为 1.36 千克）爆炸了。据伦敦每日快讯，"美国人称其为故障星。"艾森豪威尔拒绝再给美国海军机会，他把成功发射美国第一颗人造卫星的机会给了陆军弹道导弹局，那里有 V－2 火箭的发明者冯·布劳恩和他的团队。

1958 年 1 月 31 日，冯·布劳恩和他的团队不负众望，终于成功发射了美国第一颗人造卫星——探险者 1 号。3 月中旬，又发射了探险者 2 号，下旬再次发射了探险者 3 号；到 1958 年 8 月 24 日，他们共成功发射了 5 颗卫星。

1958 年 7 月 29 日，为统一组织与调配美国的航天资源，艾森豪威尔总统签署了《美国国家航空航天法案》，以法律的形式确定了美国太空研究的方向和计划。10 月 1 日，成立了美国国家航空航天局（National Aeronautics and Space Administration，NASA）。在艾森豪威尔的国会咨文中，说明了其 NASA 成立之初的职责是：进行飞行研究，进行地球与宇宙的研究。现在，NASA 公之于众的职责是：执着于探索，专注于发现，努力寻找问题的答案。

1958 年 12 月 18 日，新成立的 NASA 发射了第一颗广播试验卫星——斯科尔号，这也是人类第一颗通信卫星。1960 年 4 月 1 日，NASA 发射了人类的第一颗气象卫星。此后，它陆续发射了各种各样的卫星，包括通信、气象、导航、地球资源、月球探测、金星探测、火星探测、太阳探测等。然而，就在 NASA 忙于发射花样繁多的卫星时，苏联的太空计划正在将重点转移到载人航天上。

（2）载人绕地飞行

苏联的东方号载人飞船工程于 1957 年开始论证，1959 年春天完成设计，1960 年 5 月 15 日进行了无人驾驶飞船的首次发射试验，考核了飞船密封性以及控制系统、生命保障系统和通信系统的工作情况，返回时因飞船姿态调整错误，制动火箭将飞船推向了更远的太空，直到两年后才返回地球。1960 年 8 月 19 日，苏联进行了无人驾驶飞船的第二次试验，飞船载着 2 只狗、2 只大白鼠、40 只小老鼠和其他一些动植物入轨，并在飞行 18 圈后安全返回。同年 12 月 1 日进行了第三次无人驾驶飞船试验，飞船绕地球飞行 27 圈后回收失败，携带的 2 只小狗"牺牲"。1961 年 3 月 9 日，苏联进行了无人驾驶飞船的第四次试验，飞船状态与载人状态完全一致，获得圆满成功。

1961 年 3 月 23 日，苏联首批航天员达连科在高压氧舱训练后将擦拭全身用的酒精棉球随手扔到了电热器上，随后引起的火灾导致达连科被 100% 烧伤，并在 8 小时后死亡，成为人类第一个死于事故的航天员。

莫斯科时间 1961 年 4 月 12 日上午 9 时 07 分，尤里·加加林从位于哈萨克大草原上的拜科努尔发射场乘坐东方 1 号宇宙飞船起航，在距地球最大高度为 301 千米的轨道上绕地球飞行 1 圈，历时 108 分钟，于上午 10 时 55 分安全返回，完成了人类首次载人飞行。

1958 年 10 月 1 日 NASA 成立，6 天后，时任局长格伦楠宣称 NASA 要把人类第一个航天员送入太空，这就是美国的"水星"单人载人航天计划。1959 年 12 月，美国按计划把大猩猩送入太空并安全返回，载人航天技术已经基本完备。就在 NASA 信心百倍地带领美国进行世界上第一次载人航天的准备工作时，苏联航天员尤里·加加林搭乘东方 1 号飞船飞上太空，这对美国人来说犹如晴天霹雳。距离尤里·加加林太空飞行不到 1 个月，即 1961 年 5 月 5 日，美国航天员阿兰·谢波德从佛罗里达州的卡纳维拉尔角乘坐自由 7 号飞船升空，进行了历史性的美国首次载人亚轨道飞行，历时 15 分钟，由于不是正式的轨道飞行，被时任苏联最高领导人赫鲁晓夫称为"跳蚤"的一跃。然而，谢波德成功地在亚轨道飞行，更坚定了美国人登月的决心，20 天后，即 5 月 25 日，肯尼迪总统在参众两院演说中声称，美国要在 1970 年前把航天员送到月球并把他安全带回来。

1962 年 2 月 20 日，美国航天员约翰·格伦乘坐友谊 7 号飞船在距地球 260 千米高的轨道上飞行了 3 圈，历时 4 小时 55 分 23 秒，真正实现了美国载人航天的太空梦。此后，"水星"计划又进行了 3 次载人飞行，分别是 1962 年 5 月 24 日发射的大力神 7 号飞船，1962 年 10 月 3 日发射的西格玛 7 号飞船，1963 年 5 月 15 日发射的信念 7 号飞船。

虽然美国的"水星"计划晚苏联 10 个月才实现真正的载人航天飞行，但美国在整个"水星"计划中发展了很多新技术，将多种导弹改进成运载火箭，在太空计划管理上积累了丰富经验。不过，1963 年 6 月 16 日，苏联将一位热爱跳伞的纺织女工——捷列什科娃送入太空待了 3 天，苏联在载人航天方面一直保持着微弱优势。

"水星"计划完成后，NASA 开始实施双子星座载人航天计划，即把两个人同时送入太空。从 1965 年第一艘双子星座飞船发射成功，到 1966 年第 12 艘飞船发射成功，12 次（其中双子星座 1 号和 2 号无人驾驶）飞行均取得成功，完成了太空飞行、出舱行走、太空对接等项目，从这一阶段开始，美国开始在载人航天领域逐渐领先，但在太空出舱行走的时间上还是略晚于苏联。

1965 年 3 月 18 日，苏联发射了载有别列亚耶夫和列昂诺夫的上升 2 号飞船，在轨飞行期间，列昂诺夫进行了人类第一次太空行走，在离飞船 5 米处自由行走了 12 分钟。同年 6 月 3 日，美国双子星座 4 号飞船的航天员怀特在舱外太空中使用喷气装置机动飞行了 21 分钟。同一时间，在大西洋沿岸的佛罗里达州卡纳维拉尔角的肯尼迪航天中心，一座 52 层楼高的巨型火箭装配大楼拔地而起，美国的阿波罗登月计划进入了真正的实施阶段。

（3）月球上的一小步

美苏在互不知情的情况下，几乎是同时决定开展探月计划。

1958 年 8 月 18 日，美国海军试图发射一颗月球探测器——先驱者 0 号，火箭升空后很快就爆炸了。随后 NASA 接手，至 1959 年 3 月 3 日，陆续发射了先驱者 1 号、先驱者 2 号和先驱者 3 号，均告失败。

1959 年 1 月，苏联发射了月球 1 号，两天后，它从距月球表面 5995 千米的地方划过，虽未按计划击中月球，9 个月后却开始绕太阳公转，成为人类第一颗星际探测器。同年 3 月 3 日，NASA 发射先驱者 4 号，从月球表面 60200 千米的地方飞过，也未能按计划击中月球。同年 9 月 12 日，苏联发射了月球 2 号，两天后飞抵月球，首次实现了从地球到另一个天体的飞行。同年 10 月，苏联的月球 3 号飞往月球，3 天后环绕到月球背面，拍摄了人类第一张月球背面照片。

1961 年，美国开展了新一轮的探月计划——徘徊者月球探测计划，同年发射了徘徊者 1 号和 2 号，都因火箭二级点火失败没有飞入太空。1962 年 1 月，徘徊者 3 号飞近了月球，但因探测器计算机故障而失败。同年 4 月，徘徊者 4 号因调姿失败而撞向月球，没有按计划拍下 1 张照片。同年 10 月 18 日，徘徊者 5 号发射升空，但因探测器内部短路导致电池在开机 8 小时 44 分钟后耗尽，3 天后以 724 千米的距离错过了月球。1964 年 1 月，徘徊者 6 号在发射 65.5 小时后按计划撞击在月球宁静海东侧边缘，但没有获得任何预期的视讯资料。同年 7 月发射的徘徊者 7 号取得成功，在月球云海着陆，共拍摄 4000 多张月面特写照片。1965 年 2 月发射的徘徊者 8 号和 3 月发射的徘徊者 9 号也取得了成功，分别拍摄了 7000 多张和 5800 多张月面近距离照片，徘徊者月球探测计划完成。

徘徊者计划完成之后，NASA 启动了勘测者计划，即探测器在月球上软着陆，保证探测器毫发无损地降落在月球上。1966 年 1 月，苏联发射的月球 9 号，经过 79 小时的长途飞行，在月球风暴洋附近着陆，这是世界上第一个在月球软着陆的探测器。此后的 1 年半内，NASA 备感压力，密集发射了 7 个月球勘测者，除勘测者 2 号外，均取得了成功，测得了月球表面岩石的成分，确认月球表面相当坚硬，并非全部堆积着灰尘。几乎与勘测者计划同时，NASA 还在进行着月球轨道卫星计划。从 1966 年 8 月到 1967 年 8 月共发射了 5 颗绕月飞行卫星，拍摄了大量月球地形照片，为阿波罗飞船选好了着陆点。

到 1967 年，美国完成双子星座载人飞行计划、徘徊者、勘测者和月球轨道卫星计划，为人类登上月球做了充分的准备。NASA 开始执行人类航天史上最惊心动魄的阿波罗载人登月计划。

1967 年 1 月 27 日，3 名航天员在卡纳维拉尔角 34 号发射场火箭顶部的阿波罗 1 号试验飞船里进行模拟发射。下午 6 时 31 分，驾驶舱内发生火灾，3 名航天员全部遇难。《阿波罗 204 事故调查报告》指出，飞船内长达 59 千米的电线某处产生火花，舱内易燃物在纯氧中迅速燃烧，释放出各种毒气，致使航天员死亡，同时，飞船缺乏救生舱门也是一个重大问题。按照 NASA 计划，如果阿波罗 1 号任务成功，随后将有两次阿波罗任务，分别于 1967 年夏季和秋季发射，但因阿波罗 1 号发生火灾而取消，因此，阿波罗登月活动中没有 2 号和 3 号。随后，美国改进了阿波罗飞船设计，在阿波罗 4 号、5 号和 6 号任务中进行了系统的无人太空飞行测试。

1968 年 10 月发射的阿波罗 7 号，是阿波罗计划第一次载人太空飞行，也是第一次 3 人太空任务，时间长达 11 天。同年 12 月 21 日发射阿波罗 8 号，3 天后到达月球轨道并绕月飞行 20 小时，这是人类第一次离开近地轨道并绕月飞行。阿波罗 9 号是在 1969 年 3 月实施的绕地球轨道 10 天的载人飞行任务，对登月舱进行了全面检验。阿波罗 10 号于 1969 年 5 月 18 日发射，登月舱下降到离月球表面 15 千米的高度，检验了整个登月过程。此时，登月已万事俱备。

1969 年 7 月 16 日，阿波罗 11 号点火升空，19 日进入月球轨道，20 日登月舱与指令舱分离，21 日 5 时 17 分载着 2 名航天员在月球着陆，11 时 56 分航天员阿姆斯特朗踏上月球表面，说出了他预先准备好的却注定会载入史册的著名话语："对一个人来说这是一小步，但是对人类来说这是一大步。"阿姆斯特朗和奥尔德林在月球表面共漫步了两个半小时，然后乘登月舱返回指令舱，两天半后他们飞入地球大气层，溅落在太平洋上。

1969 年 11 月至 1972 年 12 月，美国又陆续发射了阿波罗 12 至 17 号飞船，其中除阿波罗 13 号因故障没有登月（航天员安全返回地面），另 5 艘飞船均成功登月，阿波罗 15 至 17 号飞船的航天员还驾驶月球车在月面活动，采集岩石并测量了月球内部发出的热流。

阿波罗工程历时约 11 年，耗资 255 亿美元，工程高峰期时，参加工程的有约 2 万家企业、200 多所大学和 80 多个科研机构，总人数超过 30 万；将 6 艘载人飞船的 12 名航天员送到月球，航天员在月球上共停留 280 小时，足迹达 100 千米，带回岩石样品约 440 千克，大大充实了人类对月球的认识。同时，由于阿波罗工程的带动，在 20 世纪 60 至 70 年代诞生了液体推进剂火箭、微波雷达、无线电制导、合成材料、计算机等一大批高科技工业群，后来又将该计划中取得的科技进步成果向民用转移，带动了科技发展和工业繁荣。比如现在婴儿所用的"尿不湿"，就是当时为解决航天员内急所专用的；航天员防辐射用的玻璃头盔，则变成了今天的高档太阳镜；航天员太空鞋里所采用的海绵，如今已成为高档运动鞋的鞋垫材料……

（4）航天飞机落幕

1969 年 4 月，NASA 提出建造航天飞机的计划，希望它能集航空、火箭以及其他太空技术于一身，既能作为运载工具发射各类航天器，又能像飞船一样绕地球飞行，然后像普通飞机一样着陆……其初衷就是希望航天飞机不要像一次性火箭那样用完就废。NASA 还请来经济学家进行分析证明，航天飞机不仅能在运行阶段节约资金，而且节约下来的资金还能偿还预付费用……

1972 年 1 月，尼克松总统批准了航天飞机计划。同年年底，阿波罗 17 号从月球返回地球，为阿波罗登月计划画上句号。航天飞机结构复杂，内部有 3500 个重要分系统和 250 万个零部件；经过 5 年的研制，1977 年 2 月，NASA 终于迎来了第一架试验用航天飞机——企业号。企业号刚刚研制出来就在加利福尼亚州肯尼迪空军基地被一架改装的波音 747 飞机背着飞来飞去，反复进行各种返回与着陆测试试验，还屡次被竖起并装配好推进剂贮箱和助推火箭，在发射状态下进行测试。在完成各种测试后，企业号被收藏到博物馆里。

①哥伦比亚号

哥伦比亚号航天飞机是美国研制出的第一架正式使用的航天飞机，名字是为了纪念一艘穿越太平洋航行的美国籍船只——哥伦比亚号帆船。1981 年 4 月 12 日（苏联航天员加加林绕地球旅行 20 周年之日）12 时，哥伦比亚号航天飞机——人类历史上又一新型航天器成功点火发射。航天飞机持续航行 2 天 6 小时 20 分钟后完成了处女航，降落在肯尼迪航天中心。这次代号为 STS-1（Space Transportation System-1）的任务，正式开启了 NASA 的"太空运输系统"计划。2003 年 2 月 1 日，哥伦比亚号航天飞机在执行代号为 STS-107 的第 28 次任务返回大气层时与控制中心失去联系，不久后被发现在得克萨斯州上空解体，机上 7 名航天员全部遇难。2003 年 8 月 26 日，哥伦比亚号事故调查委员会公布的报告指出：哥伦比亚号发射升空后，一块泡沫撞击到防热瓦形成裂缝；航天飞机返回大气层时，超高温气流从裂缝侵入机体，导致航天飞机解体。同时，报告还指出：NASA 没有独立的安全计划、缺乏安全文化、存在侥幸心理、不善于学习和总结，同那块泡沫一样致命。

②挑战者号

挑战者号航天飞机是美国正式投入使用的第二架航天飞机，是以曾经航行于大西洋和太平洋的英国研究船挑战者号为名。挑战者号与企业号航天飞机一样，建造初衷是作测试用的，但在完成测试任务后，NASA 突然改变主意，将挑战者号改装成正式使用的航天飞机，并于 1983 年 4 月 4 日正式进行任务首航，1983 年 8 月 30 日，挑战者号首次实现黑夜发射，6 天后又在黑夜降落。1986 年 1 月 28 日，挑战者号在进行代号为 STS - 51 - L 的第 10 次太空任务时，因为右侧固态火箭推进剂上面的一个 O 形橡胶圈在低温状态下失效，导致一连串的连锁反应，在升空后 73 秒时爆炸，机上 7 名航天员全部丧生。事故调查委员会指出：NASA 的组织文化与决策过程中的缺陷与错误是导致这次事件的关键因素。NASA 管理层事前已经知道承包商莫顿·塞奥克公司设计的固体火箭推进剂存在潜在的缺陷，但未能提出改进意见；他们还忽视了工程师发出的在低温下进行发射的危险性警告。

③发现者号

发现者号航天飞机是 NASA 旗下第三架航天飞机，名称源于一艘 18 世纪的英国探险船。发现者号属 NASA 建造的航天飞机之中第二期的产品，在设计组装过程中汲取了许多来自企业号、哥伦比亚号和挑战者号的实际测试与飞行数据方面的经验，设计更为成熟。首次飞行是在 1984 年 8 月 30 日执行代号为 STS - 41 - D 的各种科学研究任务，并作为"国际空间站"计划的支援。在 2011 年 2 月 24 日，发现者号航天飞机在佛罗里达州卡纳维拉尔角发射升空，此行搭载 6 名航天员，在完成向国际空间站运送一个永久性多功能舱和太空中第一个人形机器人的任务后，于 3 月 9 日在肯尼迪航天中心安全着陆，结束了近 27 年的服役"生涯"，服役期间共往返太空 36 次。

④亚特兰蒂斯号

亚特兰蒂斯号航天飞机的命名源于美国的第一艘远洋船舶的名字，是 NASA 旗下的第四架航天飞机，始建于 1980 年 3 月，1985 年 4 月进行了首飞。执行过的引人注目的任务包括 1989 年将伽利略号和麦哲伦号行星探测器送入太空，1991 年将康普顿伽马射线观测台送入太空，1996 年将航天员莎朗·露西德送到俄罗斯的和平号空间站，6 个月后又将其接回到地面。2011 年 7 月 21 日 5 时 58 分，亚特兰蒂斯号航天飞机成功降落到肯尼迪航天中心，结束其谢幕之旅，标志着美国 30 年航天飞机时代宣告终结。亚特兰蒂斯号航天飞机服役 26 年，往返太空 37 次。

⑤奋进号

奋进号航天飞机是 NASA 第五架实际执行太空飞行任务的航天飞机，也是最后的一架，奋进号的名字源于著名的英国探险家詹姆·库克船长在 1768 年第一次远征时所搭乘的考察船。奋进号航天飞机首次飞行是在 1992 年 5 月 7 日的 STS - 49 任务。2011 年 5 月 16 日在肯尼迪航天中心成功升空，飞赴国际空间站；9 月 21 日，航天飞机返回到加利福尼亚州洛杉矶市国际机场，完成最后一次飞行。服役 19 年，往返太空 25 次，与国际空间站对接 10 次，与苏联和平号空间站对接 1 次。

（5）空间站建设

20 世纪 60 年代末 70 年代初，当美国人忙于登月时，苏联人则正在设想建造一个能长时间停留在太空的东西——空间站。在发展空间站的道路上，苏联人是比较理智的，他们充分利用当时的成熟技术，强调简单性以缩短研制周期，降低风险。1974 年 4 月，苏联用巨大的质子号运载火箭把世界上第一个空间站——礼炮 1 号发射上天。不幸的是，礼炮 1

号三位航天员在返回地球时，因联盟号飞船密封舱出现故障而死亡，留在轨道上的礼炮1号也于当年10月坠毁。

从礼炮1号到礼炮5号，空间站仅有一个对接口，每次只能对接一艘宇宙飞船，导致航天员和货物要共处一船。1977年9月29日，苏联发射了具有两个对接口的第一座实用性空间站——礼炮6号，后来苏联还专门开发了进步号货运飞船，一次可为空间站运送2吨的货物。1982年4月，苏联又发射了第二座实用性空间站——礼炮7号，确保了苏联在空间站技术方面的领先地位。

1986年2月20日，苏联人开始建造世界上第一个多模块组合式空间站——和平号空间站，它是20世纪世界上质量最大、技术最先进、运行时间最长的空间站，在轨运行了15年。15年来，和平号完成了24个国际性科研计划，进行了16500项科学实验。2000年6月，和平号上最后一批航天员返回地球。2001年1月27日，进步号飞船成功与和平号对接，给和平号注入了坠毁所需的推进剂，3月23日，和平号解体并坠落到南太平洋。和平号解体坠落也标志着俄罗斯（苏联）的太空优势已消耗殆尽。

1967年，作为阿波罗计划的一部分，NASA马歇尔航天飞行中心提出了一项空间站计划，计划尽可能多地利用阿波罗的部件和技术。这个计划后来演变成了天空实验室计划。1973年5月，用阿波罗计划的剩余材料——土星5号火箭第三级的液氢贮舱改造成的天空实验室，由两级土星5号火箭发射到太空。天空实验室没有安装轨道机动系统，不能调整自己的轨道高度，因此，总共在太空运行了2249天便陨落到南印度洋。

"国际空间站"建成之前，已发射的9座空间站中有8座是苏联人建造的，苏联人拥有建造空间站的丰富经验和教训。因此，伴随着冷战的结束，国际合作的深入发展，NASA在倡导国际空间站时才会力邀苏联的继承者——俄罗斯人参加。

1993年3月中旬，美国向俄罗斯倡议美国的空间站计划与俄罗斯的和平2号计划合并，大家共同建造一个空间站。此事得到时任俄罗斯总统叶利钦的积极响应，3个月后，俄罗斯航天局与NASA签订了正式协议，两国的工程师也很快设计出了今天的国际空间站。为了分担建造压力和风险，两国还同意接纳11个欧洲空间局成员国、日本、加拿大和巴西等。1998年1月，包括美国、俄罗斯、加拿大、日本和欧洲空间局11个成员国在内的15个国家共同签署了建造国际空间站的协议，加上之前已与美国签署双边合作协议的巴西，一共16个国家参与。

1998年11月20日，俄罗斯制造的国际空间站的第一个组件——曙光号功能货舱发射升空，人类历史上规模最大的国际空间站开始组装。同年12月6日，美国制造的团结号节点舱升空与曙光号对接。2000年7月，国际空间站的核心组件——星辰号服务舱发射入轨并完成与国际空间站的对接。2000年11月，首批3名航天员进驻国际空间站，国际空间站开始长期驻载。

按计划，整个国际空间站建设会持续到2002年6月，期间将陆续发射加拿大制造的遥控机械臂、美国的中央桁架和节点2号舱、日本的实验舱和站外暴露平台、欧洲空间局的实验舱和美国的居住舱等。然而，由于预算远远超出NASA的预计，加之哥伦比亚号航天飞机失事和一些其他原因，"国际空间站"直到 2010 年才完成建造并转入全面使用阶段。

装配完成的国际空间站长 110 米、宽 88 米，有 1200 立方米的内部空间，大致相当于一个足球场大小，总质量 400 余吨，运行在高度 397 千米、倾角 51.6°的轨道上，可供 7 名航天员在轨工作，计划使用寿命至 2020 年，是人类有史以来规模最为庞大、设施最为先进的人造天体。2015 年，美俄双双就延长国际空间站的使用期限达成一致，同意其工作到 2024 年。2022 年 2 月，NASA 宣布，计划 2031 年摧毁国际空间站，残骸将沉入南太平洋的无人区"尼莫点"。

1.1.2　中国载人航天活动

（1）载人航天规划

早在 1966 年，原国防科工委就制定了研制宇宙飞船的计划，钱学森将其命名为曙光一号。但由于受国家经济困难和相关技术不成熟等方面的影响，1975 年中央暂停了载人宇宙飞船的研制计划。1986 年 3 月，王大珩、王淦昌、杨嘉墀和陈芳允四位科学家提出《关于跟踪研究外国战略性高技术发展的建议》，党中央、国务院果断决策，迅速启动了高技术研究发展计划（简称 863 计划），把载人航天工程重新提上研制日程。1992 年 1 月 8 日，中央专委召开会议决定由国防科工委负责，组织进行载人飞船工程技术和经济可行性论证，中国的载人航天工程——"921"工程正式起步。

1992 年 8 月 1 日，中央专委召开会议，决定中国载人航天分三步走：第一步，在 2002 年前，发射两艘无人飞船和一艘载人飞船，建成初步配套的试验性载人飞船，开展空间应用试验；第二步，在第一艘载人飞船发射成功后，突破载人飞船和空间飞行器的交会对接技术，并利用载人飞船技术改装、发射一个小型的空间实验室，解决一定规模的、短期有人照料的空间应用问题；第三步，建造空间站，解决较大规模的、长期有人照料的空间应用问题。

（2）进入太空

中国第一艘飞船的研制工作历时 6 年多，110 多个科研院所和企业直接参与，3000 多个单位协作配套，10 多万科技人员和工人为其奉献心血和智慧。

1999 年 11 月 20 日，携带神舟一号试验飞船的长征二号 F 运载火箭在酒泉卫星发射中心点火发射，10 分钟后，飞船进入预定轨道，此后共飞行 14 圈、遨游 21 小时，于 21 日凌晨返回地面，成功完成载人航天工程的首航。这次飞行考核了总体设计方案的可行性，重点是舱段分离、调姿制动、升力控制、防热和回收着陆等 5 大关键技术的可靠性，标志着中国载人航天技术迈出关键一步。

2001 年 1 月 10 日，与载人飞行状态基本一致的神舟二号无人飞船发射升空，绕地球飞行 108 圈，在太空驻留近 7 天后，于 16 日返回地面。这次飞行，飞船轨道舱首次留轨运行半年，成功开展了预定的科学实验，重点考核了环境控制与生命保障和应急救生两系统的功能，进一步检验了飞船系统与其他系统的协调性。

2002 年 3 月 25 日，与载人飞行状态基本一致的神舟三号无人飞船成功启航，飞船飞行6天18小时，环绕地球108圈后返回到主着陆场——内蒙古四子王旗。这次飞行在轨道舱和返回舱内装载了拟人载荷系统，它可以在太空中模拟航天员的呼吸、心跳、话音、氧耗和产生的热量等多种太空生活的生理参数和效应。神舟三号还增加了逃逸与应急救生功能，进行了逃逸救生和天地话音传输等方面的试验，均取得圆满成功。

2002年12月30日，长征二号F运载火箭携带着技术状态与载人飞行状态完全一致的神舟四号无人飞船成功发射，飞船按计划完成所有试验后，于2003年1月5日在主着陆场平稳着陆。飞船完全按照载人要求进行了一次演练飞行，安装了两个穿着航天服的"模拟人"，全面考核了航天员对太空生活和着陆冲击的适应性，进一步验证了飞船系统的可靠性、安全性和工作性能。飞船还安装了52套科研设备，进行了对地观测、生命科学和空间环境实验。

2003年10月15日9时整，长征二号F运载火箭点火发射，10分钟后，中国航天员杨利伟搭乘神舟五号载人飞船进入近地点200千米、远地点350千米、倾角42.4度的近地初始轨道，变轨后进入343千米的圆轨道运行。杨利伟在太空与地面指控中心的妻子和儿子通话时说："我在太空感觉很好，太空的景色非常美，我看到我们美丽的家了。"10月16日6时23分，神舟五号返回舱在内蒙古四子王旗平安着陆，中国成为世界上第三个独立开展载人航天活动的国家。神舟五号载人飞行的成功说明，神舟号飞船总体方案及各系统方案正确，航天员座舱的大气环境、力学环境满足设计要求。神舟五号飞行任务还考核了飞船发射起飞段的救生功能、自适应返回方案及各种故障预案，为神舟飞船后续任务提供了宝贵经验。

（3）交会对接

2005年10月12日，搭载两名航天员的神舟六号飞船发射升空，飞船在太空飞行5天，绕地球77圈，在太空开展了有人参与的科学实验活动。2008年9月25日，神舟七号飞船发射成功。27日，翟志刚身穿中国自己研制的飞天舱外航天服进行出舱活动，整个活动时间长达19分35秒，完成了中国人的首次太空行走。28日17时37分，神舟七号返回舱安全着陆，标志着中国成为世界上第三个独立掌握空间出舱关键技术的国家。

中国载人航天工程第二步任务的关键是进行航天器空间交会对接。按照中国载人航天工程计划，要先发射天宫一号目标飞行器，然后发射神舟八号无人飞船与天宫一号实现自动交会对接，再发射神舟九号、神舟十号载人飞船，实现与天宫一号有人自动交会对接和手动交会对接，航天员入驻天宫一号开展空间实验活动。

2011年9月29日，天宫一号目标飞行器发射并进入预定轨道。11月1日，神舟八号无人飞船发射成功，11月3日经4次自主变轨控制，神舟八号到达距天宫一号约5千米的对接入口处，逐渐靠拢后，飞船对接机构捕获锁与天宫一号对接机构卡板器相互咬合，二者合并成一个组合体绕地球飞行。14日，神舟八号与天宫一号先解体分离后，然后成功进行了第二次交会对接。17日，神舟八号与天宫一号分离并安全返回地面。

2012年6月16日，神舟九号载着两名男航天员和一名女航天员从酒泉卫星发射中心启航。18日，神舟九号与天宫一号目标飞行器自动交会对接成功，形成航天器组合体后，航天员景海鹏打开了天宫一号实验舱舱门，三名航天员相继进入天宫一号，开展了预先安排的所有科学实验活动。24 日，神舟九号与天宫一号先行分离，然后在航天员刘旺的操控下完成了手动交会对接，再次形成航天器组合体。28 日，航天员刘旺手动控制神舟九号与天宫一号分离，天宫一号由交会对接轨道进入自主运行轨道，神舟九号踏上归程并于29 日安全着陆，中国首次载人空间交会对接任务圆满成功。

2013 年 6 月 11 日，神舟十号载着三名航天员顺利启航，在轨飞行 15 天，其中独立飞行 3 天，与天宫一号组合体联合飞行 12 天，实现 3 次交会、2 次对接、1 次绕飞，完成 4项预定任务和一系列空间科学实验活动。26 日 8 时 7 分，神舟十号安全返回地面，中国载人航天第二步一阶段顺利收官。

2016 年 9 月 15 日，天宫二号空间实验室在酒泉卫星发射中心发射成功。10 月 17 日 7时 30 分，载着两名航天员的神舟十一号飞船从酒泉卫星发射中心启航，经过 2 天独立飞行完成与天宫二号的交会对接，形成组合体。在完成一系列的应用和实验任务后，于 11月 18 日顺利返回着陆。神舟十一号飞行任务是中国载人航天工程三步走中从第二步到第三步的过渡，总飞行时间长达 33 天，是中国已实施的六次载人飞行任务中持续时间最长的一次。

2017 年 4 月 20 日 19 时，中国首个货运飞船——天舟一号在文昌航天发射场由长征七号运载火箭发射升空，27 日完成天宫二号首次推进剂在轨补加试验，8 月 1 日 15 时，在轨释放一颗立方星。至此，中国载人航天工程第二步任务全部完成。

（4）建造空间站

2010 年 9 月 25 日，中国载人空间站工程正式立项。2013 年 3 月，空间站进入方案研制阶段。2015 年 4 月，空间站进入初样研制阶段。

空间站包括核心舱、实验舱 I 和实验舱 II，通过空间交会对接和舱段转位在轨组装构成空间站本体，其基本构型采用水平对称 T 形构型，各舱发射质量约 22 吨。空间站设计寿命为 10 年，额定支持 3 名航天员长期在轨生活和工作（乘组短期轮换时可支持 6 人），开展空间科学实验和技术试验，配置 3 个对接口，支持载人飞船、货运飞船和光学舱访问。由载人飞船完成乘组和少量物资往返运输，由货运飞船完成物资上行补给和废弃物下行销毁。

空间站本体及到访飞行器组成一个长约 56 米、宽约 43 米、高约 13 米、质量约 96 吨的组合体，由核心舱统一控制和管理，接受航天员访问和货物补给，支持开展航天医学和空间科学实验与技术试验。核心舱的节点舱兼作气闸舱，用于航天员出舱活动。实验舱 I和实验舱 II 以支持舱内和舱外试（实）验为主。其中，实验舱 I 备份了核心舱部分平台功能，配置航天员出舱活动主份气闸舱；实验舱 II 配置了货物气闸舱，支持载荷舱内外转移。空间站配置一大一小两个机械臂，用于支持航天员出舱活动、舱段组装和载荷操作。

空间站各舱段由长征五号 B 运载火箭在文昌航天发射场发射。空间站任务分为空间站关键技术验证、空间站建造和空间站运营三个阶段实施。关键技术验证阶段首先进行长征五号 B 运载火箭首飞试验任务，其次发射试验核心舱，之后发射两艘载人飞船和两艘货运飞船访问试验核心舱，完成空间站关键技术验证。随后，对在轨试验核心舱进行综合评估、满足在轨建造空间站条件后，进入空间站建造阶段，发射实验舱Ⅰ和实验舱Ⅱ，以及两艘载人飞船和两艘货运飞船，完成空间站在轨建造。发射空间站光学舱，与空间站共轨飞行，建成我国空间站大系统。

2020 年 5 月 5 日 18 时，长征五号 B 遥一运载火箭成功将搭载的新一代载人飞船试验船和柔性充气式货物返回舱试验舱送入预定轨道，首飞任务取得圆满成功，拉开了我国载人航天工程"第三步"任务序幕。

2021 年 4 月 29 日 11 时 23 分，长征五号 B 遥二运载火箭搭载空间站天和核心舱在海南文昌航天发射场发射升空。5 月 18 日空间站天和核心舱完成在轨测试验证。

2021 年 5 月 29 日 20 时 55 分，长征七号遥三运载火箭搭载天舟二号货运飞船在海南文昌航天发射场成功发射；5 月 30 日 5 时 1 分，携带 3 名航天员消耗品、舱外航天服、平台物资的天舟二号货运飞船与空间站天和核心舱完成自主快速交会对接。6 月 17 日 9 时 22 分，长征二号 F 遥十二运载火箭搭载神舟十二号载人飞船在酒泉卫星发射中心成功发射，当天 15 时 54 分，神舟十二号载人飞船与空间站天和核心舱完成自主快速交会对接，3 名航天员聂海胜、刘伯明和汤洪波入驻空间站天和核心舱。9 月 16 日神舟十二号载人飞船撤离空间站组合体，9 月 17 日 13 时 30 分，飞船返回舱在东风着陆场安全降落。

2021 年 9 月 20 日 15 时 10 分，长征七号遥四运载火箭搭载天舟三号货运飞船在海南文昌航天发射场成功发射；当天 22 时，携带 3 名航天员生活物资、舱外航天服及出舱消耗品、平台物资、部分载荷和推进剂的"天舟三号"货运飞船与空间站天和核心舱及天舟二号组合体完成自主快速交会对接。10 月 16 日 0 时 23 分，长征二号 F 遥十三运载火箭搭载神舟十三号载人飞船在酒泉卫星发射中心成功发射，当天 6 时 56 分，神舟十三号载人飞船与空间站天和核心舱完成自主快速交会对接，3 名航天员翟志刚、王亚平和叶光富入驻空间站天和核心舱。

2022 年是中国载人航天立项 30 周年，全年载人航天任务实现 6 次发射（2 次载人）、2 次返回，先后将天舟四号货运飞船、神舟十四号载人飞船、问天实验舱、梦天实验舱、天舟五号货运飞船、神舟十五号载人飞船送入太空，将神舟十三号、神舟十四号两批航天员迎回地球。2022 年 11 月 30 日，神舟十五号与神舟十四号航天员在太空"会师"，空间站三船三舱构型以及 6 名航天员同时在轨飞行的"天宫"空间站建设基本完成。此后，空间站正式转入运营模式。

1.2 载人航天运输系统

1.2.1 系统定义及特征

关于载人航天运输尚没有统一的定义，普遍认为载人航天运输是乘员（包括航天员和太空游客等，本文不区分他们的不同）乘坐载人航天器到达太空预定轨道、空间站或地外天体并最终返回地球的过程。载人航天运输系统是达成载人航天运输目的的实体系统，是客观存在物。载人航天运输系统规模庞大、关系复杂，以往返于空间站的载人运输系统为例，需航天员、空间站、载人飞船、货运飞船、载人火箭、货运火箭、发射场、测控通信和着陆场等复杂系统协同一致地工作，才能保证整个载人航天运输系统正常运行，其主要特征为高度的安全可靠性、目标一致性、统一协同性和整体层次性。

（1）安全可靠性

不同于非载人的航天运输，"人命关天"是载人航天运输系统必须始终秉持的理念，以乘员安全和健康为中心是载人航天运输系统设计、建造和运营的最基本原则。为此，载人航天运输系统必须具有高度的安全可靠性。以中国载人航天运输系统为例，在常规航天运输基础上，载人飞船能够自主故障诊断、隔离、恢复与重构，并能在飞行和对接过程中紧急返回地球，在空间站停靠期间能够紧急撤离等；运载火箭增加故检、逃逸等功能，发射场增加航天员紧急撤离通道、零高度逃逸功能等，测控系统增加逃逸判决模式和逃逸控制功能等，着陆场系统增加航天员应急救援、健康护理等设计，同时，各系统中大量采用冗余设计和大裕度设计，上述措施都是为了提高和保证载人航天运输系统的安全性和可靠性。

（2）目标一致性

载人航天运输系统的工程目标通常有多个，其核心是安全可靠地保证乘员往返于天地之间。载人航天运输系统的各组成部分都要为这一核心目标服务。要正确处理工程目标和各组成部分局部目标的关系，允许各组成部分有自己的局部目标，但必须服从工程核心目标的达成。

载人航天运输系统通常会建立一个矩阵式的组织体系，组成工程系统的各部分往往会同时接受工程指挥体系和另一套行政管理体系的双重领导，因此，势必会出现各组成部分存在局部目标的情况。工程实践中，往往出现追求局部目标而影响工程总体目标达成的情况，这是必须关注并坚决避免的情况，必须去除那些影响总体目标甚至可能破坏总体目标一致性的局部目标。

（3）统一协同性

载人航天运输系统需要各组成部分密切协同地工作才能达成预期的目标，在整个工程中不能存在独立于系统、与其他部分不协同的部分。无论多么重要、多么特殊的组成部分，都必须服从整个工程的统一要求，必须与其他部分进行协同工作。

载人航天运输系统中各组成部分之间具有密切的联系，相互影响、相互作用、相互制约，牵一发而动全身。统一性要求保证了工程系统作为整体存在，如果系统中存在某个部分与工程整体不统一、独立于整个工程，则该部分的加入势必会破坏工程的系统性。

载人航天运输系统在功能实现上是串行的，各环节必须相互匹配、协调一致，不能因为下一环节的接入而改变本环节的功能，也不能因为本环节的接入而影响其他环节的状态。协同性要求保证了整个系统工作有序、高效，工程各环节、各接口必须经过实际验证确保相互匹配才能真正投入到整个工程的实际运行中。

（4）整体层次性

载人航天运输系统通常由航天员、载人飞船、运载火箭、发射场、着陆场和测控通信系统等组成，这些系统都具有自身的功能，它们共同构成载人航天运输系统之后才能具有运送乘员往返天地的功能，表现出 1+1>2 的整体性。

载人航天运输系统作为规模庞大、关系复杂的大型工程系统，在内部构成上表现出非常有序的层次结构特征，不同层次之间具有非常严谨的设计所规定的从属和相互作用关系，这为整个系统的稳定运行奠定了良好的基础。

1.2.2 系统构成及功能

载人航天运输系统是指承担载人航天运输任务的工程实体系统，主要功能是运送乘员，使之安全可靠地往返于天地之间。中国载人航天运输系统主要由航天员系统、神舟载人飞船、长征二号 F 载人运载火箭、天宫空间站、载人航天发射场、测控通信系统和着陆场等系统构成。

（1）航天员系统

航天员系统包括航天员及其训练、飞行等活动中所需的装备、物资和器材。在载人航天运输系统中，航天员系统的主要任务及功能包括：

1）实施航天员选拔训练，为载人航天飞行任务提供合格的乘组；

2）为航天员飞行提供健康保障、生活保障和工作保障；

3）提供乘员所需的各种装备，有效处置乘员在轨产生的生活垃圾和废弃物；

4）对空间站、载人飞船、货运飞船、舱外航天服和有效载荷等提出医学要求建议、工程学要求建议，实施医学和工效学评价。

（2）神舟载人飞船

神舟载人飞船从结构上分为三舱，即返回舱、推进舱和轨道舱，通常还有对接装置和应急救生装置。返回舱是载人飞船的核心舱段，是飞船上升和返回过程中航天员的座舱，也是整个飞船的控制中心。轨道舱是航天员在轨道上的工作场所。推进舱通常安装推进系统、电源和气源设备，为飞船提供动力、能源以及航天员呼吸用氧和水等。对接装置是用来与空间站或其他航天器对接的装置。飞船由 13 个分系统组成，即结构与机构、制导导航与控制（GNC）、推进、热控、测控与通信、数据管理、电源与供配电、返回着陆、环境控制与生命保障、仪表照明、逃逸救生、乘员和有效载荷等分系统；可搭载 3 名航天员，总重约为 8 吨，采用长征二号 F 运载火箭发射。

在载人航天运输系统中，载人飞船系统的主要任务及功能包括：

1）执行航天员（乘员）天地往返运输任务，为有效载荷提供上行、下行运输条件，与空间站对接后，支持航天员和物品舱间转移；在独立飞行阶段为航天员提供生活与工作条件。

2）在飞行过程中，一旦发生重大故障，在其他系统的支持和（或）航天员的参与下，能自主或人工控制返回地面，并保证航天员的安全。

3）停靠空间站的载人飞船发生不能返回的故障时，实施应急发射，替换故障载人飞船。

（3）长征二号 F 载人运载火箭

载人运载火箭与非载人运载火箭相比，安全性、可靠性要求更高，通常根据载人飞船是否自带逃逸系统来决定其构成上是否有逃逸塔。我国神舟号载人飞船使用长征二号 F 运载火箭发射，该火箭主要由箭体结构、动力、控制、推进剂利用、故障检测处理、逃逸、遥测、外安等分系统构成。起飞质量约 498 吨，起飞推力约 600 吨。

动力系统主要用于为载人飞行提供动力，由芯一级发动机、二级发动机、助推发动机及相应的增压输送系统组成，推进剂使用偏二甲肼和四氧化二氮双组元。控制系统采用"摄动制导＋迭代制导"的混合制导方案、"捷联惯组＋速率陀螺＋箭机＋伺服机构"的姿态控制方案，控制火箭按预定弹道和程序飞行。推进剂利用系统通过调节控制阀门，使推进剂两种组分使用的混合比接近设计值，消除或减少由于发动机系统的推进剂混合比误差产生无法利用的剩余推进剂，提高运载能力。遥测系统采用实时下传和存储回收相结合的模式，实时将箭上状态和飞行信息发送到地面，与地面配合完成火箭飞行测量与控制。外安系统主要用于上升段火箭的测控，承担与外弹道测量、安控和逃逸救生等相关的重要功能。故障检测处理系统具备火箭飞行故障检测、逃逸时序处理、备保抛逃逸塔和允许手动船箭分离等主要功能。逃逸系统是当运载火箭在抛整流罩前发生重大故障威胁到航天员生命安全时，负责将航天员带离危险区，并为航天员返回着陆提供必要条件。

在载人航天运输系统中，载人运载火箭系统的主要任务及功能包括：

1）将载人飞船准确送入预定轨道；

2）在任务待发段和上升段，实时检测运载火箭及其飞行状态，一旦发生重大故障，支持载人飞船和（或）在航天员的参与下，自主或人工控制返回地面，并保证航天员的安全；

3）应急发射待命火箭经测试后在发射场待命。

（4）天宫空间站

天宫空间站是航天员在太空时的工作和生活基地，设计在轨运营 10 年以上，长期载 3 人，运营阶段每半年由载人飞船实施人员轮换，初期采用人员间断访问方式。空间站初期由 3 个舱段构成，包括天和核心舱和问天、梦天 2 个实验舱，每个舱段 20 多吨。基本构型为"T"字形，核心舱居中，其他两个实验舱分别连接于两侧。核心舱前段设 2 个对接口，接纳载人飞船对接和停靠；后端设后向对接口，用于货运飞船停靠补给。站上设有气闸舱用于航天员出舱，配置机械臂用于辅助对接、补给、出舱和科学实验。

在载人航天运输系统中，天宫空间站系统的主要任务及功能包括：

1）作为载人航天运输的目的地，为航天员（乘员）提供工作和生活基地；

2）作为国家空间科学和新技术研究实验的重要基地；

3）接纳国内外的载人飞船和货运飞船的停靠与补给。

（5）载人航天发射场系统

载人航天发射场是载人航天运输系统的启航站，包括技术区、发射区、航天员区以及连接技术区与发射区的转运设施。技术区设施设备主要包括运载火箭垂直总装测试厂房、飞船总装测试厂房、运载火箭垂直转运轨道、运载火箭水平转载准备厂房、逃逸塔总装测试厂房、远距离测发楼、航天器加注与整流罩测试厂房以及场区气象、化验、供电、计量、产品运输场坪道路等设施设备。发射区设施设备主要包括载人航天发射工位、燃料加注库房、氧化剂加注库房、前端设备间，以及供电、加注、消防、供气等配套设施设备等。航天员区设施设备主要包括航天员宿舍、医监医保区、飞行前准备区和工作人员宿舍等。

在载人航天运输系统中，发射场系统的主要任务及功能包括：

1）完成长征二号 F 载人运载火箭测试；

2）为其他系统在发射场的工作提供保障条件；

3）对载人航天运输待发段实施逃逸控制；

4）搜索、处理长征二号 F 载人运载火箭的残骸，回收数据存储器；

5）按照要求牵头组织载人航天测试发射、应急发射任务。

（6）测控通信系统

测控通信系统分为测控信息获取、传输、处理、应用和系统管理等部分。信息获取、传输和处理是整个系统的基础部分，信息应用实现任务决策、指挥控制和信息支持；系统管理部分为系统高效、可靠运转提供支撑。

在载人航天运输系统中，测控通信系统的主要任务及功能包括：

1）陆海天基测控网为载人航天运输提供测控通信支持；

2）对载人运载火箭飞行实施测量和安全控制，对载人飞船飞行实施测量和控制，并提供信息传输保障；

3）对载人航天运输上升段实施逃逸控制，对逃逸后飞船进行测量与控制；

4）开展空间目标预警，必要时控制航天器（载人飞船、空间站）进行碰撞规避；

5）测量并预报载人飞船正常返回和应急返回时的落点；

6）记录、处理载人航天运输飞行数据，并向有关系统分发。

（7）着陆场系统

着陆场系统包括着陆场、逃逸救生区、应急返回区和相关的搜救回收力量，搜救回收力量包括专业力量和参与搜索回收的其他力量。

在载人航天运输系统中，着陆场系统的主要任务及功能包括：

1）组织实施载人飞船返回舱搜救；

2）组织实施航天员医监医保、医疗救护，运送航天员至规定地区；

3）组织返回舱处置回收，运送返回舱至规定地区；

4）提供搜救所需的通信、气象等条件保障。

1.3　载人航天运输系统工程

1992 年 9 月 21 日，中国载人航天工程开始实施，代号"921"工程，工程按三步走发展战略开展，至今经过 30 年的工程实践，先后突破了载人航天基础技术和载人天地往返技术、载人航天出舱活动技术、载人航天空间交会对接技术、航天员中期驻留和货运飞船补加技术，并于 2021 年、2022 年两年间完成了天宫空间站的三舱建设，中国载人空间站正式进入运营阶段，"921"工程完美收官。本书基于对中国载人航天工程实践的体会、观察和思考，总结、归纳、提炼出载人航天运输系统工程的理论方法体系。

1.3.1　系统工程内涵

系统工程是在一般系统论、控制论、信息论、运筹学和现代管理科学等学科的基础上，并由这些学科相互交叉、相互渗透而发展起来的一门新兴学科，是跨越多个学科领域的方法论。不少著名学者和机构曾给系统工程下过定义，具有代表性的有：

1）国际系统工程学会定义：系统工程是一种使系统能成功实现的跨学科的方法和手段。系统工程专注于：在开发周期的早期阶段定义客户需要与所要求的功能性，将需求文件化；然后再考虑完整性问题，即运行、成本、进度、性能、培训、支持、试验、制造和退出等各个方面，进行设计综合和系统确认。系统工程把所有学科和专业群体综合为一种团队的努力，形成从概念到生产再到运行的结构化开发流程。系统工程以提供满足用户需要的高质量产品为目的，同时考虑所有客户的业务和技术需要。

2）美国联邦航空管理局《系统工程手册》规定：系统工程是一门专注于整体（系统）设计和应用的学科而不是各个部分，这涉及从问题的整体性来审视，将问题的所有方面和所有变量都考虑在内，并将社会与技术方面相关联。

3）NASA《系统工程手册》规定：系统工程是用于系统设计、实现、技术管理、运行使用和退役的专业学科方法论。它是一门综合的、整体的学科，通过相互比较来评价和权衡结构设计师、电子工程师、机械工程师、电力工程师、人因工程师，以及其他学科人员的贡献，形成一致的不被单一学科观点左右的系统整体。

4）日本工业标准（JIS）规定：系统工程是为了更好地达到系统目标，而对系统的构成要素、组织结构、信息流动和控制机制等进行分析与设计的技术。

5）美国著名学者 H. 切斯纳特（H. Chestnut）指出：虽然每个系统都由许多特殊功能部分所组成，且这些功能部分之间又存在着相互联系，但是每个系统都是完整的整体，每个系统都要求有一个或若干个目标。系统工程则是对各个目标进行权衡，全面求得最优解（或满意解）的方法，并使得各组成部分能够最大限度地相互适应。

6）我国著名学者钱学森在其著作《论系统工程》中指出：系统工程是组织管理系统的规划、研究、设计、制造、试验和使用的科学方法，是一种对所有系统都具有普遍意义的科学方法。

总之，系统工程是一门从整体（系统全貌）出发，在不同利益和多样化甚至冲突的约束下，通过综合运用各学科的知识方法，实现最优规划、最优设计、最优管理和最优控制的工程技术。人们从不同的实践活动中总结形成了各种专业的系统工程，如工业体系的组织与运行叫工业系统工程、航空体系的组织与运行叫航空系统工程、航天体系的组织与运行叫航天系统工程，为此，我们将载人航天运输系统的组织与运行称之为载人航天运输系统工程。

载人航天运输系统工程是指在载人航天运输任务特定要求的约束下，充分挖掘人力、物力和自然条件等方面的潜力，通过综合运用任务策划、工程设计、工程实施、质量保证和安全保证等技术，将载人航天运输打造成安全、可靠、舒适的载人天地往返系统的科学方法（知识体系）。

载人航天运输系统工程的作用对象是载人航天运输系统，既具有载人航天运输系统的基本特征，如高度的安全可靠性、目标一致性、统一协同性和整体层次性等，同时还具有工程技术性、整体最优性、项目重复性、系统综合性和运行创新性等特征。

注：在本书中，"系统"一词的使用是在强调论述对象的系统性，"工程"一词的使用是在强调论述对象的专业技术性，"任务"一词的使用是在强调论述对象的组织管理性，在不会产生歧义的情况下，书中不对上述 3 个词语的使用做严格区分。

（1）工程技术性

工程技术性首先强调载人航天运输系统工程是一门工程技术，不仅强调载人航天运输任务的组织指挥、协调控制等管理活动，而且强调任务的工程设计、工艺操作等技术活动，是上述两类活动的紧密结合。即使是强调组织指挥、协调控制的管理活动，在系统工程中也是以关注如何实施的技术和方法为主。正如钱学森所指出的"系统工程是一门组织管理的技术"，这种技术性在载人航天运输任务中突出表现为大量的组织管理技术工具、模式方法的普遍运用。

（2）整体最优性

以最优的路径实现预期目标是系统工程最本质的特性之一。中国载人航天运输系统工程在技术上经历了发射载人飞船、突破航天员出舱和空间飞行器交会对接技术、建造空间站等"三步走"过程，技术得到全部验证并逐步成熟，是现有技术背景下的最优选择和工程应用；在管理上经历了 10 次载人飞行、5 次无人飞行与返回任务的验证确认，从机构、程序、资源、进度、质量、安全和综合等方面创新形成了一套行之有效、成熟齐全的工程方法和规章制度。总之，载人航天运输系统工程已形成一套实现工程最优的成熟的知识体系。

（3）项目重复性

每次载人航天运输都具有独一无二性，有明确的开始和结束时间，具有项目管理的典型特征。同时，载人航天运输系统又具有可重复性，同其他运输系统一样具有航班化的典型特征，否则，载人航天运输活动只能是科学技术试验性质的活动，没有真正步入常态化运营状态。

我国的"天宫"空间站在建成后就已步入常态化的运营阶段，相关的运载工具生产使用、设施设备运行维护、乘员选择准备、组织管理程序、运输工作流程等都会标准化，并按固定的周期开展。因此，载人航天运输系统工程既具有项目管理的特征，同时又具有日常运营管理可重复性的特点，故称之为"项目重复性"。

（4）系统综合性

载人航天运输系统工程一方面把工程运行看作由许多相互关联的阶段、步骤和工序组成的过程集合，使用过程方法（策划—实施—检查—改进）把握每次载人航天运输的全过程，并通过里程碑评审确认等活动保证各阶段的结果满足要求并相互衔接；另一方面把工程运行看成由航天员、空间站、载人飞船、运载火箭、测控通信、发射场和着陆场等系统组成的整体，强调各部分之间的协调匹配，运用多学科成果，通过各领域专家的协同，从工程总体最优出发处理所有问题。

（5）运行创新性

载人航天运输是众多高科技集成的开放式复杂大系统，工程运行过程中需要不断解决新情况、新问题，探索工程应用的新途径、新方向；同时，每次载人航天运输都具有独特性，需要针对其特殊性制定针对性方案预案、规划计划。因此，载人航天运输系统工程需要创造性思维，要善于引入新理论、新观点和新方法，开辟解决问题的新路子。

1.3.2　系统工程原则

系统工程在中国载人航天运输系统中广泛应用，逐渐形成了为各方共识的四项基本原则，即使命担当、成功标准、创新驱动和无边界合作。此四项原则反映了当前系统工程理论方法与载人航天运输系统工程独特性要求的有机融合，贯穿于载人航天运输系统工程实践和研究的方方面面，成为载人航天运输系统内全体员工尤其是高层技术和管理人员的基本理念和行为准则。

（1）使命担当

使命担当是一种精神、一种信仰，揭示了中国航天人"奋发图强、航天报国的爱国情怀""自力更生、勇攀高峰的创新情怀""大力协同、胸怀全局的为公情怀""敬业爱岗、无私奉献的责任情怀"。它不仅能陶冶广大航天人的情操，规范他们的行为，激励他们的斗志，反映他们的精神面貌，而且能够激发全体航天工作者对航天事业发展战略目标、价值观念的认同感、归属感和作为一名航天人的使命感、责任感、自豪感，形成强烈的向心力、凝聚力、创造力和形象力。

载人航天运输是一项永无止境的对未知进行探索的事业，也是惠及人类生命质量、改善人民生活水平的工程。同时，载人航天运输成本巨大、系统构成复杂，运载器一旦点火，发射程序便不可逆转，飞船等航天器一旦离开地面，便难以修复，而且每次载人航天运输几乎都具有独一无二性，不具有典型统计分析特点。因此，载人航天运输系统工程始终面临着科技进步、探索未知的巨大挑战，面临着来自政府、军方、民众等方面的巨大压力和国内外的激烈竞争，面临着高可靠性要求，若没有敢于担当的使命精神、信仰和坚持，载人航天运输事业就不可能持续发展进步，也不可能成就辉煌伟业。

中国航天事业自 1956 年 10 月 8 日以来，经艰苦创业、配套发展、改革振兴才走向世界并逐渐在包括载人航天在内的众多技术领域跻身世界先进行列，原因是多方面的，但敢于担当的精神、信仰和原则显得尤为重要，这种无畏和坚守总能帮助中国航天人在不利的时候看到有利的因素，在困难重重中找到解决问题的办法，在巨大的成功面前思考着更宏大的目标。

1955 年中国决定筹建自己的导弹工业，此后，中苏在莫斯科签订新技术协定：苏联拟在 1957—1961 年期间为中国提供包括近程导弹 P-2 在内的几种导弹样品和有关技术资料，并派专家帮助仿制。1960 年 8 月，苏联单方面撕毁合同，撤走全部专家，中断一切援助，使刚刚起步的中国航天事业陷入困境。中国第一代航天人正是凭借敢于担当的使命精神、信仰和坚持，团结拼搏、迎难而上，于 1960 年 11 月 5 日成功试射了第一枚仿制的导弹"1059"。此后经过两年的努力，新研制的东风二号导弹于 1962 年 3 月 21 日首次试飞，不料导弹升空 21 秒后发生故障，69 秒坠毁。经过几个月的故障分析，终于找到了关键症结所在。1964 年 6 月 29 日，东风二号导弹第二次试飞取得圆满成功，标志着中国导弹发展迈出了第一步。

1965 年中国航天提出研制两级中远程火箭，命名为长征一号（CZ-1），研制工作在艰难中前进，并于 1970 年 4 月 24 日成功发射了重 173 千克的"东方红一号"人造卫星，使中国成为第五个独立研制、发射人造卫星的国家。为发射近地轨道重型卫星，我国在研制长征一号的同时便开始考虑长征二号的研制，1974 年 11 月 5 日，长征二号运载火箭因一根导线有暗伤经不起振动而断开使发射失败。经过认真总结，完善项目管理章程和质量控制措施，于 1975 年 11 月 26 日再次发射，成功将一颗返回式遥感卫星送入轨道并按预定计划返回地面，使中国成为第三个掌握卫星回收技术的国家。

1996 年 2 月 15 日凌晨，中国新研制的长征三号乙火箭托举着国际 708 卫星点火起飞，在此后的 22 秒飞行中，长征三号乙摇摇晃晃地撞到距发射架不到 2 千米的山坡上，星箭俱毁。同年 8 月 18 日，长征三号在发射中星七号通信卫星时，因三级二次点火不正常致使该卫星未能进入同步转移轨道。从"2·15"到"8·18"的半年时间里连续两次发射失利使中国航天蒙受了巨大损失，对外商业卫星发射陷入困境。中国航天人在巨大的政治压力和国际质疑面前痛定思痛，围绕设计、试验、生产和装配测试等过程进行了大量的技术和管理改进，形成了世人点赞的独具特色的管理制度，并于 1997 年 8 月 20 日，使用长征三号乙火箭将菲律宾马部海通信卫星送入预定轨道，接着又连续多次圆满完成外星发射任务，确定了长征三号乙火箭在国际航天领域的先进地位。

20 世纪 90 年代以来，载人航天工程 20 次飞行，次次成功，嫦娥工程 5 次飞行，次次圆满，长征五号、长征六号、长征七号和长征八号等新型运载火箭发射成功，北斗导航系统按计划顺利投入运营。可以预见，随着国际空间站的退役和中国空间站的建成与运营，届时中国或将成为唯一拥有空间站的国家；2023 年 5 月，中国载人航天工程办公室表示，计划 2030 年前实现中国人首次登陆月球。中国航天不断续写着辉煌篇章，谱写着航天人航天梦、强国梦的使命意识，敢为人先的责任担当，印证着"使命担当"作为中国载人航天运输系统工程首要原则的特殊内涵和重大意义。

（2）成功标准

载人航天运输系统工程必须将成功标准作为根本原则，将质量安全摆在首位，一切工作都必须以有利于任务成功为出发点。方案选择和成本效益核算，必须在确保质量安全的前提下进行；在资源、成本、进度与质量安全发生矛盾冲突时，必须坚持资源、成本、进度服从质量安全。

"载人航天、人命关天"。就行业而言，很少有哪个行业像载人航天运输那样渴望和追求成功。高昂的成本投入、巨大的影响力，造就了每次载人航天运输毫无例外地都将成功作为衡量其业绩的核心标准，成本、进度、资源等约束项都是在成功的基础上才有意义。因此，在载人航天运输系统工程的约束项中，质量安全才是最重要的，其他要素，如进度、成本、资源以及有价值的行动，都必须服从于质量安全。

2003 年 2 月 1 日中国农历新年，哥伦比亚号航天飞机执行完代号为 STS-107 的第 28 次任务后重返大气层时，在美国得克萨斯州与路易斯安那州上空突然解体，7 名航天员全部遇难，这是继 1986 年挑战者号灾难之后，航天飞机的又一次重大灾难。2003 年 8 月 26 日，调查委员会公布了灾难原因的最终报告：NASA 文化毁了哥伦比亚号。报告指出：导致航天飞机解体的技术原因是哥伦比亚号发射升空 81.7 秒后，外贮箱外表面脱落的一块泡沫材料撞击到航天飞机左翼前缘的防热瓦而形成裂缝，当哥伦比亚号重返大气层时，超高温气体从裂缝进入机体导致航天飞机解体。然而，哥伦比亚号航天飞机飞行期间，NASA 的工程师就已经知道其左翼在起飞过程中曾受到泡沫材料的撞击，可能会产生严重后果，而且当时也有办法补救，但并未引起有关人员的重视。

对照挑战者号与哥伦比亚号两起相差 17 年的灾难发现，它们的原因居然是如此的相似。哥伦比亚号灾难调查报告指出："如果不是 NASA 管理层判断分析失误，应有的担心没有得到重视，相关数据没有进行研究，一些重要信息被忽略，那么，这两起事故也许都不会发生。"事实上，对照一些数据，我们也许会发现 NASA 航天飞机运输管理问题背后的原因。1993 年至 2002 年，NASA 的预算分文未增，实际采购力降低了 13%，航天飞机项目的支出费用下降了 40%，且航天飞机还面临着运输频率增加的压力。哥伦比亚号事故调查报告称："越来越明显，围绕国际空间站项目的复杂性和政治压力，以及航天飞机项目管理层对此做出的回应，都使得航天飞机的运输时间表过于紧密，以至于完成这一时间表压力很大。为了赶进度，NASA 不惜一次又一次地冒险，正是在这种一次又一次的'侥幸心理'中，哥伦比亚号 7 名航天员的英灵永远停留在蓝天之上。"

哥伦比亚号航天飞机已经远离我们，但航天飞机的故事还远没有结束。与便捷、经济的美好愿望相违，航天飞机巨额的维护费用和严重老化的状态，逐渐使得 NASA 不堪重负。2007 年，NASA 维护航天飞机的费用占据其总经费的三分之一。曾经作为人类科技水平代表和 NASA 象征的航天飞机越来越像一根鸡肋，食之无味、弃之可惜。2011 年 7 月 21 日，亚特兰蒂斯号航天飞机在肯尼迪航天中心安全着陆，此次飞行成为航天飞机的

"谢幕"之旅，标志着航天飞机时代的正式终结。航天飞机 30 年的历史证实了"成功标准"是且必然是载人航天运输系统工程的重要原则之一，质量安全当之无愧地成为其组织管理的核心，在综合评定资源、成本、进度和质量安全的矛盾冲突时，资源、成本、进度应服从质量安全。

（3）创新驱动

载人航天运输系统工程必须始终坚持创新驱动的原则，依靠自主设计、研发和发明、知识的生产和创造等驱动科技进步、行业发展。

纵观人类航天史，从 1957 年 10 月 4 日苏联率先发射人类第一颗人造地球卫星——人造卫星 1 号（Sputnik-1），到载人航天、"阿波罗"登月、航天飞机、国际空间站、太阳系无人探测器等壮举，以及通信、导航、气象、观测、勘探等航天器的广泛应用，60 多年的航天史可谓令人眼花缭乱。事实上，每次航天工程技术的重大突破和航天灾难的发生，都会伴随着航天运输组织管理方式、方法、工具和模式的创新发展。反之，每次航天运输组织管理方式、方法、工具和模式的创新发展，都为航天运输项目成功提供了更好的保证，同时又助推着航天运输工程技术的进步。

中国载人航天 30 余年的工程实践，紧紧围绕"载人航天、人命关天"的理念，始终坚持"零缺陷"的标准，创新出了许多行之有效的系统工程模型、模式。例如：任务准备创新提出"零疏忽"系统方法，坚持五个全面覆盖和四项重点工作的模式。五个全面覆盖是任务策划覆盖所有活动过程及结果，检查测试覆盖所有产品设备及设施，资质考核确认覆盖所有岗位及要求，状态确认和质量复查覆盖所有工作项目及接口，任务文书覆盖所有工作内容及标准。四项重点工作是难测及不可测项目符合性确认，单点故障设备清理与防范，操作差错分析与易错环节措施制定，质量安全控制措施细化与完善。再如：任务实施创新提出"零遗漏"系统方法，坚持质量闭环管理和持续风险管理相结合的模式。闭环管理强调使用工作分解结构法识别航天运输工作内容和过程，使用过程方法建立任务流程和过程实施路径并编制工作过程计划，按计划实施过程并检查过程状态和输出，依据检查结果对过程及其输出进行控制，过程计划、实施、检查和控制的结果都会反馈到后续的工作计划之中，从而构成了策划、实施、检查和处置的 PDCA 闭环管理。持续风险管理强调依据风险识别分析的结果设置和建立关键过程控制点，编制风险控制计划，实施变更控制、落实风险防范、进行问题归零，然后基于变更、风险和问题的处置状态与结果持续进行上述的过程循环。正是基于工程实践需要，中国航天运输创新提出了众多行之有效的系统工程方法，驱动着载人航天运输系统工程与工程技术同步发展，有效保证了中国载人航天运输系统工程"百战百胜"。

中国载人航天连续成功的事实印证了创新驱动必须是载人航天运输系统工程的重要原则之一。在技术飞速发展、规模迅速膨胀，频度快速提高、应用迅速普及的航天业，作为高科技"集大成者"的载人航天运输，无法依靠学习和模仿来支撑行业的发展进步。唯有坚持创新驱动的原则，载人航天运输系统工程才能为工程技术的快速进步和行业的迅猛发展持续地提供强大助力。

（4）无边界合作

无边界合作是载人航天运输系统工程的灵魂。载人航天运输是一个投入巨大、建设周期长、涉及面广和技术构成复杂的工程系统，工程运营必须以确保每次运输成功和人员安全为前提。在成功和安全这一至高无上的目标感召下，所有参加载人航天运输的单位和个人都不得不放弃自己坚守的"我们的业绩""我们的职能""我的任务"和"我的地盘我做主"等本位主义，投入到真正的无边界合作之中。

自 20 世纪初"科学管理"诞生以来，过程一直都是管理理论者和实践者讨论的重要话题，然而，职能结构和技能的专业化使单位关注的是"我们的业绩"，管理者坚守的是"我们的职能"，员工注意的是"我的任务"。当质量运动将"过程"重新界定为重点时，为打破单位和部门职能壁垒的努力似乎从来没有中断过，如组织重组、结构重构、流程再造等。1988 年，美国通用电气公司总裁杰克·韦尔奇首次提出"无边界"的理念和开展"无边界组织"的实践，并取得了巨大成功。今天，国际市场一体化、国内市场国际化的趋势愈演愈烈，客观上推进了"无边界"经营的研究和实践，然而，载人航天运输实施"无边界合作"的原因却不限于全球化发展的客观要求。

载人航天运输"成功标准"要求，工程进入实施阶段后必须一切工作都要服务于成功。然而，工程系统的复杂性决定了每次载人航天运输的成功一定是所有参与各方共同的成功，不存在载人航天运输任务失败而某一参与方的任务却是成功的现象。所以，载人航天运输系统工程必须坚持打破参与各方的边界，实现"无边界合作"。

在载人航天运输系统工程中，"无边界合作"仅仅停留在理念和热情上是远远不够的，很多航天灾难都发生在组织界面之间就是很好的例证。"无边界合作"需要建立参与各方共同遵守的原则，如中国航天"有困难共同克服，有问题共同研究，有余量共同掌握，有风险共同承担"的协同原则；需要成立由参与各方共同参与的实施统一指挥的联合组织，如世界航天工程领域普遍采用的强矩阵组织结构；需要制定由参与各方共同执行的严格的协同工作计划、工艺流程、工作标准和接口规范等。总之，"无边界合作"的理念需要在参与各方共同支持下，以高度集中统一的联合组织指挥机构为基础，以"严肃认真"的态度，"严、慎、细、实"的作风和"万无一失"的准则为支撑，以"周到细致、稳妥可靠"的计划、方案、流程、程序、标准、规范为保证，通过"状态确认、过程控制、节点把关、里程碑考核"的控制模式来落地生根。

1.3.3　系统工程结构

从载人航天运输系统工程的实体构成和专业技术的维度来看，载人航天运输系统工程涉及航天员系统、载人飞船系统、载人运载火箭系统、空间站系统、发射场系统、着陆场系统和测控通信系统等及其相关的专业技术。从载人航天运输系统工程运行周期和实施过程的维度来看，载人航天运输系统工程包括工程（任务）范围定义、工程策划（计划）、工程设计（技术实现方案）、工程实施及持续改进等过程。从保证载人航天运输系统工程预期结果和绩效的维度来看，载人航天运输系统工程包括质量保证、安全保证、运营模式和未来发展等。因此，载人航天运输系统工程结构可以分成实体、过程和保证三个维度，如图1-1所示。

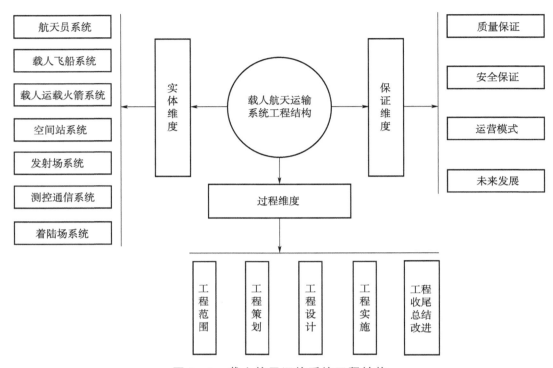

图1-1　载人航天运输系统工程结构

（1）实体维度

实体维度是指载人航天运输系统工程在实际应用中所涉及的实体系统及其相关的专业技术知识，包括航天员系统、载人飞船系统、载人运载火箭系统、空间站系统、发射场系统、着陆场系统和测控通信系统等，各系统的任务和功能见1.2.2节，相关的专业知识非常丰富，不在书中展开讨论，请读者参阅相关资料。

（2）过程维度

过程维度讨论载人航天运输系统工程运行周期和实施过程及其技术方法。载人航天运输在航天产品、基础设施和人员等资源的支持下，一个运行周期始于任务需求确定（工程范围），经过工程策划、工程设计、工程实施等阶段，止于工程收尾、总结和后续改进。

工程范围是根据运输任务要求和目标，识别并确认工作边界；工作边界包括为圆满完成任务和达到预期结果需要开展的所有工作项目及其内容，这部分内容在第2章讨论。

工程策划是依据工程范围，谋划如何高效地完成任务并建立各种计划和标准的活动；工作计划通常包括测试发射工艺流程、进度计划、资源保证计划、各类作业指导书等，这部分内容在第3章讨论。

工程设计是依据任务与目标、工程范围等，对如何有效完成规定任务进行设计的过程，主要包括测试发射、测量控制和搜救回收等技术方案设计，这部分内容在第4章讨论。

工程实施是按照各种工作计划和技术方案，建立组织、设计方案、提供资源、有效控制现场和过程以达成预期结果的过程，这部分内容在第 5 章讨论。

工程收尾、总结和后续改进，一方面按规定处置完成任务后的航天产品，恢复相关基础设施；另一方面系统总结工程策划、实施和保证活动中的经验教训，并作为实施下次载人航天运输任务的输入以持续改进工程绩效。

注 1. 航天产品指运载火箭、载人飞船及其配套的专用地面测试发射设备的总称。

2. 基础设施或参试设施设备指直接支持载人航天运输任务得以顺利实施的设施设备的总称，包括：建筑物及其配套设施和软硬件设备等。

3. 参试人员指直接参加载人航天运输任务的人员，通常在任务实施过程中有明确的岗位。

（3）保证维度

保证维度讨论载人航天运输质量和安全保证、运营模式及未来发展。

质量保证主要研究载人航天运输质量策划、质量控制和质量改进技术、工具和方法；开发针对载人航天运输特性的质量保证模型，如大数据驱动、故障模式逻辑决断、问题关联度分析等；开展航天产品、设施设备、任务软件和技术操作等"零缺陷"质量保证，这部分内容在第 6 章讨论。

安全保证主要研究风险识别、评估和控制技术、工具和方法，开发针对载人航天运输特性的安全保证模式，如基于风险的思维、全息动态风险控制等；开展风险控制策划、跟踪和执行等，这部分内容在第 7 章讨论。

运营模式及未来发展主要讨论载人航天运输运营模式，如航班化、商业化和国际化等，分析载人航天运输未来发展趋势等，这部分内容在第 8 章讨论。

中国载人航天运输系统工程习惯上将一次载人航天运输分成待发段、上升段、运行段和返回段，考虑到运行段主要依靠载人飞船与空间站的自主控制，航天员（乘员）操作作为备份手段，本书不展开讨论运行段的工作。

第 2 章
载人航天运输工程范围

内 容 提 要

　　工程范围即为达成预期目的须完成的全部工作的集合。本章从定义任务要求出发，讨论任务特性分析方法，阐述工程范围计划开发工具，论述工程范围核实与变更的管理，最后，通过工程范围计划示例，阐述载人航天运输工程范围计划的主要样式。

　　工程范围又称任务范围，是指为交付满足成功准则要求的产品和服务所必须完成的全部工作的集合。成功准则是对任务结果的度量，是工程范围界定的依据。工程范围是对任务实施时工作内容和边界的度量，习惯上区分产品范围和工作范围。当使用产品范围这个概念时，人们通常将其与技术状态基线相关联；当使用工作范围这个概念时，人们通常将其与工艺流程和工作项目相关联。由于载人航天运输任务实施过程（按工艺流程完成规定工作项目的过程）就是产品实现和交付的过程，因此，在不产生歧义的情况下，本书不区分任务范围、工程范围、产品范围和工作范围。

　　载人航天运输工程范围定义不明确或者在实施过程中不能有效地予以控制，范围变更就会频繁发生；而范围变更会对载人航天运输任务实施的节奏、进程造成破坏，严重时可能会导致返工、延长工期、降低工作效率和团队士气等，因而，恰当的载人航天运输工程范围定义对于任务成功来说很有必要。

2.1 任务要求定义

任务要求定义包括相关方要求的识别、转化和评审活动，目的是将相关方，尤其是关键相关方（即对载人航天运输任务具有最终决策权的组织或个人）对任务的要求转化成任务策划和设计的输入，为任务策划、设计和实施提供基本依据，工作流程如图 2-1 所示。

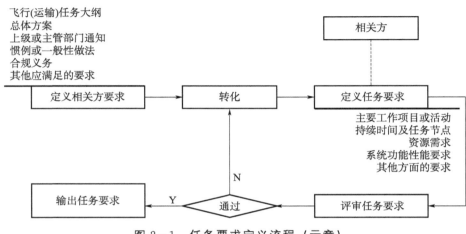

图 2-1　任务要求定义流程（示意）

2.1.1　任务阶段及其边界

载人航天运输任务阶段及其边界如图 2-2 所示。

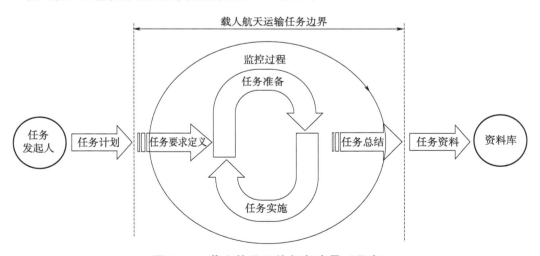

图 2-2　载人航天运输任务边界（示意）

习惯上将发射场、着陆场、产品研制部门和其他参加载人航天运输任务的单位接到任务通知或计划的时间作为一次载人航天运输的起点；将航天员（乘员）安全返回地球并到达指定的医护点的时间作为一次载人航天运输的终点。将任务发起人（载人航天运输主管部门）向发射场、着陆场、产品研制部门和其他参加载人航天运输任务的单位发出载人航天运输任务通知或计划视为任务边界前工作。将发射场、着陆场、产品研制部门和其他参加载人航天运输任务的单位向任务发起人或其他相关方移交资料和其他交付物视为任务边界后活动。一次载人航天运输任务通常划分为任务要求定义、任务准备、任务实施和任务总结四个阶段，任务监控过程贯穿上述四个阶段的始终。

任务要求定义是通过识别任务发起人发出的任务描述、与任务相关方的沟通交流等活动，准确理解任务的质量安全特性，确认相关方要求和期望，然后定义任务成功判据和目标。

任务准备阶段的主要活动包括定义工程范围，进行工程策划和工程设计，开展组织准备、文书准备、资源准备和方案预案演练等。

任务实施阶段的主要活动是依据组织职责，按照工程策划和设计的安排，组织开展载人航天运输工作。这一阶段根据航天员（乘员）所处状态可进一步划分成待发段（自载人飞船进入发射场至升空离开地面）、上升段（自载人飞船升空离开地面至与空间站完成对接）、运行段（自载人飞船完成与空间站对接至航天员离开空间站）、返回段（自航天员离开空间站至航天员返回到地面上指定的医疗点）。

任务总结阶段的主要活动是根据航天员（乘员）的状态和感受，载人飞船、运载火箭的飞行情况，测控通信完成任务情况，总结经验、查找不足、处置问题、持续改进。

任务要求定义、任务准备阶段、任务实施阶段和任务总结阶段是逻辑上的阶段划分。在时间维度上存在部分重叠或并行的情况。如载人飞船完成与空间站对接后，此时，工程总体上仍处于任务实施阶段，但发射场系统、运载火箭系统、首区测控通信系统等已进入任务总结阶段。

2.1.2　要求识别与沟通

载人航天运输任务要求主要通过文件通知、协调会、惯例和勘场等方式获得，包括：

1）任务飞行大纲、试验大纲、总体协调会会议纪要；

2）载人航天运输工艺流程；

3）系统间接口要求；

4）上级任务指示、工程主管部门通知；

5）必须满足的预期要求或按照相关标准和规定必须达到的要求，如通信、运输和生活保障；

6）其他应遵守的准则。

在载人航天运输任务准备与实施过程中，从关键相关方获取的任务要求应转化为能够得到有效控制的任务方案、质量安全特性和规范标准要求等，包括：

1）主要工作项目（或活动）；

2）任务持续的时间和主要节点；

3）对人员、设施设备、场地、工作环境、物资器材和资金等方面的需求；

4）系统功能和性能要求；

5）可靠性、安全性、准确性、及时性和完整性方面的要求；

6）应急响应与救援要求；

7）其他方面的要求。

为确保相关方尤其是关键相关方要求能得到正确理解、适时响应和确认，应保持与相关方尤其是关键相关方的沟通。沟通的内容包括但不限于：载人航天运输任务要求、准备、进展、结果和质量的信息，相关要求的确认、修改和处置情况，对载人航天运输任务质量的意见、建议和抱怨等。沟通的方式包括会议、Internet、电话、传真、信函、现场考察等。无论采用哪种形式的沟通，都应保留与相关方进行沟通以及针对具体问题所采取措施的记录，如会议纪要、文件会签和纠正措施表等。

2.1.3　要求评审与确认

承担载人航天运输任务的单位应组织评审任务要求识别的结果，包括对工作范围、组织程序、技术方案和过程输出标准的要求，以确认任务要求识别已充分、正确地反映了相关方尤其是关键相关方的要求。

评审内容包括但不限于：

1）载人航天运输任务要求是否已清晰、明确规定；

2）对载人航天运输任务风险是否进行充分识别、分析和评价，并确定能够解决或承担；

3）关键相关方要求的表述与以前不一致时，是否已达成共识；

4）关键相关方要求没有形成文件时，是否已会同提出要求的单位进行过确认；

5）关键相关方要求发生变化时，是否已将变更的信息传达到相关单位；

6）因载人航天运输任务要求调整或变更而影响到关键相关方要求时，是否已征得其同意。

必要时，应请关键顾客对任务要求进行确认，以确保任务要求与其期望保持一致。

承担载人航天运输任务的单位应依据识别、确认的任务要求确立目标，制定为实现目标而采取的措施。无论组织在其他方面的目标如何，载人航天运输任务目标应包括可交付成果、进度、安全、环境、顾客满意度和主要工作等方面的指标。表 2-1 是其内容的简要示意。

表 2-1　载人航天运输任务目标内容简要示意

项目	内容
可交付成果	任务节点处满足放行准则要求；任务结果满足圆满成功的标准；获取了完整的满足精度要求的任务数据
进度	准时点火发射，按计划返回，关键节点处进度与计划保持一致
安全	航天员安全返回，不发生人员受到伤害、航天产品受到损害的责任事故，所有风险均控制在可接受范围内
环境	不发生环境损害，所有污染物和废弃物的处理满足国家标准

续表

项目	内容
航天产品	航天产品装配、检查、测试项目完整,不带疑点发射、返回,不带问题转阶段
质量问题	不产生重大、严重质量问题,一般性质量问题控制在可接受范围
组织计划	组织机构健全、运行有效,任务计划周密、沟通及时,按计划完成阶段质量评审,所有质量问题均有归零或不影响发射的结论
试验文书	文书覆盖所有工作项目和标准,审批率100%
定岗定位	任务岗位人员定位率、考核率、合格率100%
技术状态	技术状态完整、正确,更改按程序审批,审批率100%
测试判读	发射场测试覆盖率100% 数据判读漏判数为0、错判数为0
测量控制	航天产品飞行跟踪:上升段覆盖率100% 运行段覆盖率大于50% 返回段覆盖率100%
任务数据	任务数据获取率100%
设施设备	不发生因设施设备准备或故障而影响任务计划的问题,在航天产品运输、卸车、吊装、测试、加注、全区合练和发射过程中设施设备故障为零
技术操作	在航天产品运输、卸车、吊装、测试、加注、全区合练和发射过程中技术操作差错为零

2.2　任务分析

　　载人航天运输任务分析是依据任务要求定义的输出,梳理以往类似任务的策划结果和任务完成情况,识别状态变化和薄弱环节,明确新增项目,确定工作内容,标识关重特性,规定里程碑和主要控制点,为载人航天运输任务实施策划提供输入和指导。图 2-3所示为载人航天运输任务分析流程。

2.2.1　确定过程与变化

　　任务过程确定是依据载人航天运输任务要求定义、任务目标和其他要求,参考实施过的同类或相似任务资料,系统梳理为圆满完成任务所必须做的工作事项（或活动）及其所需时间、资源、环境和后勤保障。然后使用图示法描绘出各项工作（或活动）发生的顺序、时刻和持续时间,目的是辨识不能同时发生和耗时超过许可范围的工作（或活动）。最后,通过活动的输入和输出,将相互关联的活动合并成过程,将相互依存的过程连接成网络。图 2-4是以载人航天运输任务测试发射为例绘制的顶层过程。确定任务过程的目的是明确工作范围,为每项工作（或活动）的特性分析奠定基础。

　　对照状态基线,在已确定过程的基础上,完整识别并明确标识出载人航天运输任务状态变化情况,表 2-2列出了某发射场系统设施设备技术状态变化情况。状态变化标识的目的是在载人航天运输策划时能针对状态变化制定质量安全控制措施,在任务实施时能重点监控其质量安全控制措施的落实情况。

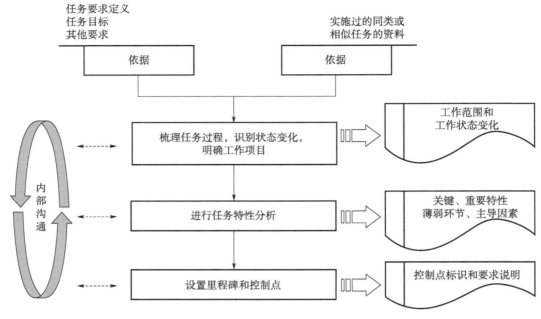

图 2-3 载人航天运输任务分析流程（示意）

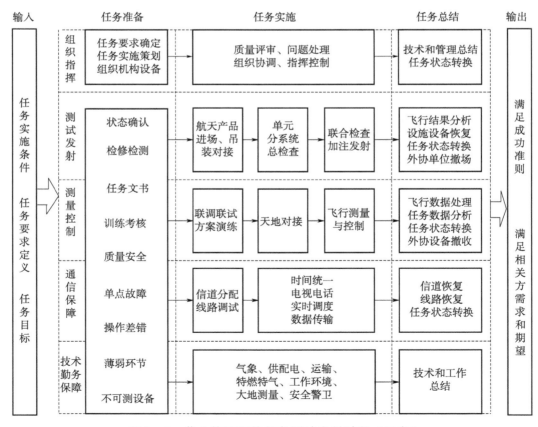

图 2-4 载人航天运输任务测试发射过程（示意）

表 2 - 2　技术状态变化（示意）

序号	所属系统	更改项目	更改前状态	更改后状态	更改原因	影响域及认可	类别
1	总体	××测试发射流程	流程周期53天，其中技术区工作47天，转运1天，发射区工作5天	流程周期51天，其中技术区工作45天，转运1天，发射区工作5天	根据××飞行任务技术状态和××任务执行情况进行适应性调整	已通过工程总体评审和转运流程专项评审	Ⅰ
2	加注系统	加注库房推进剂升降温系统更新改造	1)夏季降温能力为 x 小时由25℃降至5℃，冷负荷为 y kW； 2)选用3台×型开启式活塞制冷机组，用二备一； 3)冬季升温能力为 x 小时由0℃升至20℃，热负荷为 y kW； 4)选用2台水-水换热器，用一备一	整体更新。每套设备设两台水冷螺杆式低温乙二醇制冷机组，制冷量为436 kW/台，为降温系统提供−15℃/−10℃的乙二醇冷却液，机组用一备一，能量在10%～100%范围内进行自动无级调节	设备存在问题： 1)制冷机组已停产，关键零部件维修保障困难； 2)制冷剂从压缩机轴封处泄漏严重； 3)近年多次出现回热器内漏现象，无法制冷； 4)冷却塔出现塔体裂纹、填料碎裂等老化问题	与外系统接口不变	Ⅱ
…	…	…	…	…	…	…	…

注：Ⅰ类更改指变更产品、系统性能指标和使用特性的重大更改；

　　Ⅱ类更改指改善产品性能或工艺方法等的一般更改；

　　Ⅲ类更改指一般更改，不涉及产品功能特性和物理特性的文件性更改。

2.2.2　分析任务特性

特性指可区分的特征。依据特性的重要程度，载人航天运输通常将特性分为关键、重要和一般三类。关键特性指如超过规定特性要求可能会导致重大事故（如：人员死亡、航天产品或地面重要设施设备毁坏，任务失败或取消等）。重要特性指如超过规定特性要求可能会导致严重事故（如：人员、航天产品或地面重要设施设备损害严重，任务计划严重推迟）。一般特性指如超过规定特性要求可能会导致一般性事故（如：人员、航天产品或地面重要设施设备受到轻微损害，任务计划有一定调整）。

任务特性分析是基于任务剖面，使用载人航天运输可靠性技术和风险防控技术对参与载人航天运输任务的各系统进行特性分析，明确系统的关键和重要质量特性、任务实施中的薄弱环节和主导因素，为控制点的设置提供依据，图 2 - 5 是任务特性分析示意图。

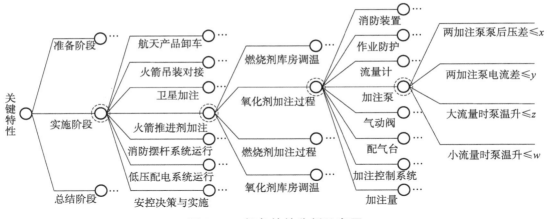

图 2-5　任务特性分析示意图

2.2.3　设置控制点

控制点又称质量风险控制点，是指在任务实施过程中必须重点控制的质量特征、关键部位、薄弱环节和主导因素。设置控制点的目的是把握任务实施中的重点并对其加以控制，以达成对任务实施过程进行有效控制的目的。里程碑又称转阶段标志，是特殊控制点，里程碑要依据载人航天运输任务实施阶段的重要性设置，且具有明显的阶段性成果，如运载器加注前进行全系统质量评审并通过指挥部会议集体决议才能转入下一阶段工作。

（1）控制点设置原则

关键原则：对系统关键和重要特性有直接影响的技术状态和作业部位。

特殊原则：在任务工艺上有特殊要求，对后续工作有重大影响的工艺项目。

纠错原则：在质量安全信息反馈中发现的问题较多，需要重点纠正的工作项目或作业部位。

（2）控制点标识

1）在各类计划中进行标识，适用时应编制控制点表，列出重要控制参数和控制内容；

2）在任务现场设立标识牌，明示行为规范和警示危险；

3）编制操作规程和预案，对人员、设施设备、作业环境、操作方法和过程参数等提出具体技术要求；

4）重要的过程参数和特征值应经过评审、验证和确认。

（3）对操作者要求

1）学习并掌握现场质量管理基本知识，严格落实质量和安全控制措施，遵守任务现场管理纪律；

2）会使用状态检查表、现场工作记录表和其他作业质量控制工具，能进行数据判读和分析；

3）严格按工序要求开展工作，按操作规程使用设备，按应急预案处置异常情况，按制度要求记录工作过程和结果。

（4）对检验者的要求

1）熟悉相关技术规范和标准要求，掌握任务质量安全检验所用图、表以及其他控制工具的用法和用途；

2）将控制点列为检验点，检验产品特性，检查控制点措施落实情况；

3）熟悉工序要求和检测试验方法，按检验指导书进行检验。

（5）控制措施验证

使用载人航天运输可靠性技术和风险防控技术制定质量风险控制措施。质量风险控制措施在实施前应经过评审验证，验证应能证实这些措施能达成预期结果，以确保过程和产品质量满足要求、所有风险控制在可接受范围。质量风险控制措施的验证方法主要有分析、演示、检查和试验。

1）分析是基于数据应用数学模型与分析技术，评估质量安全控制措施达成预期目的的有效性，如火箭推进剂加注量计算方法的验证。

2）演示是基于系统工作原理、试验和数据，通过逻辑推理评价质量安全控制措施的适用性，如逃逸安控模式的验证。

3）检查是通过系统表观和运行检查，验证质量安全控制措施满足要求的程度，如吊装作业流程和参数的验证。

4）试验用于获得质量风险控制措施的详细数据，用于验证质量风险控制措施的可行性和效果，或者为进一步分析提供必要的数据，如安控对接试验。

质量风险控制措施验证的输入包括待验证的措施、措施的作用对象、验证计划、预期效果。输出包括已验证措施、与预期的差异及修正情况、相关文档的更新等。

2.3　工程范围计划

工程范围包括须交付的产品及其技术状态和工作项目及其内容两个方面，因此，工程范围计划既包括产品实现计划，也包括工作项目实施计划。

2.3.1　范围计划特点与要求

（1）主要特点

载人航天运输系统规模庞大、参与单位和组织众多、内外关系错综复杂，决定了工程范围计划具有形式多样、简繁有别和注重层次等特点。

形式多样。载人航天运输工程范围计划的表现形式主要包括：正式文件，如飞行任务纲要、任务通知、任务指示、总体技术方案等；工作表格，如日工作计划表、技安检查表、状态检查矩阵等；网络图，如测试发射工艺流程、任务计划网络图等。

简繁有别。飞行任务纲要、任务通知、任务指示等以正式文件作载体，以命令的形式下达，工作计划主要安排阶段性工作或当天工作，上述文件内容通常比较简洁；总体技术要求、系统间接口控制文件和测发工艺流程等是对载人航天运输任务的目标、技术要求、参加系统及系统间接口关系的详细说明，是载人航天运输任务具体实施的依据和指导性文件，内容翔实，篇幅往往较长。

注重层次。载人航天运输工程范围计划根据任务进展和面向对象的不同而采用不同的输出形式：说明产品范围时采用飞行任务纲要、成功准则、任务通知、任务指示、总体技术要求和接口等形式；说明工作范围时采用测发工艺流程、总体技术方案和工作计划等形式；面向系统时采用组织实施方案、组织实施计划网络图等形式；面向分系统、专业时采用测试细则、工作计划等形式；面向协同作业时采用调度实施程序和联合作业程序图等。

（2）基本要求

载人航天工程范围计划须围绕产品质量特性、工作内容按照逻辑顺序而编制，同时注重进度、资源、费用、质量和安全的综合平衡。由于载人航天运输任务规模很大、系统复杂，其范围计划需要重点考虑层级化和全息化要求。

载人航天运输任务无论是从系统结构还是组织实施角度观察都具有层级性，对其工程范围进行识别和控制时应考虑这种层级结构。以下以某次载人航天运输任务为例，说明层级化对工程范围识别与控制的价值：

1）在载人航天运输工程层级上，依据工程构成，工程范围可分解为：航天员系统、载人飞船系统、运载火箭系统、发射场系统、测控通信系统、着陆场系统和空间站系统。

2）在载人航天运输工程运载火箭系统层级上，依据运载火箭在发射场的装配测试工作流程，工程范围可分解为：单机测试、火箭总装、电气分系统测试、动力分系统测试、火工品测试及安装、地面测发控设备检查、船箭塔垂直转运、发射区测试与演练、火箭推进剂加注、火箭发射。

3）在载人航天运输工程运载火箭系统的电气分系统层级上，依据电气分系统在发射场的工作项目要求，工程范围可分解为：单元测试、分系统与小匹配测试、大匹配测试、总检查测试。

4）在载人航天运输工程运载火箭系统电气分系统测试的总检查测试层级上，依据测试大纲要求，工程范围可分解为：总检Ⅱ状态、总检Ⅰ（A）状态、总检Ⅰ（B）状态。

5）在载人航天运输工程运载火箭系统电气分系统总检查测试的总检Ⅱ状态层级上，依据测试大纲要求，工程范围可分解为：定义测试状态和参加系统、状态准备、2小时准备、90分钟准备、60分钟准备、40分钟准备、15分钟准备、模飞等。

层级化对工程范围识别和控制的价值在于其降低了载人航天运输任务组织实施的复杂性，且便利了子系统或子项目的识别和控制，特别是它能够更好地对不同子系统之间错综复杂的关系进行管理，综合考虑所有相关和重要因素。

载人航天运输工程范围计划是可交付成果（产品和服务）及其须完成工作的全集，因此，参与载人航天运输任务的单位和组织无论其处于工程中的哪个系统、哪个层次，均应以"全息"的方式识别其可交付成果和工作范围。"全息"是一种全面的思想和方法论，目的是系统地、多视角地识别单位和组织在载人航天运输工程中的任务范围，这通常需要从组织、人员、设备、计算机软件、接口、任务文书、环境、方法、物资器材和质量、安全、技术、综合保证等方面识别陈述须交付的成果和完成的工作。以运载火箭捷联惯性测量组合单元测试为例，范围全息化识别的内容见表 2 - 3。

表 2 - 3　运载火箭捷联惯性测量组合单元测试范围全息化识别表（示意）

任务	捷联惯性测量组合单元测试与标定
目的	检查捷联惯性测量组合单元设备的性能,包括对各种功能与性能参数指标的测试,以使捷联惯性测量组合单元设备做好系统集成前的技术准备,包括对测试过程中发现的性能异常设备进行单机故障检查和调整
标准	功能性能指标满足____要求
可交付成果	捷联惯性测量组合单元测试报告 已标定的捷联惯性测量组合单元
地点	____测试厂房
实施单位	____发射中心发射测试站
协同单位	____,____
一岗人员资质	……
二岗人员资质	……
测试环境	温度____±____℃,稳测期间室内温度应保持在____±____℃ 湿度≤____% 北向基准　精度为±____″ ……
测试设备	精度____%、额定电压____V、额定电流≥____A 功能测试仪 ……
内外接口	……
测试程序	测试内容、测试步骤、测试状态、连续监视和观察的时间等内容
测试准备	组织准备、测试设备准备、任务文书准备、测试环境准备、测试人员准备、测试实施程序准备。测试准备完毕后,组织进行测试准备检查确认
测试实施	技术交底、操作规程校核会签、召开班前会、进行单机内外观检查、连接单机与测试设备、状态检查、进行单元测试、班后会。测试过程中严格按操作规程操作,落实质量安全保证措施,一岗操作,二岗监视、检查和确认
测试评价	测试数据整理与判读、单元测试汇报、测试结果检查评审

载人航天运输工程实践经验显示，为每项活动建立工作字典，以"全息"方式描述活动实施的条件、依据、途径、结果、标准和控制措施等，是载人航天运输工程范围控制的最有效方法之一。

2.3.2 任务分解结构

任务分解结构（Task Break Structure，TBS）是基于可交付成果对须完成任务所开展的层次分解，是载人航天任务范围识别与界定、范围计划制定和核实最常用的工具。

2.3.2.1 开发过程

开发任务分解结构，首先应确定载人航天运输任务分解结构的系统框架，虽然每次载人航天运输都是独特的，但多数载人航天运输之间存在较强的继承性和相关性，所以，任务分解结构中很多单元经常被"重复使用"。图2-6简要示意了任务分解结构开发流程。

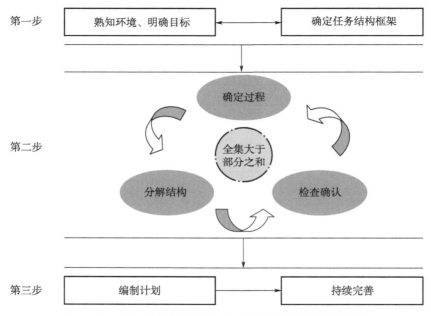

图2-6 载人航天运输任务分解结构开发流程示意图

（1）确定任务结构框架

载人航天运输任务分解结构制定的好坏主要依赖于制定者的知识、经历、经验和技能，因此，应为任务分解结构制定选定熟知载人航天运输工艺流程、掌握载人航天运输法规标准、具有丰富工作经验的人员。同时，载人航天运输任务分解结构的开发应基于全息化和层级化思想方法，为保证任务分解结构包含所有可交付成果和须开展的活动，从事较低层级工作的人员也应参与到任务分解结构的开发之中。

除非是一种全新的载人航天运输任务，绝大多数载人航天运输任务分解结构都有类似的成果可以继承和借鉴。任务结构制定人员应借鉴成熟的任务分解结构、汲取类似工作发生过的教训，为待开发的载人航天运输任务分解结构确定良好的系统框架。

良好的任务结构框架应具有以下特征：

1）对可交付成果来讲是完整的，即可以将所有可交付成果添加到框架中；

2）对后续工作分解是适宜的，即为下层级工作分解提供了科学便利的草图；

3）对任务的主要相关方来讲是清晰的，即为任务的主要相关方理解任务提供清晰明了的任务框架图。

（2）建立任务分解结构

在现代工程实践中，任务分解结构采用的方法主要有按专业分工分解、按生命周期的不同阶段分解、按系统构成分解和按可交付成果分解四种类型。事实上，载人航天运输任务本身和参与组织的复杂性，决定了载人航天运输任务分解结构采用的分解方法不能一概而论，应根据任务组织承担的工作特点选择最适合的分解方法。中国载人航天在系统深入总结数十年工作经验和教训的基础上，凝练提出的载人航天任务结构分解方法融合了上述四类任务结构分解方法优势，包括四个可持续循环迭代的活动，即确定过程、分解结构、检查确认、持续完善，且不区分产品、过程和工作分解结构。

①确定过程

载人航天运输任务参与单位应根据成功准则、任务说明书、相关方要求等信息进一步明确可交付成果。然后，以可交付成果作为过程的输出，确定载人航天运输任务必须经历的过程，这些必须经历的过程就构成了载人航天运输任务分解结构的第一层级。这样做的原因是可以保证任务实施是围绕可交付成果展开的，进而使载人航天运输各类计划变得更加稳定高效。

②分解结构

在策划、设计和制定任务分解结构时，载人航天运输工程通常使用类比法，以借鉴同类和相关任务的经验和成果，然后使用自上而下法对任务进行系统分解，使用自下而上法对任务分解结构中可能遗漏的工作进行补充。在实际工作中，类比借鉴、自上而下、自下而上的方法常常交替使用，将水平比较思维、自上而下的演绎思维和自下而上的归纳思维结合在一起，以保证载人航天运输任务分解结构的全息性、完整性。

任务分解结构每细分一个层级都是对任务的更细致描述，同时须确保上一层级的所有任务都已被包含，且底层是一个个特定的、可确定的、可交付的、独立的任务单元。任务分解结构中的所有分支不必分解到同一水平，重点任务或者实施起来存在较大风险的任务应尽可能细分，否则就可粗略一些。任务结构分解的详略程度还应兼顾组织实施跨度问题，避免计划和执行陷入无穷无尽的细节之中。总之，任务结构分解的详略程度以满足能进行有效和精确控制为原则。

③检查确认

检查确认是为了确保开发出的任务分解结构正确合理、充分有效。检查确认的基本原则是：

1）包含了所有可交付成果；

2）下层级工作的完成能保证其上层级任务目标的达成；

3）为完成上层级任务所需全部任务而且仅仅是这些任务包含在下层级任务中；

4）各项任务均得到清晰的定义；

5）子任务界面清晰；

6）能识别出关键任务；

7）能识别出里程碑事件（或过程）；

8）进度能得到有效跟踪和控制；

9）质量能得到有效跟踪和控制；

10）能识别出危险源，风险能得到有效跟踪和控制；

11）能支持外包和采购任务。

检查确认的结果应反馈到确定过程、分解结构的环节中，通过反复迭代来确保建立的任务分解结构是合理有效的。

（3）审阅与评估

应根据已建立的任务结构，编制载人航天运输各类工作计划；根据计划实施的情况和任务环境变化，持续改进完善载人航天运输任务分解结构，以保证其持续适宜有效。

载人航天运输任务分解结构中涉及系统间接口和单位界面的工作，应请主要相关方审阅并得到他们的认可，避免主要相关方对任务界面与接口理解不一致。

载人航天运输任务通常会因系统规模大、头绪多无法一次分解到位，这种情况下只能采用逐步分解的方式，先将已经明确纳入实施计划的任务进行分解，再待其他任务逐步明确后进行分解。对于首次实施的或状态变化大的载人航天运输任务，可能直到任务后期才能将任务分解结构做全。

通常，载人航天运输在任务后期不太注意对任务分解结构内容的完善，因为此时对于整个任务来说，完善任务分解结构已没必要。但是，组织应该在载人航天运输任务结束时提交一个完善的任务分解结构，这样做一方面可以帮助以后的载人航天运输任务有系统完整的经验可以借鉴，同时，也有利于任务成熟度的不断提升。

2.3.2.2 开发结果

载人航天运输任务分解结构开发完成后，通常会形成任务分解结构图表和分解结构词典，并随着任务的进展而不断完善。

（1）任务分解结构图表

任务分解结构图表是以树图或表格的形式对任务分解结构进行的描述。载人航天运输任务分解结构图表是按工程内在结构或任务实施流程进行逐层分解而形成的结构树图和工作项目列表，它们是任务实施须完成的所有项目或活动的清单，也是载人航天运输制定进度、资源、质量、风险和综合管理等计划的基础。图2-7和表2-4是以载人航天运输任务发射实施过程为例绘制的任务分解结构示意图表。

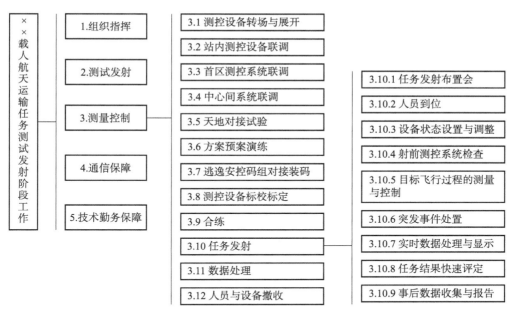

图 2-7 任务分解结构树图（示意）

表 2-4 任务分解结构表（示意）

TBS 编码	工作(或)过程名称	TBS 编码	工作(或)过程名称
1	组织指挥	3.9	合练
……	……	……	……
2	测试发射	3.10	任务发射
……	……	3.10.1	任务发射布置会
3	测量控制	3.10.2	人员到位
3.1	测控设备转场与展开	3.10.3	设备状态设置与调整
……	……	3.10.4	射前测控系统检查
3.2	站内测控系统联调	3.10.5	目标飞行过程的测量与控制
……	……	3.10.6	突发事件处置
3.3	首区测控系统联调	3.10.7	实时数据处理与显示
……	……	3.10.8	任务结果快速评定
3.4	中心间系统联调	3.10.9	事后数据收集与报告
……	……	3.11	数据处理
3.5	天地对接试验	……	……
……	……	3.12	人员与设备撤收
3.6	方案预案演练	……	……
……	……	4	通信保障
3.7	逃逸安控码组对接装码	……	……
……	……	5	技术勤务保障
3.8	测控设备标校标定	……	……
……	……		

（2）任务分解结构词典

载人航天运输任务分解结构词典是对任务分解结构中每项任务的详细描述，内容包括：

1）输入：任务要求、可继承成果；

2）任务（工作）名称、标识号和重要度标识；

3）归口单位和责任人；

4）协同关系，明确任务（工作）单元实施时，参与单位、组织和人员间的相互关系（含领导、隶属、牵头、配合等）；

5）信息传递，定义任务（工作）单元实施时的信息获知方式、内容、载体和传递渠道等；

6）约束条件，任务（工作）单元得以实施的前提条件；

7）任务（工作）内容；

8）任务（工作）程序，任务（工作）单元实施时的任务（工作）流程；

9）操作规程，适宜时，指明任务（工作）中所需的操作规程和方案预案；

10）资源配置，任务（工作）单元实施所需投入的人力、物力和时间等；

11）任务（工作）环境，任务（工作）单元实施时对环境的要求；

12）完成标准，判定任务（工作）是否完成和结果是否满足要求的标准；

13）风险等级；

14）历史记录，任务（工作）单元在以往同类或类似任务中曾发生过的问题；

15）其他需要说明的内容；

16）输出：可交付成果。

2.3.3　范围计划输入与输出

（1）范围计划输入

载人航天运输任务范围计划的输入主要来自：

1）载人航天工程总体提出的成功准则；

2）系统技术性能指标评价与估计的结果；

3）航天产品质量保证情况；

4）上级部门要求和相关方期望；

5）需要遵守的法律法规；

6）类似任务和历史资料信息。

载人航天运输任务范围计划的输入应保持可追溯性，并确保其完整准确地表达了高层级和前序过程的需求。

为保证载人航天运输任务范围计划输入的正确性、充分性，需要对输入进行确认，包括：

1）输入是否正确书写，确认并更正输入陈述的格式错误和编辑错误。

2）输入在技术层面上是否正确，输入确认人员应对输入做如下检查：输入是否具有可追溯性；输入与成功准则是否保持一致；输入是否有效或是否是最新版本。

3）输入是否完备，应能证明范围计划的输入是完备的并确保其完全表达了相关方、系统高层级和前序过程的要求。

（2）范围计划输出

飞行任务纲要、任务通知、技术总要求等任务顶层范围计划，通常由工程总体办公室协同航天员、载人飞船、运载火箭和发射场等系统制定并发至参与任务的各方。

参与载人航天运输任务的单位和组织应依据上级下发的飞行任务纲要、任务通知、技术要求等，对任务要求进一步识别和确定，形成关于任务范围更详细的范围计划，以任务指示、工艺流程、总体技术方案、质量风险计划等形式下发至参加任务的下属单位和组织。

下属单位和组织根据任务指示、工艺流程、总体技术方案、质量风险计划等上级任务文书要求和所承担的任务，对所属任务范围进一步识别和确定，形成各类组织实施方案、系统间接口、协同指挥程序和状态变化矩阵等工作范围文件。

班组和岗位以工作程序、测试细则等形式确定班组和岗位的工作范围。

载人航天运输任务范围计划的输出与任务进度密切相关，并随着载人航天运输工作的推进，逐渐由粗到细、由简到繁，由不太明晰到渐近清晰。在任务前期准备阶段，任务范围计划输出主要有可行性研究报告、设施设备建设和改造方案等。在任务直接准备阶段，任务范围计划输出主要有总体技术要求、参试人员定岗定位及训练考核计划、设施设备检修检测计划和方案、任务文书清单、任务组织机构设置方案、检查评审计划等。在任务实施阶段，任务范围计划输出主要有飞行任务纲要、任务通知、任务指示、测发工艺流程、各系统组织实施方案、系统间接口控制文件、组织实施计划网络图、工作计划、测试细则、操作规程等。在任务总结阶段，任务范围计划输出主要有飞行结果快速分析报告、任务总结通知要求、撤场计划、基础设施设备恢复方案等。

2.4　任务范围核实与变更

2.4.1　范围核实特点

载人航天运输工作流程复杂，通常会涉及多个单位、多个部门和多个系统间的协同工作，因此，须针对各类任务范围建立科学合理、严格规范的核实制度。与其他常规性任务相比，载人航天运输任务范围核实具有制度化、阶段性、层次性、协同性等特点。

（1）制度化

载人航天运输任务范围核实是一项重要制度，任务所涉及的产品、装备、过程和活动都应按照职责权限由相应组织和人员进行验证、确认和批准，涉及多个单位或组织时须进行多方会签。

（2）阶段性

载人航天运输任务常常根据任务阶段性成果和影响任务成败的关键过程设置里程碑。在里程碑处依据任务所呈现的质量特性组织不同等级、不同范围的质量评审活动。每次质量评审都要评价前阶段工作完成结果，确认下一阶段工作范围及准备情况，给出是否可以转入下一阶段的结论。因此，任务范围核实带有明显的阶段性。

（3）层次性

载人航天运输任务范围核实时，根据范围的层次和重要程度应由不同层级的组织和人员进行核实。如指挥部和质量控制组负责测试发射工艺流程关键节点和重点工作范围的核实；各技术协调组负责航天运输各相关系统工作范围核实；各分系统、专业负责底层和末端工作范围的核实。

（4）协同性

载人航天运输任务的有效实施依赖于参与各方的大力协同，其范围核实需要所有相关方的参与，如载人航天发射任务书的核实须由航天员、飞船、运载火箭、发射场、测控通信、着陆场等系统总指挥和总设计师共同签字核实。

2.4.2 范围核实组织

载人航天运输任务范围核实包括两个方面，一方面是确认任务计划（含技术状态基线）是否涵盖了所有须完成的工作（含所有规定的技术状态），且责任是否明确、标准是否科学、时间是否合理、程序是否可行、方法是否正确、资源是否充分、风险是否可以接受等；另一方面是确认已完成的工作（含已完成的产品技术状态）是否存在漏项，工作结果（含技术状态）是否满足要求。

载人航天运输任务范围核实依据其工作性质分别由相应的组织机构实施，如组织指挥类工作范围由各级指挥部（所）及下属组织机构负责核实；技术类工作范围由质量控制组及下属的技术协调组和其他技术机构负责核实；底层工作范围由各分系统指挥、专业组负责人等进行核实。

载人航天运输任务准备阶段范围核实多采用文件审批、会签和会议核实等形式进行。任务实施阶段范围核实主要有会议核实、现场核实、质量跟踪、汇报与评审、质量复查和阶段质量评审等形式。

文件审批是指范围计划经有权力放行人的批准后才能实施。

会签是指范围计划经主要相关方共同签字同意后才能实施。

会议核实是指由任务相关职能部门召开指挥部（所）会、技术协调会、工作专题会等，组织相关各方汇报工作项目、确定技术状态、协调工作事宜、安排下一步工作项目，明确责任人和完成时间。

现场核实是指在任务实施阶段，每项工作开展前均有现场指挥或定位领导对工作项目内容、主要技术状态、程序、方法、措施和结果进行核实。

质量师（员）跟踪是指在任务实施阶段，质量控制机构派出系统质量师（员）跟踪相关系统的工作过程，检查质量安全控制措施落实情况，复核测试数据等。

测试汇报和评审是在阶段测试工作结束后，由技术协调组组织相关系统对前期测试情况进行汇报，评审测试结论。

质量复查是一种适用于所有任务范围核实的活动，可根据具体情况适时组织。一般采用对关（重）质量特性、过程和产品以及特殊过程等进行追溯，以确认其满足要求的情况。

阶段质量评审是在任务关键节点处，由质量控制机构组织各相关方，依据放行准则对各系统前期工作情况进行转阶段质量评审，给出是否可转入下一阶段的结论。

2.4.3　范围变更程序

受载人航天运输任务范围识别不充分、任务实施过程中内外部环境变化、系统和设备运行中的不确定性因素等方面影响，载人航天运输任务范围可能会发生改变。当任务范围变更不可避免时，应对其进行严格控制，设法使变更朝有益的方向发展，努力消除变更带来的不利影响。

载人航天运输任务范围一旦完成核实，即被置于正式状态控制之下，任何变更都需经过状态控制部门或组织的批准，按照"充分论证、各方认可、试验验证、审批完备、落实到位"五条原则和步骤实施，图 2-8 是载人航天运输任务范围变更控制程序图。

载人航天运输任务范围变更（含技术状态更改）五条原则释义：

（1）充分论证

任务范围变更前，由提出变更的单位进行充分论证，详细说明更改原因和更改影响域，确认相关技术安全可靠，变更风险可以接受，做到范围更改确有必要、实施方案可行有效。

（2）各方认可

任务范围更改过程相当于对任务范围计划进行的新一轮协调和评审过程，所引起的计划变更须得到所有相关方和任务上级组织机构的认可，确保变更对相关系统和任务全局的影响可以接受。

（3）试验验证

任务范围更改须进行试验验证，只有经过试验验证"正确、可靠"的任务范围变更才能被接受。验证试验应制定大纲或方案，保证试验是在受控条件下进行且试验结果有效、可信。

（4）审批完备

经试验验证"正确、可靠"的任务范围更改，由申请单位办理任务范围更改通知单，经与处置权限相等的设计师审核和更高一级的任务组织批准后，才可正式实施。

（5）落实到位

任务范围更改审批完成后，更改通知单和方案应发至相关系统和单位，并落实到方案、预案和操作规程等任务文书中，确保任务范围更改落实到具体岗位。同时应做好相关任务文书的控制，及时撤除作废文件或做好更改标识，防止文件错误和误用。

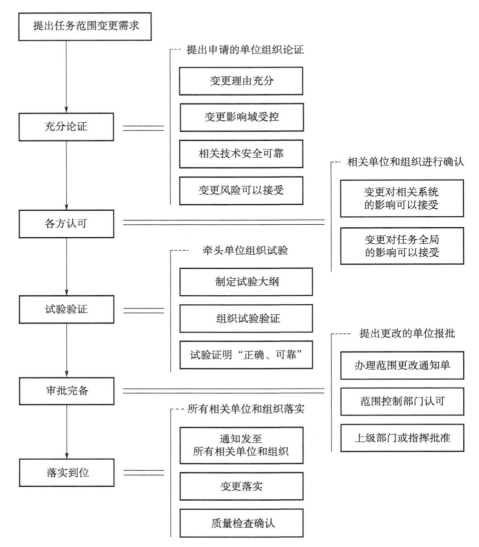

图 2-8 载人航天运输任务范围变更控制程序图（示意）

2.4.4 范围变更输出

载人航天运输范围变更一旦批准，应根据范围变更的影响区域，及时发布变更通知、调整工作计划、采取纠正措施和吸取经验教训等。

（1）发布相关通知

载人航天运输任务范围变更信息的发布通常使用经过审批和相关方会签的更改通知单，通知所有受范围变更影响的单位和组织。更改通知单要说明变更内容、变更原因、变更涉及的系统、落实单位。接到更改通知单的单位应及时根据范围变更的影响修订相关任务文书，保证范围变更要求落实到具体工作计划和技术操作中。

（2）调整工作计划

任务范围变更通常会引发工作计划调整，应根据范围变更的影响范围及时调整相关系统或任务总体的工作计划，这包括测试项目、工作内容、进度、资源等方面的调整，确保各类计划之间保持一致，同时还要考虑系统间、单位间接口变更。

（3）采取纠正措施

应对范围变更实施情况进行监视测量，当发现因范围变更而引发任务实施过程不符合时，应及时采取纠正措施，并对纠正措施的有效性进行评价。

（4）吸取经验教训

范围变更影响有些是积极的，有些是消极的，会对任务的完成产生正面或负面影响。在任务实施过程中，应对因范围变更造成的影响进行分析并从中吸取经验教训，如因发生质量问题而引起的测试项目增加，因任务要求识别不充分而造成的测试项目漏项，因任务要求变化造成的系统技术状态变化和系统间接口关系调整，因引进了不成熟的设计或工艺技术影响任务进程等。对于上述问题，一要及时将相关任务文书进行归档保存，二要针对引起范围变更的原因总结成功经验、吸取失误教训，进行举一反三、制定纠正措施。

2.5　任务范围计划示例

受任务复杂性和工作阶段特点的影响，载人航天任务范围计划的表现形式多种多样。就任务总体而言，主要表现形式有：飞行任务纲要、任务通知和任务指示等。

2.5.1　飞行任务纲要

飞行任务纲要是载人航天工程大总体制定下发的顶层任务文件，是载人航天运输各系统开展工作的基本依据和准则，内容见表 2-5。

表 2-5　载人航天运输飞行任务纲要框架（示意）

1 任务依据	3.7.4 对接轨道
2 任务性质和目的	3.8 飞行计划安排
2.1 性质	3.9 着陆场及理论瞄准点
2.2 目的	4 参试系统及其技术状态要点
3 任务要求	4.1 航天员系统
3.1 飞行乘组	4.2 空间应用系统及各领域
3.2 航天器	4.3 航天器系统
3.3 运载火箭	4.4 运载火箭系统
3.4 发射场	4.5 发射场系统
3.5 发射时间	4.6 测控通信系统
3.5.1 约束条件	4.7 着陆场系统
3.5.2 发射窗口	4.8 地面支持中心
3.6 主要气象条件	5 飞行任务总体实施方案要点
3.7 轨道与精度	5.1 任务阶段划分
3.7.1 初始轨道	5.2 产品进场
3.7.2 入轨精度(3δ)	5.3 发射场测试发射段
3.7.3 入轨姿态精度(3δ)	5.4 上升段

续表

5.5 远距离自主导引段	6.4 其他
5.6 近距离自主控制段	7 保障条件
5.7 对接段	8 质量控制要求
5.8 运行段	9 应急与故障处理要求
5.9 分离撤离段	10 任务组织与分工
5.10 返回准备及返回着陆段	11 飞行任务技术评估和技术总结
6 放行要求	12 飞行结果评定准则
6.1 航天员安全性	12.1 圆满成功
6.2 载人条件	12.2 成功
6.3 飞行乘组	13 任务配套的资料和文件

2.5.2 任务通知

任务通知是任务指挥部制定下发的关于执行载人航天运输任务的正式命令，是参加载人航天运输各系统、各单位执行任务的基本依据。任务通知的主要内容包括任务目的、任务方案、组织指挥机构设置、任务分工、任务计划和一般要求。其重点内容是进一步明确各单位的任务分工。

2.5.3 任务指示

任务指示是航天发射中心、指挥控制中心和着陆场等单位制定并下发给其所属单位执行载人航天运输任务的正式命令，是航天发射中心、指挥控制中心和着陆场等下属各单位执行任务的基本依据。任务指示拟制的基本依据是载人航天任务指挥部下发的任务通知。以航天发射中心下发的任务指示为例，其主要内容包括任务性质和目的、任务方案、发射中心承担的任务、发射场区组织指挥机构设置、发射中心各直属单位的任务分工、任务计划安排和一般要求。

航天发射中心的任务指示明确了任务基本方案、发射中心和其所属单位的任务分工和总体任务计划，发射中心各所属单位据此对本单位承担的任务进行识别，界定本单位工作范围，开展相关技术和组织指挥文书制定工作。

第 3 章
载人航天运输工程策划

内 容 提 要

载人航天运输工程策划是以工程范围确定的成果为输入，以确保任务圆满成功为目标，在资源、进度等条件约束下，基于工程生命周期阶段和过程，开发工程实施所需的各级各类工作计划。本章主要从任务总体策划、任务准备策划、任务实施策划、任务总结策划和典型策划示例五个方面论述载人航天运输工程策划的具体方法和技术。

载人航天运输工程策划的本质是针对一次载人航天运输任务，细分任务阶段、定义任务节点和分解任务过程，然后为每个任务阶段策划组织机构和指挥关系，为每个任务过程设计程序和配置资源，为每个任务节点规定监测方法和建立放行准则，并最后形成各项工作计划、方案。

3.1 任务总体策划

3.1.1 输入与输出

（1）策划输入

在策划活动实施之前，应确保输入是适宜的、充分的，必要时，应对输入的充分性、有效性进行评审。

通常，策划的输入包括：

1）任务成功和圆满成功的判据；

2）系统间接口、要求和约束；

3）工程范围；

4）需要遵守的法规、标准和规范；

5）关键因素和薄弱环节；

6）技术状态变化；

7）类似任务策划的输出和完成情况；

8）相关方对安全和环境方面的要求；

9）前期任务准备情况；

10）任务实施条件的满足情况；

11）其他附加要求。

（2）策划输出

策划的输出主要包括各级各类的指挥程序、工作计划、活动方案、放行准则等。

策划的输出应满足输入要求，并在实施前得到批准。

策划变更时应评估变更的不利影响，并经过批准，必要时，采取控制措施以消除或减轻不利影响。

适用时，应对策划的结果进行评审，评审主要以会议评审、文件会签和审签等方式进行，目的是：

1）确保策划的结果满足要求；

2）识别、评估存在的问题，并提出改进措施。

3.1.2 工作程序

载人航天运输工程策划的工作流程如图 3-1 所示。

图 3-1 中，任务策划包括确定任务目标、明确任务要求、策划监视测量活动、制定各类工作计划和规范成文信息等活动，它们相互依赖、反复迭代和递归，通过需求、构想、设计的循环，最终产生一个满足输入要求的工作计划。

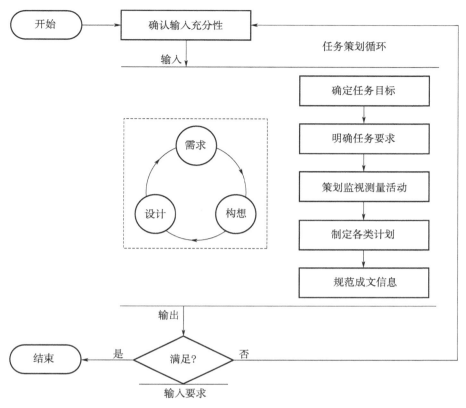

图 3-1　载人航天运输工程策划的工作流程示意图

3.1.3　周期与过程

（1）生命周期阶段

习惯上将一次从开始至正常结束的载人航天运输过程称之为一个生命周期，在一个生命周期内，将具有明显的开始和结束的时空节点且工作属性具有聚类特性的工作称之为阶段，因此，一次载人航天运输可分成工程论证、测试发射、太空旅行、返回着陆 4 个阶段。另外一种，从载人飞船飞行状态的角度将一次载人航天运输分成待发段、上升段、运行段和返回段。

工程论证是根据国家航天发展规划、国际和国内行业需求，由载人航天运输系统主管部门组织论证并规划国家或行业层面的载人航天运输任务计划。工程论证阶段始于任务或项目发起人（单位）提出载人航天运输构想或需求，止于载人航天飞行任务纲要批准。

测试发射是载人飞船和载人运载火箭等航天运输装备在发射场完成总装测试和加注发射。测试发射阶段始于载人航天飞行任务纲要下发，止于载人飞船入轨。习惯上将载人航天发射分成待发段和上升段，待发段自进入发射程序开始至运载火箭点火发射，上升段自运载火箭点火发射至船箭分离。

太空旅行是航天员（乘员）自进入太空到离开太空期间的工作和生活。太空旅行阶段始于载人飞船入轨，止于载人飞船离开空间站并实施返回，习惯上又称运行段。

返回着陆是载人飞船返回舱承载航天员（乘员）离开空间站回到地球。返回着陆阶段始于载人飞船返回舱离开空间站，止于航天员（乘员）返回到地球并被送往指定的安全场所。习惯上将载人飞船返回舱离开空间站至着陆称为返回段。

（2）生命周期子阶段

每个生命周期阶段从时间上可以进一步分成任务准备、实施和总结改进3个子阶段，其中任务总结有时又称任务收尾。

任务准备始于任务或项目发起人（单位）提出载人航天运输构想或需求，或任务通知，止于某标志性事件。工程论证阶段的准备止于论证工作组成立，测试发射阶段的准备止于航天产品进入发射场，太空旅行阶段的准备止于载人飞船入轨，返回着陆阶段的准备止于载人飞船离开空间站开启返回地球之旅或地面搜救力量到达待命点。

任务实施以任务准备结束的标志为起点，止于任务完成的标志性事件，工程论证阶段的实施止于飞行任务纲要的批准或发布，测试发射阶段的实施止于载人飞船入轨，太空旅行阶段的实施止于载人飞船离开空间站开启返回地球之旅，返回着陆阶段的实施止于航天员（乘员）到达指定的安全场所。

任务总结以任务实施子阶段的结束标志为起点，止于以下相关工作全部完成：包括基础设施设备恢复，派出分队归建和任务资料归档等。

（3）任务过程

依据载人航天运输系统的功能特性，为便于对任务进行统一的组织部署、协调控制，除工程论证阶段外，其他三个阶段从功能上均划分成组织指挥、测量控制、通信保障和勤务保障4个过程，其中测试发射阶段还包括测试发射过程和搜救回收过程，返回着陆阶段还包括搜救回收过程。

组织指挥过程，即各级组织指挥机构按照职能分工对载人航天运输任务进行组织、计划、协调和控制的过程。

测试发射过程，即对航天产品进行卸车、吊装、测试、转运、加注、发射和回收，对航天员（乘员）进行医监医保、逃逸救生等一系列活动的过程。

搜救回收过程，即对航天员（乘员）进行搜索与救生，对返回舱和其他航天产品残骸进行搜索与回收的过程。

测量控制过程，即对飞船和运载火箭等航天产品飞行进行跟踪测量和控制，对航天员（乘员）生理状态进行监测，获取、处理、显示航天产品飞行数据、图像和航天员生理数据、图像的过程。

通信保障过程，即为载人航天运输的组织指挥、测试发射、测量控制、搜救回收和技术勤务保障提供通信支持的过程。

勤务保障过程，即为载人航天运输任务提供信息安全、气象、保卫、宣传、运输、卫勤、特燃特气、计量、电磁兼容、发供电、水暖、空调、消防等保障的过程。

（4）任务子过程

每个过程从功能和活动的角度可以进一步按层级细分成多个级别的子过程，直至不能或不必再分，图 3-2 是任务子过程分层细分的示例。

某次载人航天运输任务

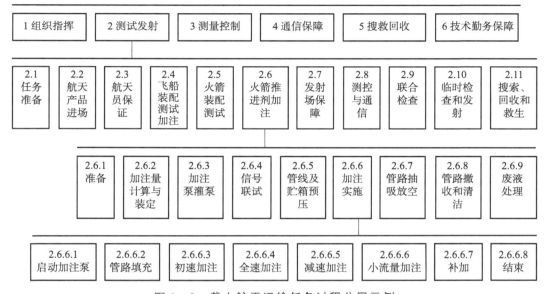

图 3-2　载人航天运输任务过程分层示例

对于新型载人航天运输任务，工程策划需要完整地识别任务要求，并将各项要求转化为具有规定特性的过程、活动和行为规范。与以往载人航天运输任务相比，任务实施策划需识别任务技术状态变化、航天产品监视测试和航天员医监医保要求的变化，并将变化的要求转化为具有规定特性的活动和与活动相关的规范。

3.1.4　策划内容

载人航天运输工程策划的本质是基于生命周期、任务过程和资源保证等条件约束，在输入与输出之间设计出一条可行、可靠、最优的组织实施路径。策划内容主要包括：确定任务目标、明确任务要求、策划监视测量活动、制定各类计划和确定所需成文信息。

（1）确定任务目标

各级各单位应针对任务要求和工作内容进行可靠性、安全性和环境因素分析与评估，充分识别任务风险和重要环境因素，确定任务目标，制定相应措施。

（2）明确任务要求

主要包括：

1）组织指挥机构、职责、成员，组织指挥关系和决策机制；

2）信息传递和内外部沟通方式方法；

3）工作范围、资源需求、进度要求；

4）岗位设置及能力要求；

5）航天员（乘员）放飞标准；

6）航天产品放行标准；

7）人员定位、训练和岗位能力确认；

8）设施设备放行标准；

9）任务软件放行标准；

10）阶段放行准则；

11）工作环境要求；

12）安全保证要求；

13）环境影响要求；

14）外部供方提供过程、产品和服务要求；

15）成文信息要求。

（3）策划监视测量活动

主要包括：

1）技术状态检查；

2）数据判读；

3）装配测试汇报；

4）阶段质量评审；

5）关键方案预案审查与评审；

6）数据处理结果确认；

7）工作和技术总结。

（4）制定各类计划

主要包括：

1）任务和主要（关键）活动组织实施方案；

2）进度工作计划；

3）质量保证计划；

4）安全保证（风险管理）计划；

5）勤务保证（资源供给）计划；

6）应急救援准备及响应计划；

7）任务所需的其他计划。

（5）确定所需成文信息

主要包括：

1）航天员（乘员）、航天产品、设施设备、工作环境等的放行；

2）航天员（乘员）医监医保；

3）人员定岗、定位、培训和确认；

4）航天产品检查、装配、测试、加注、发射和飞行；

5）设施设备检修检测、运行监测；

6）测量装置校准检定；

7）联试联调、合练、联合检查；

8）航天产品回收、航天员搜救；

9）质量问题及其处置；

10）工作项目调整和技术状态更改；

11）安全和环境的控制；

12）其他。

3.2　任务准备策划

任务准备策划主要包括航天产品准备、参试人员准备、设施设备准备、任务环境准备和任务文书准备 4 个方面的策划工作。

3.2.1　航天产品准备

航天产品准备策划包括航天产品保证、后续工作计划、风险分析与控制等。

（1）航天产品保证

完成航天产品总装测试、风险评价、出厂评审和放行等，航天产品需满足以下要求：

1）产品基线明确，技术状态更改控制和分析验证充分到位；

2）工艺与过程控制关键特性识别充分，控制到位；

3）产品数据包完整、清晰，产品质量可追溯；

4）残余风险可接受，风险可控，故障预案充分有效；

5）对产品测试覆盖性进行检查分析，对不可测/不可检项目进行修订完善，制定严格的过程控制措施并进行审查确认；

6）将以前成功飞行的产品参数形成成功包络，将当前要使用的参数与成功包络进行比对，对超包络参数进行识别，对可能存在的风险进行分析，对风险后果进行评价，对处置措施进行评审确认；

7）组织出厂评审，按照放行准则放行航天产品出厂。

（2）后续工作计划

航天产品出厂前，应完成航天产品后续工作策划，重点是：

1）编制技术流程、计划流程、产品保证流程、技术安全流程、放行准则、测试大纲、各种测试文件和工艺文件等，并确认发放到相关方；

2）在技术流程、计划流程中明确质量控制项目、控制点，包括技术状态控制、技术风险分析与控制、测试环境和地面支持设备保证、加注安全保证、联合操作质量控制、各阶段工作确认、产品最终状态确认、质量问题归零和举一反三等。

（3）风险分析与控制

针对任务阶段开展风险分析和控制工作，包括：

1）产品最终状态；

2）大系统间的协调性和匹配性；

3）静电防护；

4）多余物控制；

5）推进剂加注；

6）指令安全性保护；

7）故障预案及其验证情况；

8）电气设备检查、联调；

9）装箱、吊装、停放和运输的技术安全检查；

10）供电、接地、吊车、压缩气体、火工品及其装置的技术安全检查；

11）温度、湿度和洁净度的检查与确认；

12）加注、航天员逃逸、人员撤离等安全预案的演练。

按照各任务阶段要求，完成技术风险分析与控制的评估确认，给出风险是否消除或降低到可接受水平的明确结论。

3.2.2 参试人员准备

参试人员准备是为载人航天运输提供满足任务要求的人力资源。人员准备策划的内容包括人员获取、人员训练和人员考核。

3.2.2.1 人员获取

人员获取策划是针对任务需求分析任务特点，明确岗位设置、工作内容、对人员能力素质要求，确定所需人员类型与数量以及获取人员的途径和方式。

人员能力素质要求应基于教育、培训、技能和经验，通过岗位考核并持证上岗。

人员获取的途径包括定岗、调配、招聘和外包等。

3.2.2.2 人员训练

人员训练策划是针对岗位能力素质要求开展针对性训练，包括拟制针对性训练计划，明确训练对象、内容、时机、方式和保障。人员训练常用方法有针对性训练、随岗培训、分段与分项培训、模拟培训与迁移和过度练习等。

（1）针对性训练

针对性训练是航天运输任务最常用的培训形式之一，与"考虑个体差异"的培训模式相似。"考虑个体差异"的培训是基于学习者的个体差异而开展的"因材施教"活动，如专业水平较高的人能够从复杂技能的综合指导中受益，而以通俗易懂的方式呈现复杂概念更易于为知识水平低的人所接受。针对性训练是基于具体任务对岗位人员的要求，开展缺什么补什么的训练。由于每次航天发射任务都具有"独一无二"性，需要针对具体任务特点、技术状态变化等，查找薄弱环节、补充新的知识，因此，针对性训练的实质是"查漏补缺"性的训练。

（2）随岗培训

随岗培训是一种典型的非正式培训，即有经验的员工向新员工示范如何完成一项任务。这种培训几乎没有准则可循，培训效果很大程度上取决于学习者的能力。还有一种随岗培训的形式是由老手带新手或师傅带徒弟直接参加任务，徒弟在师傅"手把手"指导下开展工作，在航天运输领域称这种形式的训练为"试训结合"。一般认为随岗培训的效率很低，但工程实践证明，"试训结合"的培训方式在载人航天运输领域很有效，这主要是由于载人航天运输领域中的各岗位所需技能复杂，实践机会较少（年发射次数有限）且实际的技术操作具有高风险性，"老手带新手"的"试训结合"模式，能增强工作的安全性，保证操作经验和岗位感悟得到有效传递和适时提升。

（3）分段与分项培训

分段培训是把几个在时间上不重叠的连续发生的任务进行分段，然后分别实施培训。如惯性测量组合的测试培训，就是先进行单元测试标定的培训，然后再进行惯性测量组合进入控制系统后的功能检查培训。分项培训是把复杂任务分解为几个简单任务，这些任务通常是同时存在或进行的，如惯性测量组合单元测试标定培训就可以针对陀螺仪和加速度计分别进行参数标定培训。但是，分项培训不太适用于分项任务相互依存的情况，如雷达伺服机构操作手将跟踪操作按方位和俯仰两个分项分别组织训练，其效果不佳。

（4）模拟培训与迁移

出于安全、节省操作费用和时间等方面考虑，使用模拟仿真系统让被培训者在虚拟环境中进行训练已是非常流行的培训方式。如航天发射场使用的虚拟吊装与装配、火箭测试发射仿真等。模拟培训的一个重要问题是模拟环境与真实环境相比的逼真程度，因此，存在一个"在模拟环境下培训获得的技能如何提高真实环境中绩效"的问题，即培训迁移。所有的培训设计都必须考虑培训迁移问题，培训永远不应该产生负迁移，即培训后的绩效不如受训前的绩效。

（5）过度练习

大量的练习可以使操作更快、更准确，对注意力的要求更少。载人航天运输任务实施中，一些异常情况或特殊场景所用到的关键技术可能无法在日常工作中习得，这种情况下，过度学习就是必需的。因为，在紧急情况发生时，经过过度练习或学习的操作者更容易记起如何进行操作，并能准确、迅速、近乎自动化地完成。如要求航天产品吊装操作手使用吊车在规定的时间内将焊条插入竖立的啤酒瓶中，就是过度练习的实例。

3.2.2.3 人员考核

人员考核是对定岗人员能力素质是否满足岗位能力要求而进行的各项综合能力的评估确认。相应的策划工作是依据岗位能力素质要求说明书，对照教育、培训、技能和经验要求，策划岗位人员考核时机、方法和措施，策划应确保考核覆盖所有参试人员和岗位。

与最终工作绩效密切相关的考核方法被认为有很好的考绩关联度，显然，这种关联度越高，单位对考核高分预示高绩效的信心就越足。大量研究和实践表明，载人航天运输岗位考核的最佳方法包括认识能力测试、身体和运动能力测试、人格测试和工作样本测试。

（1）能力说明书

载人航天运输岗位考核的目的是为岗位选配合适的人。要找出胜任某岗位的人，首先要对该岗位的职责和行为进行分析，这包括对具体要完成的任务、任务操作环境和成功完成任务所需知识与技能的说明等，此过程称为工作分析。工作分析的目的之一是编制岗位能力素质要求说明书，包括教育、培训、技能和经验等方面的要求，它是考核、定岗、训练和绩效评价等活动的基础。一旦有了岗位能力素质要求说明书，组织就可以据此选择合适的岗前考核方法，为岗位选出最合适的人员，为员工分配最适合的工作。

（2）认知能力测试

典型的认知能力测试包括：一般能力或智力、语言能力、知觉能力、数字能力、推理和分析能力、感知速度、记忆以及空间机械能力等。载人航天发射运输认知能力测试的主要形式是理论知识考试。

（3）身体和运动能力测试

载人航天运输中一些岗位需要一定的体力，特别是肌肉组织、身体耐力、平衡协调性、手的灵活性和运动技能。身体能力测试通常包括静态力量、动态力量、躯体力量、柔韧性、躯干平衡性、耐力和有氧适应性等。载人航天运输有关岗位人员运动能力的测试主要关注手的灵活性、手臂的稳定性等。

（4）人格测试

载人航天运输实践总结表明，在岗位配置中，有五种基本人格因素或聚类特征的测试在预测工作绩效时是有用的，包括责任心、团队意识、创新性、严谨性和神经症症状。在载人航天运输岗位考核的人格潜能评估中发现，责任心和团队意识是最有预测性的人格测评维度。

（5）工作样本测试

知识测验的常用方法有笔试和工作样本两种。典型的工作样本是要求应试者具体去做岗位上的一组工作，如操作手实际操作设备，指挥员在模拟环境中做出反应等。由于应试者完成工作样本需要有效运用相关的工作知识，因此，使用实际样本进行工作知识测验被认为是最有效的。工作知识测试能够评估完成某项工作所需的相关知识，而且常常比能力测试有更好的预测效果。这种测试可能有双重优势：其一，有丰富工作知识的人可以将知识转化到工作中；其二，有这方面知识的人可能对某领域有兴趣，这种兴趣将给他带来更好的工作绩效。

3.2.3　设施设备准备

设施设备（不包括航天产品）准备是为载人航天运输提供满足要求的设施设备，设施设备准备策划的内容主要包括设施设备检修、监视测量装置校准与检定、物资器材采购等。

3.2.3.1　设施设备检修

设施设备检修是针对载人航天运输设施设备的特点，使用以可靠性为中心的检修理论，通过适用而有效的预防性检修工作，以最小的资源消耗达到以下三个目的：

1) 保持设施设备固有功能性能；
2) 确保当设施设备的功能性能下降时能将其恢复到固有水平；
3) 对固有功能性能不能满足要求的设施设备进行改造或报废。

设施设备检修包括检测和修理两类活动，因此，有时也称设施设备检测检修。检测是检查设施设备是否处于正常状态，修理是将存在问题的设施设备恢复到规定状态。

（1）检修策略

设施设备检修策略是为最优地实现检修目标而选择的检修方式或不同检修方式的组合。载人航天运输及其设施设备的特点决定了其检修策略应以预防性检修为主，以事后检修、改善检修和任务抢修为辅。此外，关键设施设备还需不断完善在线监测和故障诊断技术以进一步提高设施设备的综合检修水平。

（2）检修程序

设施设备检修通常按照确定检修范围、分解设施设备、提炼功能性能指标、确定检修项目和明确检修方法等步骤实施。确定检修范围即以任务流程为依据，将所有参加航天运输任务的设施设备都列入检修的范围。分解设施设备是依据设施设备结构，对设施设备按"系统—子系统—单元—组件—零部件"的层次进行纵向分解，分解深度以到达可替换部件为原则。提炼功能性能指标是依据设施设备分解的结果，梳理提炼出能准确描述设施设备各层级功能性能的技术指标。针对提炼出的功能性能指标，确定检修的项目。

（3）检修项目

设施设备检修项目的选择应考虑必要性、覆盖性、可操作性。必要性考虑：为什么要对该项目进行检测，检测结果是否能够反映设施设备的状态，不检测能否说明设施设备状态的好坏，检修后设施设备的质量能否得到保证。覆盖性强调检修项目应覆盖设施设备所有功能、性能和接口要求，不存在漏项，不存在对某些性能指标说不清道不明的情况。对设施设备功能，不论在哪个层次，均需进行验证和检查；对设施设备性能，可以通过设计若干个检测项目，实现设施设备综合性检修的目的。可操作性强调不论是什么人，只要按照正确的操作程序要求去检测，就能得到准确一致的检测结论，即检测结论不会因操作人员熟练程度、检测仪器误差、检测环境变化等主观和客观因素而出现较大偏差。

（4）检修方法

明确检修方法是在设计好不同级别的检修项目和指标体系后，进一步明确具体的检修方法，包括检测方法所采用的原理、检修程序、检修标准、所使用的工具和仪器、对检修人员能力素质要求等。

3.2.3.2　监视测量装置校准与检定

当利用监视和测量来验证业务活动及其结果是否符合要求时，应确定并提供所需的监视测量装置，以确保：

1）监视和测量结果有效；

2）适合所进行的监视和测量活动；

3）得到维护，并在任务期间持续适用。

当要求测量溯源时或认为测量溯源是信任测量结果有效的基础时，测量设备：

1）应按照规定的时间间隔或在使用前进行校准和（或）检定（验证），使其量值溯源到国际或国家测量标准，并张贴状态标识；当不存在上述标准时，应保留作为校准或检定依据的成文信息。

2）为防止造成测量失效，测量设备的调整应按照规定程序，由经授权、有资格的人员进行。

3）当测量设备不符合要求（如失效、损坏等）时，应对其采取措施（如重新校准、维修、更换或报废等），并对以往测量结果的有效性进行评价或复测。

4）对用于监视和测量的计算机软件进行验证或保持其适用的配置管理，以确认其满足预期用途的能力；确认在初次使用前进行，必要时再确认。

5）应予以保护，防止可能使校准状态和随后的测量结果失效的损坏或劣化。

3.2.3.3　物资器材采购

采购是载人航天运输物资器材提供的基本方法，相关的策划包括：采购计划和合同拟制，合格供方选择与控制，采购风险分析和采购验证等。

（1）采购计划和合同

采购计划应明确采购产品的名称、型号规格、数量、经费计划、进度要求、供方选择以及采购方式等。

采购合同（含技术协议）一般应包括以下内容：

1）订购物资器材的型号、规格和技术要求；

2）研制单位须提供的技术资料，提供方式及时间；

3）备品备件和专用工具的提供；

4）交货条件、交货状态、交货地点、交货时间；

5）质量保证要求；

6）双方的权利和义务，合同争端解决方式、程序及途径；

7）支付条款，违约条款；

8）协议书（技术合同）及合同附加条款说明；

9）技术服务和技术培训要求；

10）外协产品的质量控制。

（2）供方选择与控制

载人航天运输物资采购应对供方评价，选择质量信誉良好，技术保障和售后服务及时到位，具有良好发展前景且能长期合作的供方。

供方评价与控制的主要措施有：

1）基于外部供方按照要求提供过程、产品和服务的能力，确定评价、选择、绩效监视以及再评价供方的准则，确保有效识别并控制风险。

2）依据相关准则，调查、评价供方提供过程、产品和服务的能力。

3）根据评价的结果编制合格供方名录，作为选择供方的依据。

4）邀请物资器材使用单位参加对供方的评价和选择。

载人航天运输物资器材采购工作应根据供方提供产品的质量、价格、交货时间、售后服务、应对风险的能力以及对问题的处理等情况，对合格供方进行定期再评价，对评价不合格的供方应从"合格供方名录"中删除，并停止订货。

（3）采购风险

对于直接影响载人航天运输任务的物资器材采购工作应从质量保证、交付时间、验证验收和可能发生的非期望事件等方面识别评价存在风险，制定应对措施，实施风险监测和控制。

采购风险控制的主要措施有：

1）建立任务物资器材采购过程监控机制；

2）对可能影响任务物资器材交付质量和进度的因素进行跟踪核查，实时评判；

3）采取有效的风险应对措施，消除因物资器材不合格或交付进度滞后而影响载人航天运输任务的风险。

（4）采购验证

采购承办单位应组织对采购的物资器材实施验证活动，以确保其满足要求。

采购验证措施主要有：

1）制定放行准则，根据物资器材特性，采用检查、检验、试验、评审、验收等方式分类控制；

2）按合同要求进行出厂（所）验收；

3）按大纲要求进行现场安装调试；

4）必要时，召开专项评审验收会验收移交；

5）当委托供方进行验证时，应规定委托的要求；

6）经验证确认达不到质量标准或合同要求的任务装备不能验收，由采购承办单位依据采购合同和协议处理。

3.2.4　任务环境准备

载人航天运输环境准备是为载人航天运输提供满足要求的环境条件，并保证载人航天运输不会对自然环境造成非预期的损害。环境准备策划主要包括工作环境、自然环境、社会环境和任务氛围的控制。环境控制是通过提供必要的基础设施（如空调器、加湿器、供暖等），采取必要的措施（如规定无线电设备开关机的时段、加装屏蔽网和气象预报等），达成以下两方面的目的：一是满足人员、任务装备和航天产品正常工作时对环境的要求；二是确保发射和返回活动对自然环境和社会环境不会造成危害。

3.2.4.1 工作环境

载人航天运输工作环境包括一般工作场所环境、特殊工作场所环境和电磁环境。一般工作场所是指厂房、机房、库房、场坪、脐带塔和工作区域等只有常规环境条件要求的场所；特殊工作场所是指从事易燃、易爆、有毒有害物质等高危险操作的场所或与一般工作场所相比具有更高环境条件要求的场所。电磁环境是指载人航天运输活动区域内电磁现象的总和，由空间、时间和频谱三要素构成。

（1）一般工作场所

一般工作场所环境通常会对包括防风、防雨雪、防雷、防震、防沙尘等基本防护，温度、湿度、洁净度、照明、静电、接地等环境要素提出要求。

依据载人航天运输要求建设、改造和提供的厂房、机房、库房、脐带勤务塔等基础设施，均采取了防风、防雨雪、防雷、防震、防沙尘等方面措施，为人员、任务装备和航天产品正常工作提供一个相对独立稳定的工作环境，以减少自然环境对载人航天运输任务的影响。载人航天运输任务实施期间，应定期、及时检查上述各种防护措施的落实及其有效性，对存在的问题和隐患及时进行处置。若遭遇极端天气，应及时发布自然灾害信息，制定方案预案，落实针对性措施，避免极端天气对载人航天运输任务实施造成危害。

载人航天运输工作环境接地要求包括供电保护接地、工艺接地和防雷接地。供电保护接地的作用是在发生漏电时迅速将漏电引入大地，防止漏电对人员和设备的危害；工艺接地一般是弱电接地，主要作用在于为测量设备和仪器提供零值电位，防止设备仪器、元器件间的漏电干扰。防雷接地是在有雷电产生时迅速将雷电引入大地，防止雷击对人员、建筑物和设施设备的危害。每类接地都有相应的标准要求，责任单位定期或在任务准备阶段对上述三类接地进行全面检查测试，确保其满足规定要求。

静电对设施设备产生的危害具有潜伏性、累积性。静电的产生具有环境相关性，可在环境中局部积累，通常因操作引起的状态变化而引入设施设备或在设施设备中转移。操作者一个简单的挥手动作，可以产生高达 3 kV 的静电，人体尚无知觉，但对于普通的场效应管，300 V 以上的电压就有可能造成其击穿。静电在设施设备上造成的局部绝缘损坏通常一次不足以造成设备短路，由于静电通常在最容易集聚的部位积累，又通常从最容易释放的通道释放，因此其对设施设备产生的危害是少量多次的累积，可以潜伏很长时间，而最终的表现结果却难以区别于局部过压大电流一次性损伤。静电防护措施可以从静电产生环境和静电释放两个环节着手。从静电产生的环境看，可以通过改善工作环境的湿度，确保设施设备良好接地等措施来避免因干燥易产生静电和静电在设施设备上累积等问题，操作者避免穿戴易产生静电的衣物或穿戴防静电工作服也是预防静电产生的有效措施。从静电释放渠道看，在工作场所安装静电释放装置并要求操作者定时触摸静电释放装置放电，也可以有效减小静电对设施设备的危害。在引爆器、爆炸器测试等有特殊要求的场所，工作人员还须带防静电手环，测试工作台须铺设导电橡胶垫等。

载人航天运输任务实施期间，人员、设备和航天产品工作场所对温度、湿度、洁净度、照明等环境因素会提出明确要求，通常采用开启带加湿功能的空调、除湿器，加装照明和除尘装置等来满足工作环境的要求，同时，通过定时对工作环境进行温湿度监测，及时更换损坏的照明器具和适时维护除尘清洁设备等来确保工作环境要素波动控制在要求范围内。

（2）特殊工作场所

特殊工作场所包括高危险性场所和有更高要求的场所。

高危险性场所通常是指推进剂库房、航天器加注厂房、塔架封闭区、火工品贮存和测试间等危险性比较高的场所，环境管理的重点在防爆、防静电、防毒气侵害，常用措施包括：

1）所有电器均为防爆电器，防止加断电过程产生电火花；

2）航天产品在加注推进剂及后续测试过程中，事前要连接紧固好接地线；

3）操作人员着防护服、戴防毒面具等防护和安全用具；

4）实时对库房和封闭区间进行有毒有害气体监测，防止发生泄漏等问题；

5）定期对有毒、有害物质进行分析、化验和处理，在危险场所配挂醒目标志。

有更高要求的场所包括生物培养装置有效载荷间、光学成像设备有效载荷测试准备间等，它们通常对温湿度、洁净度、振动等环境因素要求更高，需要通过提供所需的设施设备予以满足。如生物培养装置一般要求洁净度不大于百级，对风速、风量控制也有严格要求，需要单独设置洁净空调送风和监测控制系统，确保其环境要素指标满足要求；成像光谱仪、详查相机等光学成像设备测试间，除对温湿度、洁净度要求较高外，对振动要求也非常严格，为满足其测试要求需要建设隔振地基测试平台。

（3）电磁环境

航天产品、地面测试发射设备、测控通信设备等有很多雷达、遥测等无线电设备，有些设备电磁频率相近，管理不善就易产生电磁干扰，从而影响载人航天运输任务安全。电磁环境控制的主要措施包括电磁环境监测、无线电设备开关机时序控制和电磁屏蔽等。

电磁环境监测是利用电磁监测设备对载人航天运输活动范围内的电磁频谱、场强等电磁参数进行监视和测量，为解决电磁兼容性问题提供技术支持。

无线电设备开关机时序控制是根据电磁环境监测结果和相关设备频率范围，约定无线电设备的开机时间和顺序，对载人航天运输任务过程中联合检查、临射检查和发射等关键工作时段的电磁环境进行管制，协调确定相关设备工作程序和技术状态，避免发生电磁干扰等问题。

电磁屏蔽是采取加装屏蔽网等措施，使局部工作场所的电磁环境条件满足规定要求。

3.2.4.2 自然环境

载人航天运输自然环境是指载人航天运输活动所处地域的地理和气候环境，自然环境管理和控制包括气象条件选择和环境改善与保护两个方面。

（1）气象条件选择

载人航天运输任务实施期间，飞船转加注厂房、飞船扣罩后转总装厂房、载人飞船和运载火箭组合体（简称"船箭组合体"）转发射阵地、火箭点火发射等活动和过程对气象条件都有严格的要求，气象条件选择就是依靠准确的天气预报，选择气象条件满足要求的日期和时段来实施上述活动，规避不良天气的影响，尤其是要避免有灾害性或危险性天气的情况。表 3-1 是载人航天运输任务发射最低气象条件示意。

表 3-1　某载人航天运输任务发射最低气象条件

发射首区	航区	应急搜救区
1）环境温度 —__℃～+__℃； 2）相对湿度不大于__%(__℃)； 3）地面平均风速不大于__m/s，最大瞬时风速不大于__m/s； 4）高空切变风对火箭形成的气动载荷不超过火箭设计允许值； 5）__km 范围内发射前__h 至发射后__min 时段内无雷电； 6）地面电场强度和运载火箭上升段飞行所经过的__km 以下区域大气电场强度不超过__kV/m	1）火箭点火后__min 内陆上航区（上升段）无暴雨、雷电； 2）与最低发射条件相关的国内陆上测控站所在地区风力不大于__m/s； 3）火箭点火后，海上测量船所在海域在任务时段内海况不大于__级（风力不大于__级）	1）火箭点火后__h 内上升段陆上应急着陆区和运行段应急返回着陆区云底高度不小于__m，能见度不小于__km，地面平均风速不大于__m/s； 2）火箭点火后海上应急搜救区域__h 内海况不大于__级（风力不大于__级）

常用的气象条件选择方法有两种。一是统计分析，二是气象预报。统计分析是对航天运输活动区域和航区历史气象资料进行统计分析，总结固定区域内各季节、时段的气候特点，比如每时段内（如1个月）晴好天气率、降水量和降水概率、大风扬沙天气概率等，通过历史数据统计分析找寻该区域气象的普遍规律，进行气候分析预测，为载人航天运输任务提供远期气象保障服务。气象预报是通过气象观探测设备获取常规气象观探测数据和浅层风、电场、大气光学等特殊气象数据，综合利用国内、国际相关气象数值预报信息，为航天发射任务提供长期、中期、短期、短时和临近天气预报，及时发布大风、沙尘暴、暴雨、雷电、寒潮等危险天气警报。

（2）自然环境改善与保护

环境保护包括对载人航天运输活动区域周边原有自然环境的保护和对载人航天发射污染源的处理与控制。原有自然环境保护要求载人航天运输实施须进行环境评价，识别评价重要环境因素，制定环境保护措施，避免对周围自然环境和生态环境造成危害。由于载人航天发射场一般都远离人群聚居区，电磁、噪声等污染影响轻微，污染源处理与控制主要是指载人航天发射用推进剂的管理和控制。载人航天发射用常规推进剂，如四氧化二氮、偏二甲肼等，都是有毒有害物质，其废气废液如果不进行处理就直接排放将会对水源、大气、土壤和环境造成危害。因此，载人航天发射产生的推进剂废液、废气须进行无害化处理。

环境改善是通过环境综合整治和绿化美化等活动持续改善载人航天运输活动周边的局部自然环境，如发射场建设规划要充分考虑野生动植物的生存生长，工程建设施工要尽量减少对周围植被的破坏，工程施工完成后迅速恢复周边植被；再如在发射场区周边种植防风林带，在场区内部绿化美化环境，开展节约资源、减少浪费、建文明卫生场区的活动等。

3.2.4.3　社会环境

社会环境管理与控制的主要任务是为载人航天运输任务提供安全稳定的社会环境，具体工作内容包括：对航天运输活动周边敌社情排查与监控、与地方政府和驻军协调配合以及外来人员管制等。

（1）敌社情排查与监控

载人航天运输作为国家级重大科技实践活动，国内外关注程度高、政治影响大，必然会成为敌对势力渗透和破坏的重点目标。近些年来，一些别有用心的国家和组织以经济合作为借口，在载人航天运输活动周边地区进行能源开发、大地测量、地震监测等活动越来越频繁，处心积虑地采取各种手段，包括腐蚀、拉拢航天队伍中思想不坚定份子，窃取载人航天秘密的事件时有发生；"三股势力"（宗教极端势力、民族分裂势力和国际恐怖势力）的袭击破坏威胁依然存在，载人航天运输的社会安全环境不容疏忽。如何妥善处理好载人航天运输活动安全和营造良好的任务环境的关系，确保载人航天运输活动周边有一个社会稳定和安全的环境仍是一项重要任务。

在载人航天运输任务准备阶段，敌社情排查的主要措施有以下两点：一是协同周边地方政府部门、驻军单位开展走访调研，了解周边的安全稳定形势、敌对势力渗透破坏情况和社会发展稳定状况，制定针对性措施；二是组织对周边居民进行摸排检查，重点排查流动人员情况，禁止不明身份人员在载人航天运输周边活动。

在载人航天运输任务实施阶段，敌社情排查的主要措施有以下三点：一是加强与周边地方政府部门、驻军单位的联系和沟通，共享反恐维稳信息；二是在关键区域加装监控设施设备和设置值班室进行 24 小时不间断监视；三是派出巡逻分队对任务活动周边进行巡逻，禁止不明身份人员在任务周边活动；四是组建反恐应急处置分队，制定突发暴力事件应急处置预案，组织反恐防暴演练。

（2）与地方政府和驻军协调配合

及时将载人航天运输任务要点和工作计划向地方政府和驻军单位通报，协调地方政府和驻军单位做好联防联治，特别是加强与地方公安、安全和交警部门的协调沟通，做好发射场外围人员、车辆和重点人员的管控工作，为载人航天运输任务提供一个安全的外部环境。

向运载火箭残骸落点区域派出搜索回收分队，协调地方政府、军事部门和单位协助做好群众疏散和残骸搜索回收工作，确保残骸落点区域人民生命财产安全和国防科研试验秘密安全。

（3）外来人员管制

在载人航天运输任务活动外围设置检查站，严格控制进入活动区域的外来人员，禁止不明身份的人员和车辆进入管制区域。对场区居民进行排查摸底，对身份不明、无对口接待单位的人员予以遣返。

所有参试岗位人员、航天产品研制生产单位人员、外协人员及车辆，由指定单位统一制定下发出入证和通行证，在工作场所设置警卫，禁止无证人员进出工作场所。

3.2.5　任务文书准备

任务文书拟制是针对载人航天运输如何实施而确定文件和记录需求，编制、批准和发放任务文件，制定、标识结果记录样表的活动，目的是保证任务实施过程按规定的途径达成预期的结果。任务文书准备应满足以下三点要求：一是所有任务组织机构的设置和职责、工作程序和办法应形成正式文件；二是所有活动和过程的组织流程、资源保证、应急处置和放行准则都应得到规定、沟通并文件化；三是所有重要工作的过程和结果应保持可追溯性成文信息。

（1）任务文书类型

按照任务文书适用对象可将其划分成任务组织、岗位人员、设施设备、任务软件、航天产品、工作环境、资源保证和结果记录等。

组织实施类文书主要包括：与任务总体相关的飞行任务纲要、测试发射工艺流程、总体技术方案、结果评定准则，与各系统相关的技术方案、接口控制文件，与任务组织管理相关的机构设置、工作程序和计划等。

岗位人员类文书主要包括：有关任务岗位设置、职责、要求和上下关系的文书，定岗人员配置、培训、使用和考评等方面的管理制度、规范和计划，与岗位具体作业活动相关的实施方案、应急预案、操作规程和现场管理制度等。

设施设备类文书主要包括：有关载人航天运输任务相关的设施设备实力、布局和状态类文书，采购、安装、使用、维护、检修、标识等方面的工作计划、管理制度和规程规范等。

任务软件类文书主要包括：与任务软件（参加载人航天运输任务的计算机及其网络的软件）的需求分析、设计开发、测试评审和维护使用有关的软件工程化文件等。

航天产品类文书主要包括：与航天产品有关的搬运防护、装配测试、检查试验、问题处置和产品放行等的工作项目、进度安排、放行标准和质量评价等。

工作环境类文书主要包括：与任务场所工作环境要求有关的文书及记录等。

资源保证类文书主要包括：与航天产品用推进剂和任务实施用水、电、气及其他物资器材保障有关的各种规章制度、方案预案等。

结果记录类文书主要包括：为保持载人航天运输任务实施过程的可追溯性、任务实施结果的符合性形成的各类记录，以及为改进后续载人航天运输任务质量和效益而编写的问题处置（包括归零）报告、技术和工作总结报告等。

（2）任务文书评审验证

为保证任务文书的适用性、完整性和有效性，任务文书在执行前应经过评审验证，主要方法包括：

1）依据技术状态基线，当没有技术状态基线时依据关键相关方要求，使用数据分析、演示验证和检查试验等手段，验证任务文书满足要求的能力。

2）依据任务文书的适用对象、范围和使用者要求，确认任务文书能满足使用要求的能力。

3）依据任务策划的结果，审查任务文书的完整性，重点是文件资料是否齐全。

4）依据任务文书编写规范，审查任务文书满足相关标准的情况。

5）任务文书评审验证的主要输出包括差异（偏离）报告或不满足、不符合的情况。评审验证不通过的任务文书在采取纠正措施后应组织再评审。

任务文书评审验证不能代替批准。

（3）任务文书沟通

为保证各系统、各单位间统一行动，任务文书应在适当范围内得到沟通和理解，以下是任务文书沟通的主要方法：

1）任务文书应正确、及时、完整地传递到相关组织和个人；

2）当任务文书涉及多个单位时，应组织所有相关单位一起学习、会签，并将正式文件发放到所有相关单位；

3）对于重要的任务文书，应确认每个相关的岗位人员都已掌握了文书中的相关内容，适宜时应统一组织相关人员学习；

4）保证岗位人员能方便、快捷地获取所需任务文书；

5）让相关岗位人员参加任务文书评审验证。

3.3　任务实施策划

中国载人航天运输在近 30 年的工程实践中逐渐形成了独特的任务实施模式，包括组织指挥、测试发射、搜救回收、测量控制、通信保障和技术勤务保障 6 个过程，它以组织指挥为纽带，以测试发射、搜救回收和测量控制为主线，在通信、技术勤务过程的支持下，共同完成载人航天运输任务。

3.3.1　组织指挥过程

（1）工作内容

组织指挥过程是按规定的任务流程，科学有效地协同各种资源，确保航天员（乘员）安全、顺利地完成太空旅行的过程。

输入：载人航天运输对组织指挥过程的要求和期望，航天员（乘员），直接参加载人航天运输的人员、航天产品和设施设备，任务所需的文书、工作环境、知识和信息等。

主要工作内容：

1）成立组织指挥机构；

2）建立组织指挥和信息沟通渠道；

3）制定各类工作计划，包括任务实施计划、周工作计划、日工作计划和专项工作计划；

4）组织航天产品进场；

5）组织开展航天产品在技术区的装配测试工作；

6）组织航天产品在发射区的检查和发射工作；

7）组织开展过程控制、节点把关和里程碑评审工作；

8）组织质量问题归零；

9）组织紧急情况处置；

10）指挥调度测试发射、测量控制、搜救回收、通信保障、技术勤务保障过程按计划和程序完成上述工作。

输出：任务实施阶段的可交付成果，包括航天员安全进入太空并返回地面，航天器、运载器工作状态及其飞行数据，航天员生理信息，地面待恢复设施设备，任务实施过程的成文信息（包括保持任务实施过程可追溯的记录等）。

载人航天运输任务实施阶段组织指挥机制如图 3-3 所示。

（2）工作程序

载人航天运输实施阶段组织指挥过程的工作程序通常是：

第一步，成立指挥部和各级各类组织指挥机构，开设各级指挥所，明确组织机构工作原则、职责、制度和程序等。

第二步，建立组织指挥渠道，包括依托机构、联系人员、通信方式、通信信道和信息、指令的载体、传输流程、渠道等。

第三步，组织航天产品进场，按交接程序组织航天产品移交和业务对口介绍。

第四步，完成航天产品在技术区的技术准备，包括按照测试发射工艺流程、试验大纲的要求，组织运载器、有效载荷、航天器等系统进行相应的单元、分系统、系统间匹配及综合测试，进行航天器推进剂加注、扣罩、与运载器对接，开展船箭联合检查和人—船—箭—地联合检查。

第五步，将技术区完成技术准备的船箭组合体垂直转运到发射区。

第六步，航天产品在发射区进行直接准备，通常包括各系统功能检查、联合检查和对运载器进行推进剂加注，并适时组织首区合练和全区合练，保证参与航天发射的各系统协调匹配。

第七步，按照发射协同指挥程序组织发射。各级指挥人员和技术人员应熟知各种方案和预案，做好紧急情况处置准备；备份用设施设备、物资器材应在指定位置就位；抢修、救护和消防人员设备到位；应急搜救和残骸搜索队伍到达指定位置并做好相应准备。发射

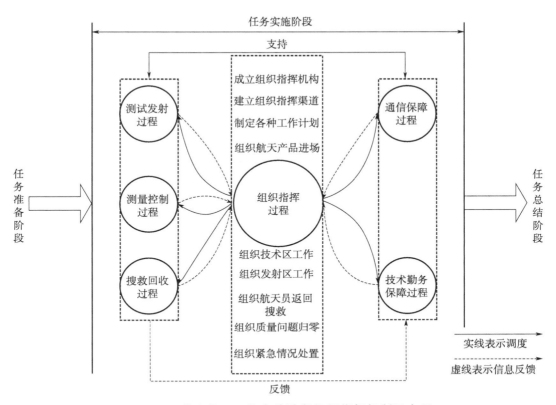

图 3-3　载人航天运输实施阶段组织指挥机制示意图

过程中出现超出预案和本级处置权限的问题，须及时请示汇报；出现重大故障和问题时，取消当日发射计划，退出发射程序，待妥善处理后，重新组织发射。

第八步，按照运控协同指挥程序组织航天员（乘员）的太空工作与生活。根据航天员（乘员）太空活动安排，按照运控计划、方案、预案和指挥程序，组织航天员（乘员）、载人飞船、空间站、指控中心、测控中心和测控站等协同完成相关工作和太空旅行。

第九步，按照搜救回收协同指挥程序组织航天员（乘员）返回地球和地面搜救。根据航天员（乘员）返回地球的计划，按照返回和地面搜救计划、方案、预案和程序，组织航天员（乘员）、载人飞船、指控中心、测控中心、测控站和地面搜救队伍等协同完成航天员（乘员）返回地球和地面搜索与救援工作，任务过程中出现超出预案和本级处置权限的问题，须及时请示汇报；出现重大故障和问题时，按应急处置原则组织协调各方力量及时救援。

载人航天运输组织指挥过程坚守"以人为本、质量第一、安全至上"的原则，航天员医监医保、航天产品检查测试、地面设施设备状态和物资器材准备满足放行准则后才能转入下步工作。发现质量问题或安全隐患必须进行归零或有不影响任务成功的明确结论方可开展后续工作。发生紧急情况，以确保航天员（乘员）安全为第一原则，按照应急响应预案和应急准则组织应急响应与搜救。

3.3.2　测试发射过程

（1）工作内容

测试发射过程是对航天产品进行卸车、装配、测试、转运、加注和发射的过程。

输入：载人航天运输对测试发射过程的要求和期望，进场的航天产品，航天产品进场技术状态及出厂质量情况，直接参与测试发射过程工作的人员、设施设备、工作环境，测试发射过程所需任务文书、知识和信息等。

主要工作内容：通常会因每次载人航天运输特性的不同而存在一些差别，这里以某次载人航天运输任务中载人飞船和运载火箭的工作为例阐述测试发射过程的主要工作。

飞船系统的主要工作：

1）飞船三舱运输至发射场，舱体和单独运输设备状态检查；

2）轨道舱、返回舱和推进舱总装；

3）三舱对接及整船方位测量；

4）整船设备加电及状态检查；

5）分系统检查、分系统间接口匹配测试；

6）整船模飞测试和专项测试；

7）航天员和应用系统船载设备装船；

8）飞船整理及转运；

9）推进剂加注和推进气瓶充气；

10）包带安装和紧固并移交火箭系统进行扣罩；

11）天地大回路话音图像传输检查。

火箭系统的主要工作：

1）火箭运输至发射场，状态恢复及箭体交接；

2）吊装对接；

3）分系统、匹配阶段测试；

4）技术区总检查测试；

5）逃逸塔组装与测试；

6）载人飞船和整流罩的组合体（简称"船罩组合体"）转运对接，逃逸塔对接；

7）船箭组合体垂直转运至发射区；

8）全系统发射演练；

9）推进剂加注；

10）按发射程序组织临射检查和发射。

输出：任务实施阶段的可交付成果，包括航天员状态、航天器入轨参数、航天器工作状态、航天产品飞行数据、发射场待恢复设施设备、航天产品测试和发射过程文件、数据和记录等。

（2）装配测试工作程序

航天产品自进入发射场后至点火发射前所进行的活动都可看成是装配测试，其目的是：

1）完成航天产品的装配集成，使其具备载人航天运输的条件；

2）对航天产品的功能性能、航天员（乘员）的身心状态等做出全面评价，为航天发射决策提供依据；

3）发现和解决航天产品存在的质量问题，分析处理可能存在的隐患；

4）积累航天产品可靠性数据；

5）检验使用文件的正确性和完整性。

装配测试是基于航天产品工作原理，按照规定内容和程序进行。检查测试项目和内容设计主要考虑评价航天产品是否合格，发现和排除航天产品故障和隐患。表 3 - 2 以某次载人航天运输任务运载火箭在发射场的装配测试工作顺序和内容为例说明装配测试工作程序。

表 3 - 2　运载火箭在发射场装配测试工作程序示意

序号	工作内容
1	火箭进场、产品卸车
2	箭体状态恢复,各系统单元仪器交接、测试状态准备、软件杀毒
3	控制、利用、故检、外安系统单机设备开始单元测试
4	逃逸塔高空发动机分解、探伤、总装,利用液位传感器测试
5	外安双频测速应答机与地面设备对接,火箭芯一级和助推器吊装、对接
6	火箭芯二级吊装与芯一级对接,箭体内观检查和交接,二级伺服机构装箭
7	单元仪器交接,逃逸发动机气检,控制发动机分解、探伤、总装
8	单元仪器装箭,一级伺服机构装箭,动力系统火工品电缆网回路阻值测试
9	故检、遥测系统整流罩部分分系统测试,灭火装置灭火剂转注,逃逸发动机铅封,控制发动机气检
10	控制、利用、遥测、外安、故检分系统测试及数据判读
11	故检与遥测系统整流罩部分匹配测试及数据判读,逃逸塔控制发动机气检,控制发动机组合体总装
12	利用与遥测、外安与遥测、故检与遥测匹配测试及数据判读,各系统箭上电池干态测试
13	整流罩灭火装置气检及灭火剂加注,模飞诸元交接及病毒查杀,逃逸塔头部动力装置对接和组装,控制系统与遥测系统匹配
14	大匹配测试及数据判读,整流罩灭火装置压力检测
15	第一次总检查测试,整流罩灭火装置压力监测及火工品安装
16	第二次总检查测试,动力系统发射区配气台、控制台等设备自检
17	第三次总检查测试,电池下箭返单元
18	第四次总检查测试,逃逸塔组装,利用系统飞行程序试算
19	反推火箭、侧推火箭装箭,各系统数据复核
20	更换正式包带并施加预紧力,整流罩清洁、级间分离爆炸螺栓插接和助推器前连杆信号线安装
21	包带预紧力复测,船箭分离弹簧解锁,分离开关压紧测试

续表

序号	工作内容
22	整流罩合罩,安装整流罩横向分离面工艺螺栓
23	第三次总检查测试,取、装战斗码组
24	各系统发射区等效器测试状态准备和测试,助推器后捆绑火工品安装,全箭插头防热防松处理
25	外安系统战斗码组对接试验,下支撑机构调试
26	安装整流罩栅格翼和分离弹簧
27	船罩组合体转运、船箭塔对接
28	船箭组合体转运及测试状态准备
29	火箭、飞船功能检查及匹配
30	全系统发射演练
31	火箭加注前各系统状态准备,全系统质量评审,加注决策
32	火箭加注

（3）点火发射工作程序

发射过程的组织实施须按照规定程序进行，指挥员依据协同指挥程序进行组织指挥，操作人员按照操作规程、任务方案操作设备，保障人员按照实施方案开展任务保障；发生紧急情况时，按照发射预案、应急处置程序进行处置。表3-3为运载火箭点火发射协同工作程序截表示意。

3.3.3 搜救回收过程

（1）工作内容

搜救回收过程是依据载人飞船返回舱落点预报，实时组织返回舱搜索处置和航天员医监医保及救护，并将航天员和返回舱及时运送至指定地点的过程。

输入：载人航天运输对搜救回收过程的要求和期望，搜救回收过程所需知识和信息，可提供的资源（包括人员、装备等），地理区域，工作和自然环境等。

主要工作内容：搜救回收过程的主要工作内容通常会因一次载人航天运输任务要求的不同而略有差别，这里以某次载人运输任务为例，主要活动包括：

1）训练演练，包括空地通信调试、引导搜索系统联调、搜寻信标对接试验、现场救援演练、空地协同搜救演练和全系统综合演练等；

2）搜救力量部署；

3）返回载人飞船搜索；

4）航天员（乘员）出舱；

5）航天员（乘员）医监医保；

6）航天员（乘员）医疗救护；

7）航天员（乘员）后送与交接；

8）返回载人飞船处置；

表 3-3　某次载人航天运输运载火箭点火发射协同工作程序（载表）

程序时间	火箭指挥	控制系统	遥测系统	外安系统	故检系统	利用系统	动力系统	总体网
−X h 30 min	调度点名；收集状态准备情况	领取电池	领取电池	领取电池、引爆器，爆炸器	领取电池	领取电池	状态准备；状态检查	状态准备；状态检查
−X h	下达"X h 准备"口令	安装电池、连接强脱防弹回机构；状态准备，检查，撤收二级工作踏板	安装、连接电池；连接强脱防弹回机构；状态准备，检查	安装、连接电池；引爆器组装并装箭；连接强脱防弹回机构；状态准备，检查	安装、连接电池；连接强脱防弹回机构；状态准备，检查	安装、连接电池；连接强脱防弹回机构；状态准备，检查	补压气瓶充电	交换机、防火墙、服务器加电，检查微机端口连接；测试微件加电，启动软件、网络对时
−X h	下达"X h 准备"口令	耗尽关机检查，瞄准、功能普查，连接消防、摆杆，瞄准，摆窗，有效载荷系统接口电缆	功能检查	功能检查	功能检查，撤收模拟电缆	飞行程序试算		检查工作情况；接收测试信息
−X h 30 min	下达"X h 准备"口令；通报"外安系统引爆线路检查结束"	连接电池	连接电池	引爆线路路检查，连接引爆器、爆炸器电缆插头，结束后报告"外安系统引爆线路检查结束"，上交短路插头	连接电池	连接电池	气管脱落状态准备	
				⋮				
−3 min	下达"3 min 准备"口令	自动接通舱 I，−2 min 自动接通舱 II	−2 min 启动一二级存储					
−1 min	下达"1 min 准备"口令	B 码终端给出−1 min，自动转电，脱插脱落	脱插脱落	脱插脱落	脱插脱落	脱插脱落		

续表

程序时间	火箭指挥	控制系统	遥测系统	外安系统	故检系统	利用系统	动力系统	总体网
0 s	复诵"点火"口令	自动点火						
	复诵"起飞"口令	自动起飞						
	各系统断电	断电	断电	断电	断电	断电		断电

9）返回载人飞船运输与交接；

10）散落物搜索与移交。

输出：任务实施阶段的可交付成果，主要包括：航天员（乘员）、载人飞船返回舱、散落物，搜救回收过程实施的文件、数据和记录等。

（2）工作流程

搜救回收过程处于载人航天运输的返回着陆阶段，其一般性工作流程如图 3-4 所示。

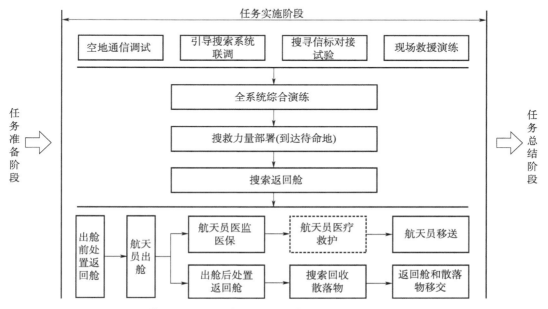

图 3-4 载人航天运输实施阶段搜救回收过程工作流程示意图

第一步是进行单项训练演练，主要活动包括空地通信调试、引导搜索系统联调、搜寻信标对接试验和现场救援演练等，目的是确认相关设施设备功能性能满足要求、设备间接口协调，确保人装结合效能最优。

第二步是开展全系统综合演练，主要活动包括空地协同搜救演练、瞄准搜索救生区域的全系统综合演练和瞄准返回点的全系统综合演练。目的是检验搜救方案预案的充分性、有效性，训练搜救各系统的协同行动能力。

第三步是部署搜救力量，即将参与搜救的各支力量按照方案预案在规定的时间部署到指定位置，以便及时展开搜救力量并针对具体情况迅速行动。

第四步是搜索返回载人飞船，实时跟踪返回载人飞船的飞行情况，按方案预案实时开展返回载人飞船的搜索，在地面发现目标后及时抵近并开展后续的工作。

第五步是航天员（乘员）救援，按照航天员（乘员）出舱、医监医保和医疗救护方案组织航天员救援，包括医监医保或医疗救护两种救援模式。

第六步是返回载人飞船处置回收。在航天员出舱前，针对载人飞船垂直和倾倒两种状态分别进行处置；在航天员出舱后，按照操作流程拆除载人飞船中相关的设施设备，搜索收集散落物，将处置完毕后的载人飞船和散落物运输到指定地点并移交给相关单位。

3.3.4 测量控制过程

（1）工作内容

测量控制过程是对航天产品进行跟踪测量、控制，对航天员（乘员）生理心理进行监视测量，获取、处理、显示航天产品飞行和航天员（乘员）生理数据，实时预报载人飞船入轨根数和返回落点的过程。

输入：直接参与测量控制过程的人员、装备、工作环境，测量控制过程所需任务文书、知识和信息等。

主要工作内容：测量控制过程的主要工作内容通常会因一次载人航天运输任务要求的不同而略有差别，这里以某次载人运输任务为例，主要活动包括：

1）测控站内系统联调；

2）测控合作目标测试结果传递；

3）首区测控系统（配属给发射场的测控设施设备）联调；

4）首区与其他中心间联调；

5）与航天产品进行对接；

6）人—船—箭—地联合检查；

7）应急预案演练、逃逸安控演练；

8）安控码组对接和装码；

9）电磁兼容试验；

10）测控设备常数装定；

11）测控设备标校标定；

12）参加合练（由载人航天运输所有相关系统参与的演练活动）；

13）参加载人航天运输发射；

14）参加太空旅行阶段的活动；

15）参加返回着陆阶段的活动。

输出：任务实施阶段的可交付成果，主要包括：对航天产品飞行控制的结果，跟踪测量获取的航天产品飞行数据、航天员（乘员）生理数据，测量控制设施设备的状态，测量控制过程实施的文件、数据和记录等。

（2）工作程序

测量控制过程的工作程序是依据任务生命周期阶段——"工程论证、测试发射、太空旅行、返回着陆"，按照系统集成的思路——"站内—中心—中心间—全系统"顺序进行，如图3-5所示。

第一步是并行进行三方面的联调、联试工作，包括：

1）测控系统内部的联调、联试，如站内联调、首区联调和中心间联调，目的是保证测控系统内部设施设备功能性能满足要求，设备与测控站计算机间、测控站计算机与中心

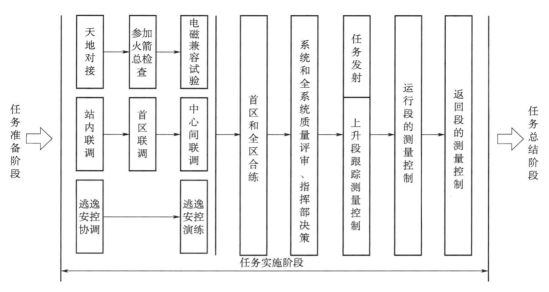

图 3－5　测量控制过程程序示意图

计算机间、不同中心计算机间的接口、信息交换格式、信息处理及显示等协调匹配、正确无误。

2）与载人飞船和运载火箭之间的联试，如天地对接、参加火箭总检查和电磁兼容试验等，目的是保证测控设备与载人飞船、运载火箭上的合作目标间接口和信息交换正确；确认在发射场区的电磁环境相互兼容。

3）逃逸安控判决和指令发送演练，目的是演练逃逸安控程序，验证逃逸和安控通道的正确性、程序的合理性、故障模式判决与响应的可行性和及时性等。

第二步是组织首区和全区合练，目的是检查验证测控系统内部之间、与其他系统之间的协调性和匹配性。

第三步是进行测控通信系统评审、参加火箭加注前全系统质量评审、参加火箭加注前指挥部发射前决策，目的是评审确认测控系统满足载人航天运输发射条件要求。

第四步是参加载人航天运输任务发射，重点是监视测量航天员生理情况，对获取的图像、话音和数据等信息进行实时处理显示，跟踪测量航天产品飞行状态并获取其飞行数据，根据判决准则实施逃逸安控，依据实测数据计算预报运载火箭残骸落点和载人飞船入轨根数等。

第五步是参加太空旅行阶段（运行段）的活动，重点是按照航天器长管计划，跟踪测量载人飞船、飞船与空间站组合体飞行状态，监视测量航天员生理情况，对获取的图像、话音和数据等信息进行实时处理显示，按照应急响应预案进行异常情况处置。

第六步是参加返回着陆阶段（返回段）的活动，重点是按照测控方案跟踪测量载人飞船返回舱飞行状态，监视测量航天员生理情况，对获取的图像、话音和数据等信息进行实时处理显示，按照应急响应预案进行异常情况处置，依据实测数据实时预报返回舱落点。

3.3.5 通信保障过程

（1）工作内容

通信保障过程是为载人航天运输有效实施提供信息通信支持的过程。

输入：直接参与通信保障的人员、设施设备、工作环境，通信保障过程所需任务文书、知识和信息等。

主要工作内容：通信保障过程的主要工作内容通常会因一次载人航天运输任务要求的不同而略有差别，这里以某次载人运输任务为例，主要活动包括：

1）设备、线电路调整、测试和检查；

2）站内通信系统联调；

3）首区通信系统联调；

4）首区与其他中心间通信联调；

5）航天产品装配测试过程通信保障；

6）参加合练（由载人航天运输所有相关系统参与的演练活动）；

7）参加载人航天运输发射；

8）参加太空旅行阶段的活动；

9）参加返回着陆阶段的活动。

输出：载人航天运输实施期间的信息通信保障，信息通信保障过程实施的文件、数据和记录等。

（2）工作程序

通信保障过程在载人航天运输任务中属支持过程，其多数活动属任务遂行保障性质，独立组织的活动是通信线路的调整和为确保通信系统功能性能满足要求而组织的通信系统联调。

通信保障系统在参与测试发射、测量控制等系统组织的活动时，应在测试发射、测量控制活动实施前，按照规定的程序组织通信保障设施设备和线电路的检查测试确认，在测试发射、测量控制活动实施中实时监视通信线电路和设施设备的状态，异常情况发生时按照预案及时处置。

通信保障过程的工作程序，一方面，按照系统集成的思路——"站内—中心—中心间—全系统"的顺序组织本系统内部的通信联调、联试；另一方面，依托通信网络，依据任务生命周期阶段的要求——"工程论证、测试发射、太空旅行、返回着陆"，应测试发射、测量控制和搜救回收等过程的要求，实时提供通信传输、实况监视、时间统一和指挥调度等方面的信息通信保障。

3.3.6 技术勤务保障过程

技术勤务保障过程是为载人航天运输实施提供气象、电磁环境监测、计量、特燃特气、发供电、水暖、空调、消防、运输、卫勤、物资器材等保障的过程。技术勤务保障过程在载人航天运输任务中属支持过程，在任务实施阶段依附于组织指挥、搜救回收、测试发射和测量控制过程，并应上述过程的要求而实施。

（1）气象保障

气象条件是载人航天运输发射的重要约束，尤其是风速、降水、云量、雷电、高空风以及测量船所在区域海况等气象要素是载人航天运输发射的最低条件，事关载人航天运输发射任务能否正常实施；载人飞船搜救回收活动也受气象条件的影响，需要针对各类灾害天气采取相应的应对措施，因此，准确预报相关区域气象状况，对载人航天运输发射和返回具有非常重要的意义。气象保障过程的主要活动包括：气象会商和专题汇报、危险和灾害天气预警、重大和关键活动气象保障和突发危险天气处置等。

①气象会商和专题汇报

气象会商是气象部门根据事先约定，适时组织开展与上级气象部门、周边气象部门和内部人员的气象会商，遇有危险性天气或任务保障重要节点，可增加气象会商次数。

气象专题汇报是在载人航天运输任务重大节点处为组织指挥机构决策提供气象支持信息的活动，在载人航天运输转运、加注、发射和返回等重要活动前，通常会组织进行气象专题汇报，汇报内容主要包括气候背景、天气变化趋势、预报结论等。

②危险和灾害天气预警

载人航天运输发射和返回实施期间，各气象台站实时监测相关场区周围天气情况，预报员及时分析气象数据，发现大风、暴雨、寒潮等灾害性天气征兆时，相关单位立即组织气象会商，详细分析预报灾害性天气的强度、范围、影响时间等，及时发布危险和灾害天气预警。

③重大和关键活动气象保障

针对航天产品转场、运载火箭加注、载人航天运输发射和返回等重大和关键活动，气象部门应提前 3 天组织天气会商，发布特殊时段天气预报，并根据情况随时提供订正预报。

活动当天，各气象观测台站点利用所属观探测和监测手段，严密监视活动场区周围天气变化情况，重点是利用浅层风测量系统、高空探测、大气电场探测、天气雷达、雷电监测预警系统等手段对活动场区周围的天气演变趋势进行严密监测。

活动开展前，派遣观测员携带必要的观测及通信设备在现场就位，通报地面观测和浅层风测量实况。发现有危险天气征兆，立即报告任务组织指挥机构。

④突发危险天气处置

在重大和关键活动实施期间，一旦监测到场区附近出现危险天气，现场气象保障组根据活动现场实际情况组织进行天气会商，经分析讨论形成预报结论后对外发布警报。当确认存在危及活动安全的危险性天气发生时，须立即向任务指挥组织报告。

（2）特燃特气保障

按照年度任务计划和推进剂需求量，提前做好推进剂购买、检验、运输、转注和贮存工作，确保载人航天运输所需推进剂数质量满足要求。

按照载人航天运输保障需求，完成发射场推进剂的储存、转注和液氧、液氮的生产、贮存、供应以及特燃特气化验工作。

发射场根据贮存和任务需求及时组织做好特燃特气的申请、生成、转注、取样化验、安全防护、火箭加注和污染治理等工作。

（3）交通运输保障

组织定期和针对特定任务的路况巡检，加强铁路和公路的日常维修和针对特定任务的抢修，保证载人航天运输用交通线路的畅通。

严格履行用车手续，加强车辆路检。针对任务要求，组织工程机械设备和车辆按时到位。

针对航天产品接运，依据职责分工组织召开接运协调会，制定具体接运保障方案，组成联合接运小组赴机场和车站协调、处理相关事宜，并按计划和方案要求完成航天产品的装车工作。运输途中，针对航天产品的要求加强航天产品防护检查和车辆状态监控，确保运输过程满足航天产品安全要求。

（4）供电、空调和消防冷却保障

供电保障单位对所属供配电系统运行状态及电能品质进行监测，及时处理出现的问题，确保任务用电安全可靠、品质良好。制定重大、关键活动时段的供配电保障方案和应急预案，为关键和重要设施设备配置不间断电源（UPS），确保重大、关键活动用电无故障、无隐患。

送风空调保障须明确重点保障对象、场所和时段，采用集中资源、加强巡检、实时检测等手段，确保重点对象和时段的送风空调保障满足要求。重点保障对象是运载火箭整流罩送风空调的送风品质，包括温度、湿度和洁净度指标要求。重点保障场所和时段包括：载人飞船推进剂加注实施和加注后厂房温度控制及强排风，运载火箭推进剂加注后脐带塔密封间温度控制，航天产品总装、测试期间的厂房温湿度和洁净度控制等。

消防冷却保障包括航天产品在技术厂房的消防保障、在发射区脐带塔的消防保障和火箭点火发射时的发射台冷却消防保障。应在活动实施前做好消防冷却系统的检查维护，现场确认消防冷却系统功能性能良好。

（5）任务遂行和关键节点保障

依据载人航天运输工艺流程，做好任务实施过程的试验装备、通用装备、特燃特气、水暖电、车辆、卫勤、消防和生活等各项保障工作。针对任务实施过程中的航天产品卸车、吊装、测试、合练、转注、推进剂回流、加注、临射检查、发射、搜索、救援等关键节点和活动的技术勤务保证需求，制定相应的保障计划、方案和应急处置方案，确保勤务保障力量配置到位、服务到位，救援和应急力量随时待命、及时到达、实时展开、高效响应。

3.4 任务总结策划

任务总结阶段的过程和活动主要包括：飞行数据收集和处理、设施设备恢复、撤场和力量归建、任务总结等。

（1）飞行数据收集和处理

载人航天运输发射或搜救回收过程结束后，各测控设备（光学、雷达、遥测）按要求及时将航天产品飞行测量数据传送至相关部门（包括情报资料部门、上级指控中心、数据处理单位等），由数据处理单位进行初步数据处理工作，技术总体部门开展飞行结果分析并给出结论。飞行结果分析发现的问题和异常现象应及时向航天产品研制部门反馈，飞行数据处理报告应按程序移交相关部门存档。

（2）设施设备恢复

载人航天运输发射或搜救回收过程结束后，相关单位：

1）按时限完成设施设备损坏情况统计评估，相关单位或部门按时限修复相关的设施设备；

2）载人航天运输发射用地面设施设备恢复到非任务状态，按计划开展后续的维护保养；

3）测量控制、信息通信用设施设备按计划进行状态转换；

4）搜索救援用设施设备按计划进行状态检查确认和状态转换；

5）技术勤务保障用设施设备退出载人航天运输任务状态，转入日常运行。

（3）撤场和力量归建

航天产品研制部门和来发射场工作的其他相关方依据节点计划组织人员和设施设备的撤场。

因载人航天运输任务需要而临时配属的各方力量，按节点计划迅速归建。

（4）任务总结

载人航天运输任务总结的成果将直接应用于下次载人航天运输任务，是载人航天运输工程达成闭环管理、持续改进之目的的重要环节和手段。

参加载人航天运输任务的各单位，在任务过程结束后，应及时开展技术和管理工作总结。管理工作总结的重点是全面梳理任务实施中好的做法，查找各方面存在的问题和不足，制定相应的预防和纠正措施，持续改进和提升完成任务的能力。技术工作总结主要是对单位或系统完成任务情况进行全面梳理，对质量问题进行汇总分析，提出解决问题的方案和对策，必要时开展立项研究。

3.5　典型策划示例

载人航天任务策划的表现形式多种多样，总体而言，主要表现形式有：指挥方案、组织实施方案和工作办法等。

（1）组织指挥方案

载人航天运输任务组织指挥方案是为加强载人航天运输任务的集中统一领导，规范任务组织指挥程序，确保组织指挥顺畅高效而制定的顶层任务文件，是载人航天运输组织指挥工作的基本依据和准则。主要内容如图 3-6 所示。

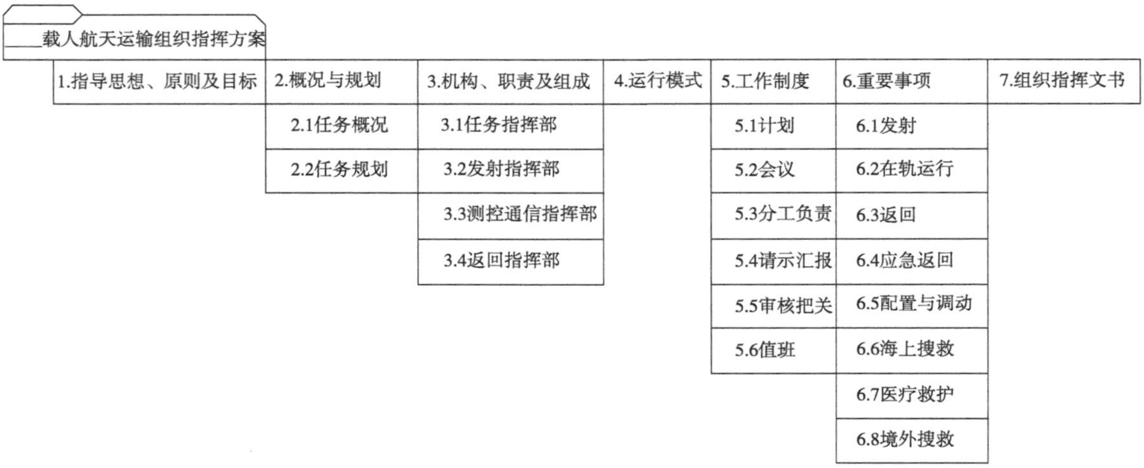

载人航天运输组织指挥方案						
1.指导思想、原则及目标	2.概况与规划	3.机构、职责及组成	4.运行模式	5.工作制度	6.重要事项	7.组织指挥文书
	2.1任务概况	3.1任务指挥部		5.1计划	6.1发射	
	2.2任务规划	3.2发射指挥部		5.2会议	6.2在轨运行	
		3.3测控通信指挥部		5.3分工负责	6.3返回	
		3.4返回指挥部		5.4请示汇报	6.4应急返回	
				5.5审核把关	6.5配置与调动	
				5.6值班	6.6海上搜救	
					6.7医疗救护	
					6.8境外搜救	

图 3-6　载人航天运输组织指挥方案框架内容示意图

（2）应急发射方案

同载人航天运输飞行任务纲要一样，载人航天运输应急发射组织实施方案是工程顶层任务文件，是载人航天运输各系统开展相关工作的基本依据和准则。主要内容如图 3-7 所示。

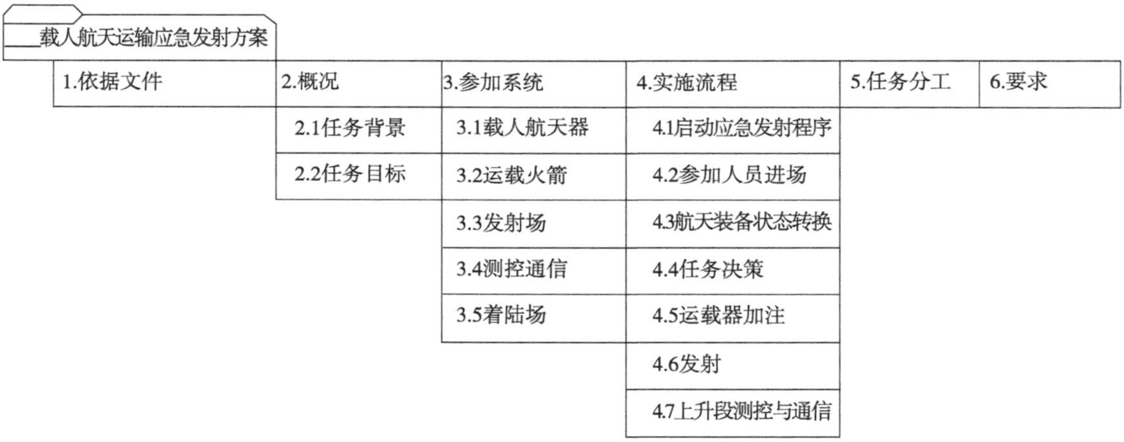

载人航天运输应急发射方案					
1.依据文件	2.概况	3.参加系统	4.实施流程	5.任务分工	6.要求
	2.1任务背景	3.1载人航天器	4.1启动应急发射程序		
	2.2任务目标	3.2运载火箭	4.2参加人员进场		
		3.3发射场	4.3航天装备状态转换		
		3.4测控通信	4.4任务决策		
		3.5着陆场	4.5运载器加注		
			4.6发射		
			4.7上升段测控与通信		

图 3-7　载人航天运输应急发射方案框架内容示意图

（3）质量控制工作办法

质量控制工作办法一般是依据指挥部各职能组织分工，进一步明确载人航天运输飞行任务质量控制机构的组成、职责及要求，确定开展质量控制工作的方法和程序，是载人航天运输质量控制机构开展相关质量控制工作的基本依据和准则。主要内容如图 3-8 所示。

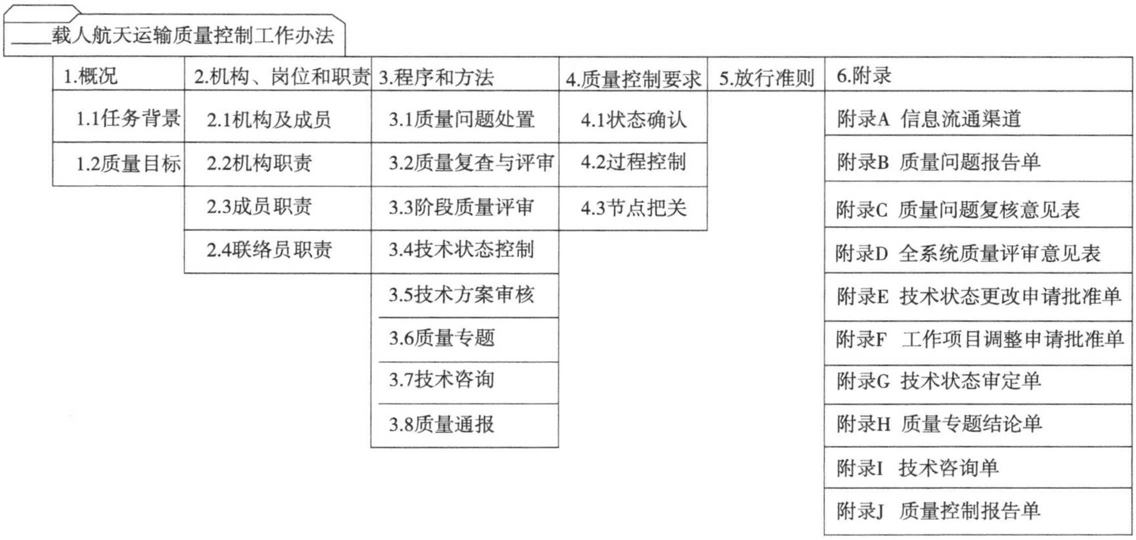

载人航天运输质量控制工作办法					
1.概况	2.机构、岗位和职责	3.程序和方法	4.质量控制要求	5.放行准则	6.附录
1.1任务背景	2.1机构及成员	3.1质量问题处置	4.1状态确认		附录A　信息流通渠道
1.2质量目标	2.2机构职责	3.2质量复查与评审	4.2过程控制		附录B　质量问题报告单
	2.3成员职责	3.3阶段质量评审	4.3节点把关		附录C　质量问题复核意见表
	2.4联络员职责	3.4技术状态控制			附录D　全系统质量评审意见表
		3.5技术方案审核			附录E　技术状态更改申请批准单
		3.6质量专题			附录F　工作项目调整申请批准单
		3.7技术咨询			附录G　技术状态审定单
		3.8质量通报			附录H　质量专题结论单
					附录I　技术咨询单
					附录J　质量控制报告单

图 3-8　载人航天运输质量控制工作办法框架内容示意图

第4章
载人航天运输工程设计

内 容 提 要

　　载人航天运输工程设计是以安全可靠为约束条件，基于可利用资源，瞄准任务目标和相关方期望要求，规划设计测试发射技术工艺流程、测量控制技术方案、逃逸救生手段、搜救回收预案和各种工况下的勤务保障技术方案。本章主要从测试发射、测量控制、搜救回收、撤离逃逸和技术勤务保证等五个方面讨论载人航天运输工程设计的内容。

　　载人航天运输工程设计是依据载人航天运输工程要求，在对一次或多次载人航天运输所需技术、经济、资源和环境等条件进行综合分析论证的基础上，开发出在现有技术和工艺水平下可以达到且满足工程指标要求的技术方案。工程设计方案直接关系到载人航天运输的安全、质量、效率和成本，在载人航天运输系统工程中具有重大意义。

4.1　测试发射

　　载人航天运输工程测试发射系统由航天员、空间应用、载人飞船、运载火箭和发射场等系统组成。任务实施过程中，由发射场系统牵头、其他各系统参加，依据载人航天测试发射工艺流程，按节点计划逐步推进。因此，载人航天运输测试发射设计的核心工作是开发出被参与各方认可并共同遵守的工艺流程。

4.1.1 工程要求

载人航天运输测试发射系统的主要任务是在技术勤务保障系统的支持下，完成航天产品卸车、吊装、测试、转运、加注和发射等一系列活动。

主要工程设计要求包括：

1）采用"三垂一远"的测发模式，即垂直总装、垂直测试、整体垂直运输和远距离测试发射；

2）区分两发产品同时进场、任务待命转执飞和应急救援等三种测试发射模式；

3）非应急救援模式下的测试发射设计以确保乘员安全为首要准则，以任务可靠性为核心，兼顾任务效率和效益；

4）应急救援模式下的测试发射设计，在保证任务具有规定的可靠性下，以最短任务周期和高效率为准则。

4.1.2 主要工艺

载人航天运输测试发射工艺通过强化技术区、简化发射区、优化试验程序等方法，保证载人航天运输测试发射安全可靠性更高、发射塔架占位时间更短、发射频率更高，更好地适应乘员太空旅行和工作的需要，其测试发射工艺以载人飞船和运载火箭两系统的工艺为主线，通常也会因具体运输任务的不同而略有差异。

（1）载人飞船

以"神舟"飞船为例，测试发射的主要工艺包括：

1）飞船三舱运输至发射场，舱体和单独运输设备状态检查；

2）轨道舱、返回舱和推进舱总装；

3）三舱对接及整船方位测量；

4）整船设备加电及状态检查；

5）分系统检查、分系统间接口匹配测试；

6）整船模飞测试和专项测试；

7）航天员和应用系统船载设备装船；

8）天地大回路话音图像传输检查；

9）飞船整理及转运；

10）推进剂加注和推进气瓶充气；

11）包带安装和紧固并移交火箭系统进行扣罩。

（2）运载火箭

以长征二号 F 火箭为例，测试发射的主要工艺包括：

1）火箭运输至发射场，状态恢复及箭体交接；

2）吊装对接；

3）分系统、匹配阶段测试；

4）技术区总检查测试；

5）逃逸塔组装与测试；

6）船罩组合体转运对接，逃逸塔对接；

7）推进剂加注。

（3）全系统

全系统联合测试发射的主要工艺包括：

1）船箭组合体垂直转运至发射区；

2）全系统发射演练；

3）按发射程序组织临射检查和发射。

4.1.3　方案要点

4.1.3.1　系统构成与物流设计

依据载人飞船和运载火箭等系统的测试发射工艺，基于载人航天发射场系统的物理布局和基础设施情况，设计载人航天运输测试发射系统基本构成、物理场所和物流路线。以神舟载人飞船和长征二号F运载火箭为例，测试发射系统基本构成及其物流路径设计方案简图如图4-1所示。

4.1.3.2　系统工艺流程设计

以空间站为目的地的载人航天运输系统工程，为确保乘员安全，针对应急救援发射需求，载人航天运输采用滚动备份策略，区分两发产品同时进场、待命转执飞和应急救援等三种测试发射设计方案。

（1）两发产品同时进场测试发射工艺流程

两发产品同时进场是指两艘载人飞船、两发运载火箭同时进入发射场执行载人航天运输任务。其中一艘载人飞船和一发运载火箭执行载人航天运输任务，另外一艘载人飞船和一发运载火箭经装配测试正常后将其设置为应急救援发射待命状态。

两发产品同时进场测试发射模式的适用场景有两种情况，一是在空间站关键技术验证初期，载人航天发射场无应急救援发射用载人飞船和运载火箭；二是实施应急救援发射后，需要补充应急救援发射待命的载人飞船和运载火箭。图4-2为两发产品同时进场测试发射工艺流程简图，以第一艘载人飞船进场时间节点作为零点，流程有效时间为58U（U为流程标准单位时间）。

（2）待命转执飞测试发射工艺流程

待命转执飞是指原待命产品转为执飞产品实施正常发射任务，新进场一发产品完成总装测试正常后将其设置为应急救援发射待命状态。图4-3为待命转执飞测试发射工艺流程简图，以运载火箭进场时间节点起算，流程有效时间为49U。

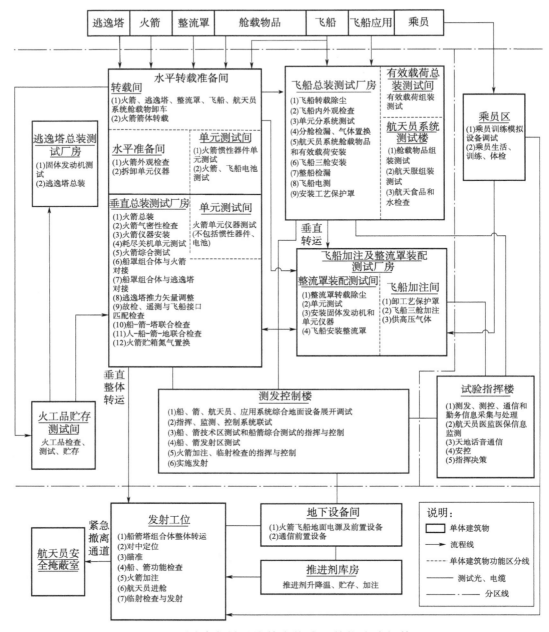

图4-1 测试发射系统基本构成及其物流路径简图

（3）应急救援测试发射工艺流程

为确保航天员安全，航天员在轨驻留期间地面应具备发射应急救援飞船的条件，根据应急救援紧急程度，设计了15U和8.5U两种应急救援测试发射工艺流程，分别如图4-4和图4-5所示，其中15U流程飞船用电池执行正常活化程序，8.5U流程飞船用电池执行快速活化程序。

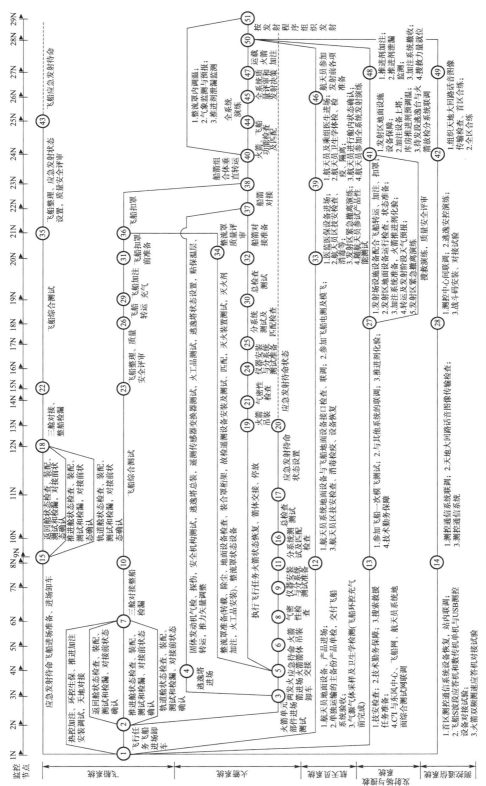

图 4-2 载人航天运输两发产品同时进场测试发射（58U）工艺流程简图

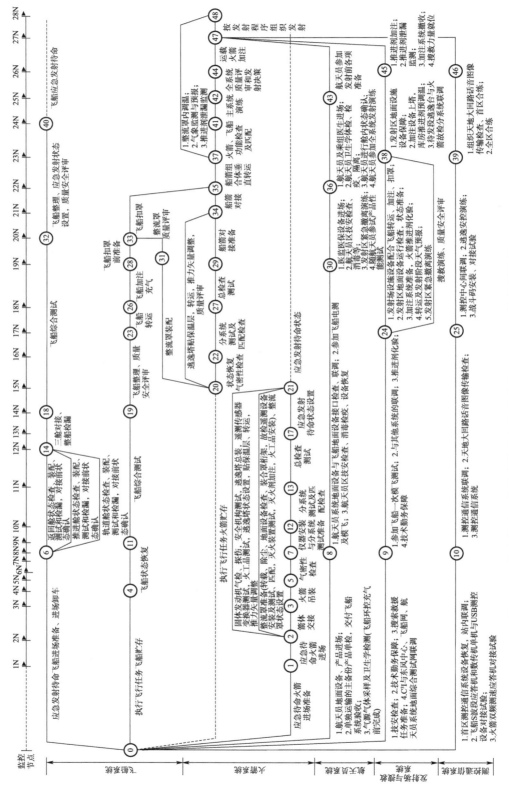

图 4-3　载人航天运输待命转执飞测试发射（49 U）工艺流程简图

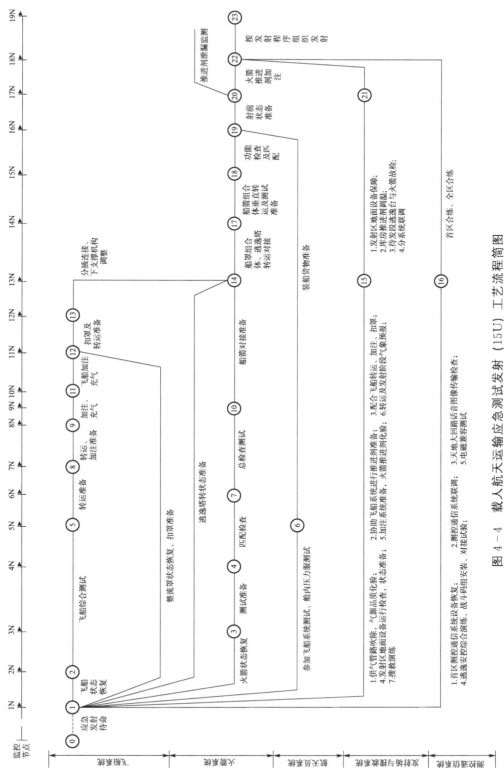

图 4 - 4　载人航天运输应急测试发射（15U）工艺流程简图

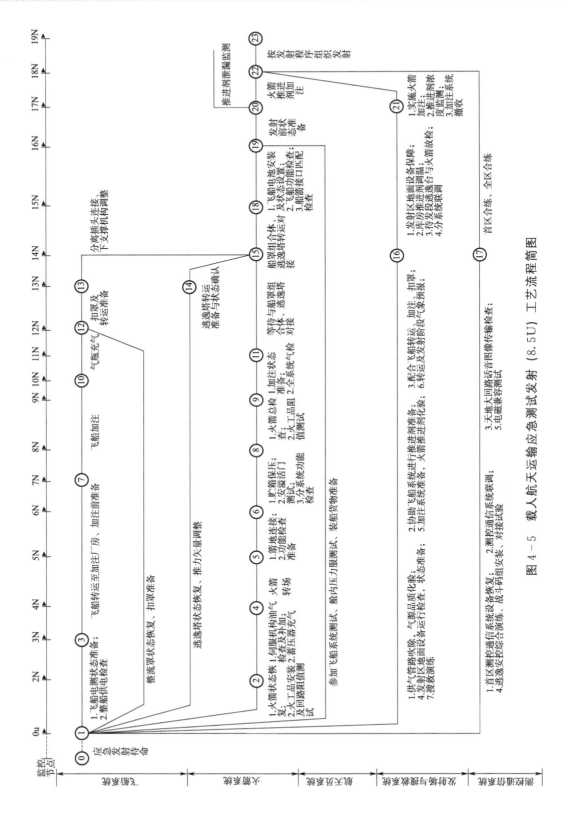

图 4-5 载人航天运输应急测试发射（8.5U）工艺流程简图

4.2　测量控制

　　载人航天运输工程测量控制系统（简称测控系统）由跟踪测量系统、遥测系统、实时和事后数据处理系统、监控显示系统等组成，承担的主要任务是完成对目标物的跟踪测量、飞行控制、状态监测、危险预警、逃逸安控和实时与事后的数据分析等。因此，载人航天运输测量控制设计的核心工作是针对工程要求，设计系统架构，开发具体的跟踪、测量、控制和数据处理与显示的实施方案。

4.2.1　工程要求

　　（1）运载火箭测控要求

　　1）对运载火箭离架前的起飞漂移量进行测量，对运载火箭飞行全程进行跟踪测量；

　　2）能见度条件满足时，拍摄记录飞行实况景象，判断逃逸塔分离、助推器分离、级间分离、整流罩分离，并作为飞船逃逸控制的辅助依据；

　　3）运载火箭正常飞行时，预报逃逸塔、助推器、芯一级和整流罩的落点；

　　4）全程进行雷达外弹道测量和遥测参数的接收、记录，实时处理与显示火箭飞行弹道和关键遥测参数；

　　5）按照上升段逃逸故障模式和判据进行逃逸判决、逃逸指令发送，不误发、不漏发逃逸指令；

　　6）载人飞船逃逸与应急救生时，跟踪测量运载火箭部分飞行轨迹，预报其落点；

　　7）进行安控判决，必要时对运载火箭实施安全控制，当返回舱逃逸到安全距离后，方可对运载火箭实施安控；

　　8）对火箭遥测、外测数据进行事后分析和处理。

　　（2）载人飞船测控要求

　　待发段测控要求：

　　1）接收、处理、显示和记录载人飞船的遥测、数传、图像等信息；

　　2）提供地面与航天员之间双向通话信道；

　　3）为待发段逃逸指令提供无线信道；

　　4）在运载火箭紧急关机时，具备为飞船发送断电和中止程序指令的能力。

　　上升段测控要求：

　　1）全程跟踪测量载人飞船；

　　2）接收、处理和记录载人飞船遥测、图像等数据；

　　3）按测控计划发送遥控指令，并提供天地双向通话信道；

　　4）按预案进行故障判决和处置；

　　5）逃逸与应急救生时，发送逃逸指令，跟踪测量载人飞船并接收其遥测数据，保持与航天员的双向通话，注入相关数据，预报返回舱落点。

返回段测控要求：

1）返回前精确测轨，注入制动点参数，预报制动点且精度应满足飞船返回着陆控制要求；

2）飞船返回时监测载人飞船调姿、轨道舱与返回舱分离、制动过程及制动后的飞行状态，具有发送规定指令的能力，在地面测控区时，对分离过程进行监测；

3）跟踪测量返回舱从再入点到入黑障前、出黑障后到开伞全过程的返回轨道；

4）返回舱出黑障后接收、记录和处理遥测信息，按要求发送遥控指令；

5）升力式返回时，飞船制动后、出黑障后预报返回舱落点，其中出黑障后对返回舱的开伞点进行精确预报；

6）在着陆场能见度条件满足要求时，拍摄返回舱出黑障前后返回段及开伞着陆段实况景象；

7）飞船出现异常情况时，按故障对策与预案进行处置。

（3）组织指挥测控要求

1）实时将运载火箭（含待发段、上升段）和载人飞船（含待发段、上升段、返回段）的实况景象和遥外测跟踪测量信息发送至指挥终端并以能理解、好判决的方式显示、提醒和告警；

2）实时预报正常和异常情况下运载火箭残骸、载人飞船等飞行器的落点；

3）根据运载火箭、载人飞船的飞行状况和状态，实时判决并给出飞控、逃逸、安控的警示信息；

4）除黑障区等极端情况外，待发段、上升段和返回段测控覆盖率100%且精度满足规定要求，地面与航天员双向通话覆盖率100%；

5）逃逸、安控等异常情况下，确保测控能力可以满足相关方案的有效要求。

4.2.2　系统架构

4.2.2.1　物理架构设计

依据载人航天运输工程对测控系统要求，将其架构按物理构成分为跟踪测量、遥测遥控、数据处理、监控显示等系统，如图4-6所示。

跟踪测量系统包括光学测量和无线电外测。光学测量利用光学信号对运载火箭、载人飞船进行飞行轨迹参数测量、飞行状态（含姿态）景象拍摄记录和物理特性测量，具有直观性强、交会定位精度高、不受地面杂波干扰等优点，但易受气象条件制约，主要设备有高速摄像（影）仪、光电经纬仪、光电望远镜、红外辐射仪等。无线电外测利用无线电信号对运载火箭、载人飞船进行跟踪测量，确定其轨迹和弹道、目标特性等参数，具有全天候工作、测量精度高、作用距离远、测量数据实时性强等优点，已成为测控系统主干设备；无线电外测设备根据测量体制分为脉冲测量设备和连续波测量设备（连续波雷达、微波统一系统等）。

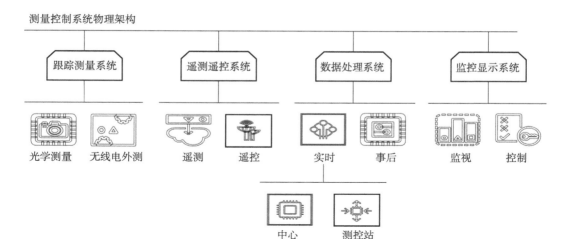

图 4 - 6　载人航天运输测控系统物理架构

　　遥测遥控系统进一步区分遥测和遥控，遥测是完成飞行目标遥测功能的设备组合，由输入、传输、终端三部分组成，用于获取运载火箭、载人飞船和航天员的工作状态参数、环境数据和生理参数等，主要设备有 S 频段遥测设备、微波统一测控系统设备等。遥控系统包括安全遥控系统和航天器遥控系统，是利用编码信号对运载火箭、载人飞船等进行远距离控制的设备组合，完成对运载器的安全控制，对载人飞船的轨道控制、姿态控制和工作状态控制。由计算机生成遥控指令传输至遥控设备，经调制后向目标发送，目标接收解调、译码后送执行机构完成控制任务。遥控设备主要有微波逃逸安控设备、微波统一测控系统等。

　　实时数据处理系统由不同档次的计算机硬件和通用、专用外部设备以及相应的软件组成，对测量数据进行实时和事后加工处理、计算分析。实时数据处理系统按功能与规模可分为测控站计算机与指控中心计算机处理系统，测控站计算机承担站内设备操控运行、信息汇集处理、站内设备引导，指控中心计算机实时将各种遥外测信息按预定方案进行快速检择和计算分析，加工生成可用信息，为测控设备提供实时引导，为指挥决策人员提供辅助决策。

　　事后数据处理系统由处理计算机、数据储存设备、打印显示设备及相应软件组成。载人航天飞行任务后，于规定的时间内对运载火箭、载人飞船的飞行数据和航天员的生理信息等进行精确处理，进一步分析判断相关系统工作情况，以查找问题原因、改进薄弱环节、加快设计定型等。

　　监控显示系统由计算机、指挥调度台、指令控制台（逃逸安控台、飞控台）、投影/LED 大屏幕及其显示控制系统、微机显示工作台、图形工作站、电视显示器、网络交换机及其相应软件组成，主要功能是对指挥决策人员关注的信息进行汇集、加工、处理和显示，为其实时分析判决和指挥控制提供依据。

4.2.2.2　逻辑架构设计

依据航天试验一体化信息系统"四横两纵"的体系结构，载人航天运输测控系统逻辑架构分为信息获取、信息传输、信息处理、信息应用和系统管理五部分，如图 4-7 所示，其中信息获取、信息传输和信息处理是整个系统的基础部分；信息应用实现任务决策、指挥控制和信息支持；系统管理部分为系统高效、可靠运转提供支撑。

信息获取包括运载火箭测控系统、S 频段航天测控网、返回再入段测控系统、中继卫星系统等，对应于物理架构中的跟踪测量系统和遥测遥控系统。

信息传输由 IP 通信网络承担，该系统归类到了技术勤务保障中的通信保障系统。

信息应用包括监控显示、设备跟踪引导、指挥控制和信息支持服务等，对应于物理架构中的数据处理和监控显示系统。

系统管理承担测控资源网络的运行和安全管理，分为天基资源管理和地基资源管理。用户在使用天基和地基测控资源时，需向资源管理方提出申请，通过信息交互完成资源申请、分配和使用计划发布等工作。地基 S 频段测控资源由站网中心管理，天基资源由卫通中心管理；载人航天运输天地基测控资源申请由航天指挥控制中心归口实施。

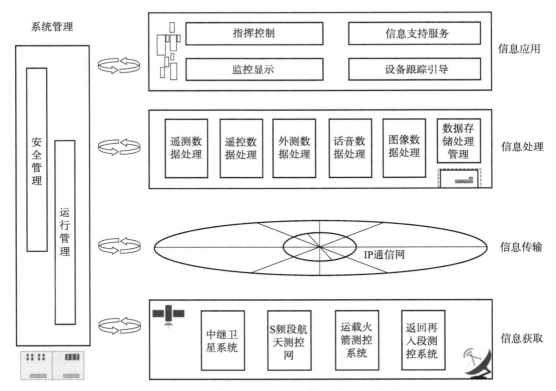

图 4-7　载人航天运输测控系统逻辑架构

4.2.2.3　地理架构设计

根据载人航天运输工程要求，测控系统地理架构设计包括测控资源布设、跟踪测量系统站址选择和遥测遥控系统布站三部分。

（1）测控资源布设

测控资源布设按照以下原则，利用固定测控站、车载移动设备、海上测量船和中继卫星系统等，构成接力测控弧：

1）待发段，围绕发射点位，在发射场及其周边布设测控资源；

2）上升段，围绕运载船箭组合体的飞行弹道，在箭下点轨迹两侧布设测控资源；

3）返回段，围绕载人飞船返回再入的飞行弹道，在箭下点轨迹和预设着陆点周围布设测控资源。

（2）跟踪测量系统站址选择

跟踪测量设备相对于被测目标之间的相对位置关系叫跟踪几何，对站址来讲称布站几何。工程设计中，布站几何的确定首先进行地图作业，做出跟踪目标的飞行航迹线，然后根据对应时刻的飞行速度和飞行高度，按最优布站原则在航迹线两侧选择若干站址；接着针对这些站址进行弹道测量精度估算、跟踪性能计算及天线覆盖要求估算等；最后经综合权衡选定站址。

最优布站原则包括：

1）满足测量覆盖要求，根据接收和发射信道的上下行链路估算设备作用距离，综合箭上天线方向图，计算出可能达到的系统测量精度及保精度地域覆盖范围，确定设备的设置地点；

2）适应设备的跟踪性能，考虑设备的最高跟踪仰角、最大跟踪角速度、雷达波束宽度和光学设备的视场大小等保精度和极限条件下设备的跟踪性能；

3）构成最优观测几何，测量设备站址的选择应以获得高精度测量效果为基本原则；

4）避开火箭喷焰影响，避免测站从正后方跟踪目标；

5）考虑遮蔽效应和标校地形条件，选择开阔地域，尤其是测控方向应无遮挡；

6）其他条件，包括气象要素、电磁环境、交通和生活条件等。

（3）遥测遥控系统布站

遥测遥控精度与布站几何关系不大，主要根据遥测遥控设备的跟踪性能、下行链路的作用距离、前伺天线方向性图等来选择站址。为保证遥测遥控的覆盖性，通常采用多站接力的工作方式，此时，站址的选择应保证各遥测弧段有一定的重叠部分。

首区站应考虑：

1）避开火箭喷焰的影响，由于火焰衰减量随着视线偏离火焰的角距增大而减小，只要不在尾向测量，火焰影响都很小；

2）通视发射阵地，保证从起飞前（零秒前）就能接收到遥测信号；

3）有自跟踪能力的设备避免高仰角跟踪；

4）避免接收信号饱和，必要时和箭上天线最大辐射方向错开一个角度设站；

5）视线尽可能避开发射塔架遮挡，以免影响起飞前和飞离塔架时遥测信号的接收质量。

航区站应考虑：

1）保证和首区站有一定的重叠测量弧段；

2）信号电平和天线覆盖能满足测量要求；

3）通信条件好，满足遥测遥控数据实时传输要求；

4）尽量与外测设备布在同一个站上，以便于管理。

落区站应考虑：

1）根据设备的技术指标、箭上合作设备天线方向图选择站址；

2）采用多站接力的工作方式，保证全程遥测和各遥测弧段有一定的重叠；

3）当要求测量落地参数时，可在危险区内设置无人遥测站，保证通视理论落点。

4.2.3 方案要点

4.2.3.1 准备段

准备段，测控系统重点完成系统联调演练、与载人飞船和运载火箭发射场测试相关的工作。

（1）联调演练

测控系统联调演练分成内部联调演练、单向联调演练和系统联调，并按上述顺序分别实施。

内部联调演练进行中心软件和设备、测控站（船）软件和设备的状态设置正确性检查。

单向联调演练进行中心间、中心与测控站（船）间的接口正确性确认，并进行关键事件的测控过程演练。

系统联调进行全系统协调性、时序关系检验，检验中心间的指挥交接的协调性、中心间信息交换的正确性、各中心计算数据的一致性，检验各中心、测控站（船）协同工作的正确性和稳定性，检查测控系统执行任务的综合能力。

（2）载人飞船、运载火箭测试

载人飞船、运载火箭测试期间，测控系统完成天地对接试验、天地图像信道建立和检查、天地话音信道建立和大回路检查、逃逸指令收发试验、特定活动信息的接收和传输、任务软件参数装定和配置等。

天地对接试验是在测控设备与载人飞船和运载火箭上的合作目标之间开展联合对接试验，以确保天地测控通信协调匹配。

天地图像信道建立和检查是建立载人飞船向指挥控制中心单向传输图像信息的通道，并在信道所有节点参与下检查确认其质量。

天地话音信道建立和大回路检查是在载人飞船与指挥控制中心之间建立双向语音通话信道，然后，在信道中所有节点参与下，由载人飞船上相关设备"打环"构成天地话音大回路，再由指挥控制中心语音终端发话来检查确认天地话音大回路的通话质量。

逃逸指令收发试验是在发射场全系统发射演练及全区合练期间，在逃逸台与载人飞船和运载火箭之间开展待发段、上升段逃逸指令的收发试验，以检验相关设备和信道状态的正确性、人员和设备之间的协调性。

特定活动信息的接收和传输包括：1）飞船电测及模飞期间，S 频段航天测控网将部分飞船测试数据传送至航天指挥控制中心；2）火箭总检查期间，遥测系统接收箭遥数据，并传送至发射指挥控制中心。

任务软件参数装定和配置包括：1）由飞船系统提供入轨轨道倾角、近地点高度、远地点高度和起飞时刻等数据，测控系统对该数据进行相应处理并作为理论值装定至任务软件；2）运载火箭系统在确定箭上使用的风补偿弹道后，将风补偿弹道选取情况发送给测控系统，测控系统据此配置相应的任务软件。

4.2.3.2　待发段

待发段，任务方案要点：

1）接收飞船数字电视信息：从发射前约 2 小时至起飞，发射场测控站 USB 设备接收飞船数字电视信息并向监控显示系统发送，经处理后在指挥控制中心显示；

2）接收飞船工程遥测数据：从发射前约 2 小时至起飞，发射场测控站 USB 设备接收飞船工程遥测信息并向数据处理系统发送，经处理后向指挥控制中心、测运控中心等用户发送；

3）组织天地话音通信检查：进入临射程序后，通过发射场测控站 USB 设备在航天员进舱前后各组织一次天地大回路话音检查；

4）提供逃逸指令备份信道：待发段出现异常情况需要飞船逃逸时，作为测发系统有线逃逸指令的备份，测发逃逸控制台将逃逸控制指令直接向发射场测控站 USB 设备和逃逸安控设备发送，两台设备分别向飞船和火箭发送，完成逃逸指令的无线传输；

5）监视测试发射系统状态：接收测试发射、综合检查等信息，供指挥决策人员实时监控测试发射进程和状态。

4.2.3.3　上升段

测控系统在上升段完成对船箭组合体的测量控制，并保证对船箭组合体的测控全程可靠覆盖。异常情况下，完成地面逃逸决策、应急救生控制和火箭安控。参加上升段测控任务的各测控站（船）和车载移动测控设备共同形成完整的 100% 覆盖的接力测控弧。

（1）运载火箭测控

运载火箭测控有 3 种手段，即实况景象跟踪摄像、显示和记录，外弹道跟踪、测量和显示，箭遥数据跟踪接收、处理与显示。

实况景象跟踪、摄像和记录方案要点：

1）在发射阵地附近布设安控摄像机和高速电视测量设备，实时获取并记录船箭组合体景象并传输至指挥控制中心；

2）在运载火箭箭下点轨迹两侧布设光学景象跟踪摄像设备，跟踪船箭组合体的飞行轨迹，对实况景象进行摄像记录并将景象传输至电视监控系统显示；

3）在火箭上安装摄像设备，其数字图像信息通过遥测通道下传，首区和航区各遥测设备接收火箭遥测信息，并将含有图像信息的遥测原码数据传输至指挥控制中心的图像解码设备，进行遥测图像解码、显示。

外弹道跟踪、测量和显示方案要点：

1）在运载火箭箭下点轨迹两侧布设光学跟踪测量设备，以多台光学设备角度交会体制完成船箭组合体外弹道光学跟踪测量；

2）在运载火箭箭下点轨迹两侧布设无线电跟踪测量设备，以脉冲雷达定位和连续波测速相结合的方式完成船箭组合体外弹道无线电跟踪测量；

3）在运载火箭上安装 GNSS 测量设备进行自定位测量，并通过遥测通道下传；

4）数据处理系统对收到的光学测量数据、无线电测量数据、GNSS 数据分别进行实时处理，将处理结果送监控系统显示，并按照无线电测量弹道、光学交会弹道、GNSS 弹道的优先级提供设备引导、逃逸控制的外测信息源。

箭遥数据跟踪接收、处理与显示方案要点：

1）在发射场和运载火箭箭下点轨迹两侧布设遥测跟踪测量设备，接收运载火箭遥测通道下传的遥测数据，并将其传输至数据处理系统；

2）数据处理系统对遥测参数处理后送逃逸安控系统及监控显示系统使用。

（2）飞船测量控制

与载人飞船测控相关的情况有 6 种，即外弹道测量、遥测数据接收处理、遥控数据发送、飞船推进分系统故障处置、数字图像接收和天地话音通信。

外弹道测量方案要点是，利用首区和航区 USB 设备接力完成对飞船的外弹道测量任务，外测数据向数据处理系统发送，经处理后提供给监控显示系统和其他用户使用。

遥测数据接收处理方案要点是，利用首区和航区 USB 设备接收、解调和记录飞船下传的遥测信息，遥测信息向数据处理系统发送，经处理后提供给监控显示系统和其他用户使用。

遥控数据发送方案要点：一是正常飞行过程中，指挥控制中心监视载人飞船状态，按飞行程序发送控制指令，指令经数据处理系统、USB 设备上传至载人飞船；二是飞行异常需发送逃逸指令时，应中止其他指令的发送，由逃逸控制台按程序发送逃逸指令，经数据处理系统、USB 设备上传至载人飞船。

飞船推进分系统故障处置方案要点是，当载人飞船系统通报飞船推进分系统故障后，由飞控台经 USB 设备向载人飞船发出应急控制指令，应急控制指令采取预埋方式发送，同正常指令一并在射前预置。当需要后续处置时，由指挥控制中心决策。

数字图像接收方案要点是，利用首区和航区 USB 设备接收飞船数字电视信息并实时传向监控显示系统，监控显示系统对所收到的电视信息进行接收、记录、处理和显示。

天地话音通信方案要点是，利用话音终端、通信网络和首区、航区 USB 设备在指挥控制中心与航天员之间建立双向天地话音信道，上升段 USB 设备在任务弧段内加载上行话音副载波。

（3）飞船逃逸

飞船的逃逸决策与控制任务由运载火箭、载人飞船和测控系统共同完成，其中测控方案要点是，根据火箭系统提出的逃逸故障模式和故障判断方法，实时汇集和处理光学景象、外测和遥测信息，对运载火箭进行故障判断，必要时发送逃逸指令实施飞船逃逸。地面逃逸控制任务由指挥控制中心、光学实况记录设备、火箭遥外测设备、逃逸安控设备和 USB 设备共同完成。

①飞船逃逸判决信息方案要点

1）遥测参数作为地面故障判决的主要依据，火箭的遥测参数按重要性可分为Ⅰ、Ⅱ、Ⅲ类，测控系统主要针对Ⅰ、Ⅱ类遥测参数完成故障诊断与处理；

2）利用外测信息（含光学设备、无线电设备和箭载 GNSS 测量数据）实时监视运载火箭的飞行轨迹，预测载人飞船入轨参数，综合遥测判据决策是否需要逃逸，并进行落点预示；

3）利用发射区电视、安控电视系统、高速电视系统、光学景象实况记录系统等设备的电视图像以及运载火箭下传的遥测图像实时判断火箭飞行情况，以辅助指挥员做出应急决策；

4）飞船逃逸判决方案要点见 4.4 节。

②逃逸指令发送方案要点

由逃逸安控台以人工方式发送逃逸指令至逃逸安控设备和 USB 设备，经逃逸安控设备向火箭发出，经 USB 设备向飞船发出并由飞船转发至火箭，逃逸指令发送任务由相关站点逃逸安控设备和 USB 设备共同完成。

③逃逸飞船跟踪方案要点

1）飞船逃逸后，测控系统继续对逃逸飞船进行跟踪测量，以迅速预报逃逸飞船的落点，通知搜索救援系统，逃逸飞船的跟踪测量任务由地面 USB 测控站和海上测量船测控设备，以及首区航区单脉冲雷达完成；

2）飞船逃逸后，有测量信息的情况下，地面利用实测数据进行落点预报；无测量信息的情况下，以逃逸时刻对应的弹道参数作为逃逸飞船落点预报的初始值。

（4）火箭安全控制

飞船逃逸后需择机对运载火箭实施安全控制，其他飞行时段仅做安全监视，不实施安控。火箭安控指令由指挥控制中心逃逸安控台发送，经由测控站逃逸安控设备发出。

实施火箭安全控制时要同时考虑两方面因素，一是确保飞船逃逸至安全距离以外，尽量不对逃逸飞船造成破坏；二是尽可能实施对航区内重点目标的保护，避免故障火箭整体落入所要保护的重点目标之内。

4.2.3.4 返回段

根据轨道情况，载人飞船返回着陆场的轨道具有一定的不确定性，方案需要考虑多种典型工况下的返回轨道。

返回段，任务方案要点：

1）以制动开始时刻为 0 时，完成关键事件测控、返回弹道测量、光学实况记录、天地话音通信等任务；

2）在返回制动点重点部署 USB 设备、雷达外弹道测量设备；

3）在进入黑障前后重点部署光学、USB 和雷达外弹道测量设备；

4）在着陆区重点部署落点景象测量、地基无源定位等设备；

5）飞船返回理论瞄准点在返回前一周左右确定，机动设备根据理论瞄准点位置，在各预设点位中择优并提前部署到位；

6）载人飞船返回调姿至再入过程中，监视载人飞船一次调姿、轨返分离、二次调姿、制动、推返分离等过程，向飞船发送遥控指令，测定返回轨道，预报开伞点、落点；

7）针对载人飞船应急返回测控需求，以中继卫星系统和固定站光学、雷达、USB 设备为主承担。

4.3 搜救回收

载人航天运输工程搜救回收的任务剖面有待发段、上升段、运行段和返回段四种情况，搜救回收模式有待发段逃逸救生区和上升段陆上应急着陆区、上升段海上应急溅落区、第 2 圈应急返回着陆区、运行段国内应急返回着陆区、运行段国外应急着陆区五种类型，搜救回收设计需要针对工程要求，识别分析不同任务剖面下的需求，开发各种搜救回收模式下的具体方案。

4.3.1 工程要求

载人航天运输工程搜救回收的主要任务是充分利用国内救援力量、国际有关航天员救援协议、公约，完成载人飞船正常和应急返回两类情况下的航天员搜索救援、返回舱回收转运任务。

搜索救援要求：

1）正常返回时，及时搜索寻找返回舱，协助航天员出舱，视情实施医监医保并转送至指定地点，或实施医疗救护并护送至后支医院；

2）应急返回时，包括待发段和上升段陆上逃逸救生、上升段海上应急救生、在轨和停靠空间站期间的应急返回等，能及时搜索救援航天员。

回收转运要求：

1）及时处置回收返回舱并运送至指定地点；

2）按程序回收空间应用系统及各应用领域返回物品，并在规定时间内运送至指定地点，交付相关单位。

4.3.2　任务剖面

正常情况下，载人飞船按照计划完成任务后返回指定的着陆场；应急情况下，根据故障模式和发生时刻的不同，载人飞船除返回国家着陆场外，还有可能返回到国内应急着陆区、海上应急溅落区、第 2 圈应急着陆区和国外应急着陆区。

（1）待发段（射前 15 分钟～火箭点火期间）

飞船可能因火箭推进剂泄漏等故障实施待发段逃逸，待发段飞船逃逸时，将会着陆于发射工位数千米范围内，即待发段逃逸救生区。

（2）上升段（火箭点火～船箭分离期间）

飞船可能因火箭着火等故障实施上升段逃逸救生，有上升段大气层内应急救生和上升段大气层外应急救生两种模式。根据飞船应急救生模式的不同，返回舱可能的着陆区域有上升段陆上应急着陆区、上升段海上应急溅落区、第 2 圈应急返回着陆区和国家着陆场。

（3）运行段（船箭分离～返回舱正常离开空间站期间）

飞船可能因故于第 2 圈应急返回、自主应急返回，或者提前返回、弹道式返回，返回舱可能的着陆区域有第 2 圈应急返回着陆区、运行段国内外应急返回着陆区、国家着陆场及其周边地区。

（4）返回段（载人飞船返回舱离开空间站～返回舱着陆期间）

飞船按计划正常返回，或者推迟返回，着陆区域为国家着陆场及其周边地区。

4.3.3　方案要点

4.3.3.1　返回段与待发段

（1）力量组建

由国家着陆场组建专职搜救力量，包括空中分队、地面分队，分别成立搜救分队、现场作业组和医疗救护队，配备直升机、运输机、无人机、特种车辆、综合信息终端、定向仪、现场处置装具和机载医疗救护设备等。空中分队在附近机场待命，地面分队在各责任区附近待命。搜索救援直升机担负返回舱搜索和航天员后送转运任务，现场作业小组负责开（破）舱和协助航天员出舱，医疗救护队负责航天员现场医疗救助和护理，依托直升机作为航天员医疗救护平台，满足同时救治多名航天员要求。发生大范围偏差时，由运输机运载抽组的空运机动搜救队及装备赶赴现场处置；落入国内应急着陆区时，空运机动搜救队负责协作处置。

（2）勘场与演练

地勘分队车辆和空勘分队直升机分别从地面和空中沿规划路线勘察着陆区域地形地貌，观察区域内影响飞船着陆和航天员救援的因素，熟悉直升机能停靠区域。

按搜索回收流程及工况组织演练，组织直升机返回舱信标搜索，直升机后送航天员到指定医院和在预设区域组织直升机悬停吊救航天员等方面的演练活动。

（3）搜索返回舱

待发段发生逃逸（含运载火箭飞行 75 秒前逃逸）时，目视跟踪乘伞下降返回舱，判断返回舱着陆方位。

返回段正常返回时，直升机起飞，开启机载定向仪和前舱引导系统，同时接收飞船返回舱信标、国际救援示位标、测控系统发送的返回舱实时位置信息和落点预报信息。收到飞船返回舱信标、国际救援示位标或落点预报后，按照定向仪指示归零飞行搜索返回舱。若收不到飞船返回舱信标和国际救援示位标，直升机和运输机按照预报的落点搜索返回舱。搜索到返回舱后，及时向其他机组通报落点坐标。

（4）航天员救援

搜救力量快速抵达返回舱落点后，以返回舱为中心，进行舱外推进剂检测，建立 60 米×60 米的警戒区，及时疏散 γ 源辐射方向人员，进行舱外推进剂检测，确认安全后进行现场救援。

打开舱门，依据航天员身体状况，协助航天员自主出舱或被动出舱。航天员出舱后，对航天员健康状况进行再确认，根据航天员健康状况决定对航天员进行医监医保或医疗救护。现场医监医保结束后，由直升机将航天员送往指定机场；现场医疗救护结束后，由直升机将航天员送往指定医院。

（5）返回舱处置

航天员离开现场后，按程序对返回舱进行处置，同时搜集处置返回舱散落物。处置结束后，连同返回舱散落物一起送往指定机场。

4.3.3.2　上升段与运行段

（1）上升段陆上应急、第 2 圈应急返回和运行段国内应急返回等着陆区

根据着陆区特点和行政辖区关系，划定搜索救援责任区，综合利用各类搜索救援力量完成航天员搜索救援和返回舱处置回收任务。

各责任区结合自身实际情况，成立一支航天应急救援分队，主要担负辖区内的返回舱搜索回收和航天员救援任务。其力量组成包括 x 架直升机、y 个现场处置分队、z 个医疗救护队，配备搜救分队业务综合信息终端、定向仪和必要的现场处置装具，具备搜索返回舱、协助航天员出舱和同时救治多名航天员的能力。上述力量均在本单位值班待命，采用事件触发机制执行航天员应急搜救任务。

为加强运行段飞船应急返回时对各责任区航天员搜索救援、返回舱处置与回收工作的技术支持能力，发挥专业化航天搜救队伍能力，组建空运机动搜救队，主要担负运行段国

内应急返回着陆区搜救回收技术支持任务，协助责任区完成返回舱现场处置与回收工作。

空运机动搜救队，由与航天员搜救相关的各系统人员抽组形成，除国家着陆场系统人员外，还包括医监医保专家、医疗救护专家、返回舱处置专家、有效载荷专家等，配备搜救分队业务综合信息终端、定向仪（含便携式定向仪）和必要的现场处置装具，具备搜索返回舱、协助航天员出舱和同时救治多名航天员的能力。任务期间，空运机动搜救队在指定区域待命，发生应急返回时，搭乘任务专机赶赴着陆现场，主要负责对着陆场和国内陆上应急着陆区航天员搜救任务实施增援。

空军安排 1 架飞机作为任务专机，承担机动搜救队转场运输任务。任务期间，该专机在指定机场待命；发生飞船应急返回时，根据指挥控制中心命令，空运机动救援队按照指定时间在待命机场集结，搭乘任务专机飞赴应急着陆区。

国内应急返回着陆区航天员搜救任务的责任主体是各责任区，按照"属地负责"的原则，采用战场联合搜救模式，由当地责任区单位牵头负责，空运机动搜救队协同配合，共同完成国内应急返回着陆区搜救回收任务。各责任区搜救力量采用三级应急响应机制，实施常态化待命值守。正常飞行期间，各责任区利用搜救分队业务综合信息系统，掌握飞船及航天员在轨运行状态。重要任务阶段，各区参试力量在驻地待命。飞船应急返回时，根据返回舱落点预报，责任区搜救力量按照预案启动应急搜索回收程序，机动搜救队接到命令后及时赶赴返回舱着陆现场，为责任区提供航天员救援和返回舱处置技术支持。

根据应急着陆区分布情况，在国内选择若干家军地医院作为航天员后支（急救）医院。依托直升机作为航天员医疗救护平台，在航天员出舱后，根据其健康状况决定实施现场医监医保或医疗救护。现场医监医保结束后，由直升机将航天员送往指定机场；现场医疗救护结束后，由直升机将航天员送往指定医院。

（2）运行段国外应急着陆区

为运行段国外应急着陆区驻外使领馆配备开（破）舱工具等现场处置装备，并对有关人员进行培训，使之具备开（破）舱、营救航天员出舱的能力。

飞船应急返回国外时，按两条渠道同时尽快搜索返回舱、救援航天员。一是外交部、我驻当地使馆通过外交渠道，要求着陆区所在国政府采取措施开展搜救工作，我使馆具体组织协调并派人参加。二是交通运输部搜救卫星任务控制中心（CNMCC）协调国际搜救卫星组织设在着陆区所在国的任务控制中心，请其组织力量开展搜救工作；国内同时通知我驻当地使馆，请使馆主动与其联系，并参加其搜救工作。

确认返回舱应急着陆于国外后，由国内派出境外应急搜救工作组尽快赶赴着陆区所在国开展后续救援及相关处理工作。

（3）上升段海上应急溅落区

国家海上救助打捞部门牵头组建海上应急救援力量，负责上升段海上应急溅落区搜索、打捞、回收应急溅落在海上的返回舱，救援航天员。

在数个海上溅落区各部署 1 艘救助打捞船，各船配置船载超短波定向仪、高海况打捞设备、医疗救护系统等，具备 6 级以下海况打捞回收返回舱、与航天员进行话音通信和现场救援航天员的能力。为每艘救捞船各配属一支随船医疗救护队，承担海上溅落区现场航天员医疗救护工作。医疗救护队携带医疗救护设备，利用救捞船医疗舱室作为航天员医疗救护平台，具备同时救治多名航天员的能力。

载人飞船发射前，各救捞船到达任务海域待命；载人飞船应急返回时，根据返回舱落点预报，海上搜救力量按照预案启动应急搜索回收程序，组织实施搜救回收任务，将航天员和返回舱转运至北京，在转运过程中对航天员实施不间断医学保障；上升段任务解除后，救捞船返回归建。

4.4　撤离逃逸

撤离和逃逸事关乘员安全，在载人航天运输工程中具有特殊意义，涉及航天员系统、飞船系统、火箭系统、发射场系统、测控系统、搜救回收系统等诸多系统。任务实施过程中，以相关故障模式是否成立的判决为前提，由各相关系统实施。因此，载人航天运输乘员撤离逃逸设计的核心是确定相关的故障模式及其判决准则。

4.4.1　工程要求

我国载人航天运输工程乘员安全性指标是 0.997，要达到这一要求，既需要相关系统设施设备工作正常，还需要安全判决、逃逸控制等及时正确，如在火箭上升段既不能由于"漏逃"而导致乘员救生不成功，也不能由于"误逃"而导致正常飞行失败。

4.4.2　待发段撤离逃逸

待发段应急救生模式可分为乘员紧急撤离和启动逃逸飞行器实现大气层内有塔逃逸救生两种模式，由出现故障的系统进行判决，判决信息送应急救生辅助决策系统，同时通过语音向逃逸指挥员报告，由决策机构综合各方信息进行最后决策。

4.4.2.1　待发段紧急撤离

（1）紧急撤离故障模式

待发段紧急撤离故障模式有 5 种，其中火箭系统 2 种、飞船系统 2 种和地勤系统 1 种。

故障模式Ⅰ——火箭贮箱泄漏，火箭贮箱为中漏程度以下（含渗漏和滴漏）；

故障模式Ⅱ——着火，两种推进剂泄漏在舱外接触发生燃烧或氧化剂泄漏在舱内与可燃物接触发生燃烧，且容易采取措施扑灭时；

故障模式Ⅲ——飞船返回舱、推进舱泄漏，包括渗漏、滴漏、线漏和喷漏等；

故障模式Ⅳ——飞船返回舱着火；

故障模式Ⅴ——脐带塔工作平台着火，火势难以控制，危及航天产品和乘员安全。

（2）紧急撤离保障条件

乘员紧急撤离保障条件包括：

1）脐带塔乘员登舱门位置的回转平台处于合拢状态；

2）整流罩和轨道舱舱门打开，乘员登舱过渡梯搭好；

3）紧急撤离滑道的逃逸袋、滑道出口缓冲垫准备好；

4）防爆电梯在脐带塔乘员登舱门所在位置层待命；

5）乘员救助队就位；

6）救援设备、器材准备到位。

（3）紧急撤离决策信息

逃逸指挥员或决策机构在做出紧急撤离决定前可参考的信息包括：

1）火箭、飞船、地勤系统通过话音调度向逃逸指挥员报告的"紧急撤离请求"口令及其相关信息；

2）现场工作人员通过调度或其他手段向逃逸指挥员报告的故障信息；

3）乘员通过天地话音通信向逃逸指挥员报告的飞船返回舱有关故障信息；

4）应急救生系统辅助决策信息；

5）电视图像监视信息；

6）不同紧急撤离方式所需时间。

4.4.2.2　待发段逃逸救生

（1）逃逸救生故障模式

待发段逃逸救生故障在进入发射程序－15分钟后起判，此时段通常只考虑运载火箭的4种故障模式。

模式Ⅵ——贮箱泄漏，推进剂贮箱压力迅速下降、产生负压，判决时段是射前15分钟～火箭点火；

模式Ⅶ——尾舱着火，两种推进剂在舱内接触发生燃烧，或氧化剂泄漏在舱内与可燃物接触发生燃烧，且不易采取措施进行排除时，故障判决时段是射前15分钟～火箭点火；

模式Ⅷ——紧急关机后箭体倾倒，故障判决时段是紧急关机～紧急关机后9秒；

模式Ⅸ——紧急关机后控制系统断电失败，故障判决时段是紧急关机后10秒～紧急关机后100秒。

（2）逃逸必要条件

载人飞船系统已发出"飞船允许逃逸"信号，包括：

1）已关闭返回舱、轨道舱舱门，已撤离登舱过渡梯；

2）已撤收飞船与地面连接的所有电缆和管路，封闭所有测试舱口；

3）已启动船上救生系统电源；

4）已发出"遥控逃逸解锁"指令。

火箭系统已发出"火箭允许逃逸"信号，包括：

1）已关闭整流罩舱门；

2）脱掉逃逸塔保温衣；

3）火箭故障检测处理系统已装定好逃逸程序并转电；

4）故检系统已给出"允许逃逸"信号。

地勤系统已发出"地勤允许逃逸"信号，包括：

1）脐带塔回转平台已经撤收完毕；

2）工作人员已经撤离至安全区域。

（3）逃逸决策信息与原则

逃逸指挥员或决策机构在做出逃逸决定前可参考的信息包括：

1）火箭系统地面故障诊断分系统对本系统故障情况进行判决后，送到应急救生辅助决策系统的逃逸告警、逃逸请求信号及简明故障内容等；

2）工作人员向逃逸指挥员报告的话音调度信息；

3）电视监视画面；

4）待发段火箭倾倒监测系统提供的倾倒角、姿态角信号及是否超过告警限与逃逸限等信号；

5）箭体倾倒监测画面；

6）应急救生辅助决策终端提供的逃逸辅助决策信息。

4.4.3　上升段逃逸

待发段与上升段的指挥交接界面以火箭起飞离开发射台为准，即火箭离开发射台前属待发段逃逸救生，离开后属上升段逃逸安控。

上升段逃逸故障模式合计 11 种。载人飞船、运载火箭飞行信息和乘员生理信息实时汇聚到指挥控制中心，经辅助决策系统实时处理后提供给决策机构，决策机构按照故障模式判决准则决断是否发出逃逸指令。

定义时间 T_0 为起飞触点接通时间，T_1 为逃逸塔分离时间；T_2 为助推器分离时间；T_3 为一二级分离时间；T_4 为整流罩分离时间；T_5 为二级主机关机时间；T_6 为船箭分离时间。

（1）模式 X——起飞时助推器或一级发动机未启动

判决参数：涡轮泵转速和喷前压力；轴向过载；外弹道位置偏差。

判决时间：$T_0 \sim T_0 + \Delta t$。

判决准则：涡轮泵转速和喷前压力均超限，且轴向过载或外弹道位置偏差超限，则实施逃逸。

（2）模式 XI——着火

判决参数：发动机尾段热流传感器＋温度传感器信号。

判决时间：发动机点火～飞行段实际收到的船箭分离信号时间。

判决准则：两组或两组以上传感器参数达到判据故障限，则实施逃逸。

（3）模式Ⅻ——逃逸塔未分离

判决参数：逃逸塔分离信号，逃逸塔分离发动机点火信号，图像。

判决时间：$T_1 \sim T_1 + \Delta t$。

判决准则：在规定时间内，逃逸塔分离信号和分离发动机点火指令均未收到，则判定逃逸塔未分离。在规定时间内，图像信息能清晰判定逃逸塔未分离。两者均判定逃逸塔未分离时，则实施逃逸；两者之一不可用时，可用者判定逃逸塔未分离时，则实施逃逸；两者均不可用时，则不实施逃逸。

（4）模式ⅩⅢ——一二级分离时二级主机未启动

判决参数：轴向过载；二级主机涡轮泵转速和喷前压力。

判决范围：$T_3 \sim T_3 + \Delta t$

判决准则：在级间分离 x 秒后，轴向过载值超限，且二级主机涡轮泵转速和喷前压力之一不正常，则实施逃逸。

（5）模式ⅩⅣ——一二级分离时游机未启动

判决参数：二级游机涡轮泵转速；姿态角偏差；角速率。

判决时间：$T_3 \sim T_3 + \Delta t$。

判决准则：级间分离 x 秒后，若二级游机涡轮泵转速超限，且姿态角偏差或角速率超限，则实施逃逸。

（6）模式ⅩⅤ-1——飞行过程中单台发动机推力下降或丧失

判决参数：轴向过载；外弹道位置；涡轮泵转速、喷前压力。

判决时间：发动机点火～实际收到的（发动机）分离信号时间。

判决准则：涡轮泵转速和喷前压力已经判为故障，且轴向过载或任意方向的外弹道位置偏差之一超限，则实施逃逸。

（7）模式ⅩⅤ-2——二级发动机故障导致飞船无法入轨

判决参数：外弹道信息；二级主机涡轮泵转速、喷前压力；二级游机涡轮泵转速。

判决时间：$T_3 + \Delta t \sim T_6$。

判决准则：二级主机涡轮泵转速和喷前压力均超限，则认为二级主机异常。二级游机涡轮泵转速超限，则认为二级游机异常。二级飞行段，二级主机出现过连续 x 秒以上异常，或二级游机出现过连续 y 秒异常，则认为二级发动机故障。当实时预测的半长轴参数超限，则认为半长轴参数超限。二级发动机故障，且半长轴参数持续 z 秒超限，应实施逃逸。

（8）模式ⅩⅥ——级间未分离

判决参数：分离指令信号；分离动作信号；轴向过载信号；图像信息。

判决时间：$T_3 \sim T_3 + \Delta t$。

判决准则：分离指令信号、动作信号和轴向过载三类参数均故障，则认为级间未分离。图像信息能清晰判定级间未分离。两者均判定级间未分离时，则实施逃逸；两者之一不可用时，可用者判定级间未分离时，则实施逃逸；两者均不可用时，则不实施逃逸。

（9）模式 XVII——整流罩未分离

判决参数：整流罩分离信号；纵向分离指令，横向分离指令；纵向火工作动筒动作到位信号；图像信息。

判决时间：$T_4 \sim T_4 + \Delta t$。

判决方法：整流罩分离信号异常且分离指令、作动筒到位信号之一异常，则认为整流罩未分离。图像信息能清晰判定整流罩未分离。两者均判定整流罩未分离时，则实施逃逸；两者之一不可用时，可用者判定整流罩未分离时，则实施逃逸；两者均不可用时，则不实施逃逸。

（10）模式 XVIII——飞行过程中一个伺服机构停摆

判决参数：变换放大器输出电流；姿态角偏差。

判决时间：一级飞行段，$T_0 + \Delta t \sim$ 实际收到的一二级分离信号的时间 T_3；二级飞行段，$T_3 + \Delta t \sim$ 实际收到的 T_6。

判决准则：变换放大器输出电流和姿态角偏差两类参数均异常，即表示有伺服机构停摆，应实施逃逸。

（11）模式 XIX——控制系统开环故障

判决参数：电源电压参数，共 4 个。

判决时间：$T_0 + \Delta t \sim$ 实际收到的 T_6。

判决方法：4 个电压参数均异常（低于给定的故障限），则认为控制系统开环，应实施逃逸。

（12）模式 XX——船箭未分离故障

判决参数：船箭分离插头分开信号；游机异常；图像信息。

判决时间：x 秒（任务规定的船箭分离的最早时间）$\sim y$ 秒（任务规定的船箭分离的后限时间）。

判决准则：未收到任何船箭分离插头分开信号且游机异常，判定船箭未分离。箭上可见光图像能清晰判定船箭未分离。两者均判定船箭未分离时，则实施逃逸；两者之一不可用时，可用者判定船箭未分离时，则实施逃逸；两者均不可用时，则不实施逃逸。

4.5 技术勤务保障

载人航天运输技术勤务保障系统主要是为载人航天运输提供通信、气象、特燃特气、发供电、水暖、空调、消防、运输、卫勤、物资器材等保障，在载人航天运输工程中属支持系统，其任务流程几乎完全依附于测试发射系统、测量控制系统和搜救回收系统。因此，载人航天运输技术勤务保障设计的核心是依据相关系统要求和流程开发具体的实施方案。

4.5.1　通信保障

（1）通信网络与接入

载人航天运输通信保障依托试验专网和对外联网来构建通信网络平台。试验专网是指接入节点的管理职责由中国航天业务网负责的节点之间的联结网络，对外联网是指运控中心和指挥中心根据任务需求与中国航天业务网以外的部门或国外测控站之间的通信网络，包括国际合作联网、国外自管站联网和空间站运行管理系统联网等。试验专网与对外联网之间通过高安全防护等级的隔离措施进行信息的安全交换。

载人航天运输用户接入网络方式有单机方式、工作组方式和路由方式 3 种。

单机方式是指用户终端设备以主机形式直接接入网络平台。用户设备可以 1 个网口配置 1 个 IP 地址的方式入网，也可使用主备机作为 2 个独立用户分别入网；有双路由广域信息传输需求的重要用户设备可以两个网口分别配置 2 个路由空间 IP 地址的方式入网。

工作组方式是指用户自备交换机连接自己的主机，然后通过该交换机的一个或多个网口以二层方式连接到接入交换机上，也可连接到核心交换机或汇聚交换机上；此时用户自备交换机相当于接入节点网络设备的延伸，其网络设备地址与主机地址按照接入节点 IP 地址分配规则统一配置。

路由方式是指用户已自建的局域网络，例如各中心计算机系统局域网，以三层路由方式接入网络内。此时用户交换机相当于网络平台接入节点或汇聚节点，使用时其网络设备地址与主机地址要按照接入节点 IP 地址分配规则统一配置。

（2）通信保障方案

通信保障主要是为载人航天运输工程的有效实施提供信息通信支持，主要工作内容包括：设备和线电路调整、测试、检查；站内通信联调；首区通信联调；首区与其他中心间通信联调；航天产品装配测试过程通信保障及电磁兼容性监控与试验；参加任务合练；参加任务发射。

通信保障在载人航天运输中属任务遂行保障性质，独立组织的活动有通信线路调整和为确保通信系统功能性能满足要求而进行的系统联调。通信保障系统在参与测试发射、测量控制、搜救回收等系统组织的工作时，应在实施前，按照规定的程序组织通信保障设施设备和线电路的检查测试确认；在测试发射、测量控制、搜救回收活动实施中实时监视通信线电路和设施设备状态，按预案及时处置异常情况。

通信保障按照系统集成的思路——"站内—中心—中心间—全系统"的顺序检查其功能性能，并根据测试发射、测量控制、搜救回收等系统工作的要求，提供通信传输、实况监视、时间统一和指挥调度的线电路及设施设备保障。

电磁兼容性监控与试验包括：一是在载人飞船、运载火箭测试期间，测控系统实时监控发射场电磁环境（无线电设备开机须向测控系统申请），及时发现并处置电磁干扰和冲突情况；二是按照电磁兼容性试验方案要求，所有无线电相关设备按规定时间开机工作，由测控系统检查测试其工作时的电磁兼容情况。

4.5.2 气象保障

气象条件是载人航天运输工程的重要约束，尤其是风速、降水、云量、雷电、高空风以及测量船所在区域海况等气象要素是航天发射的最低条件，关系载人航天任务能否正常实施和成败，因此，准确预报发射场、着陆场和上升段重要区域的气象状况，对载人航天运输具有非常重要的意义。气象保障主要活动包括：气象会商和专题汇报、危险和灾害天气预警、任务遂行保障等。

（1）气象会商和专题汇报

任务实施过程中，气象部门根据事先约定，适时组织开展与上级气象部门、周边气象部门和内部人员的气象会商，遇有危险性天气或任务保障重要节点，可增加气象会商次数。气象专题汇报是在载人航天运输工程重大节点处为组织指挥机构决策提供支持信息的活动，一般在航天产品转场前、飞船推进剂加注前、运载火箭推进剂加注发射前，出现危险或灾害性天气影响任务计划时，组织进行气象专题汇报，汇报的内容主要包括气候背景、天气变化趋势、预报结论等。

（2）危险和灾害天气预警

载人航天运输工程实施阶段，各气象台观测员严密监视发射场区周围天气情况，发现有符合危险天气标准的天气现象出现时，立即向气象值班预报员报告，值班预报员立即向上级报告危险天气情况，并组织气象会商。经气象会商，预报将有危险天气影响发射场时，及时向组织指挥机构发布危险天气警报。

当预报员分析预报将有大风、暴雨、寒潮等灾害性天气出现时，值班预报员要组织进行气象会商，详细分析预报灾害性天气的强度、范围、影响时间等。灾害性天气警报由气象值班室对外发布。

（3）任务遂行保障

任务遂行保障主要有航天产品转场气象保障、运载火箭加注气象保障、发射日气象保障和载人飞船返回气象保障等。

气象保障系统根据任务遂行保障要求，设计相关的气象保障方案。以载人航天发射日气象保障为例，其方案要求如下：

严密监视天气变化。发射日当天，气象各单位全面收集常规气象情报资料和有关补充气象信息，加密地面观测、高空探测、天气雷达监测，并及时处理、传输各类数据信息。利用所属观探测和监测手段严密监视发射场周围天气变化情况，发现有危险天气征兆，立即报告任务组织指挥机构。

大气电场探测。大气电场探测的时机依据发射任务窗口时间和天气情况决定。空中电场探空仪释放后，操作人员严密监视电场探测数据接收情况。探测结束后，操作人员填写测量结果报告，逐级将大气电场监测数据报告任务指挥所。

规定时次观探测。按照"任务气象保障协调会"约定，向气象值班室传送地面观测数据和浅层风测量数据；发射前9、6、3小时和射后30分钟，进行发射场高空探测，其中发射后 30 分钟的探测还需计算大气折射指数。

临射气象保障。进入预定发射时间后，如因其他原因推迟发射，在"发射窗口"时段内，气象值班人员应主动加强与现场气象保障组的联系，及时组织好任务推迟后的现场保障工作。进入射前－30 分钟程序后，无特殊重大危险天气一般不再发布预报。发现突发重大危险天气，必须经现场气象保障组讨论商定后及时报任务指挥所。

突发危险天气处置。发射日监测到场区附近出现危险天气时，现场气象保障组根据发射现场的实际情况组织天气会商，经分析讨论形成预报结论后对外发布警报。在确认存在危及发射安全的危险性天气发生时，须立即向任务指挥所报告。

4.5.3　其他保障

（1）航天产品接运保障

依据职责分工组织召开航天产品接运协调会，制定具体接运保障方案，组成联合接运小组赴机场和车站协调、处理相关事宜，并按计划和方案要求完成航天产品的装车工作。运输途中，针对航天产品的要求加强航天产品防护检查和车辆状态监控，确保运输过程满足航天产品安全要求。航天产品卸车前应组织召开卸车协调会，制定具体方案；卸车过程中，注意维护现场秩序，落实防护措施，执行操作规程，确保人员和航天产品安全。

（2）特燃特气保障

按照载人航天运输工程保障需求，完成液体推进剂的贮存、转注和液氧、液氮的生产、贮存、供应以及特燃特气化验工作。发射场根据贮存和任务需求及时组织做好特燃特气的申请、生成、转注、取样化验、安全防护、火箭加注和污染治理等工作。

（3）发供电保障

发供电保障单位对所属发供电系统运行状态及电能品质进行监测，及时处理出现的问题，确保任务用电安全可靠、品质良好。

（4）空调保障

重点保障运载火箭整流罩送风空调的送风品质，包括温度、湿度和洁净度指标要求，实时对送风品质实施监测和控制。重点保障重要时段，如飞船等推进剂加注实施和加注后厂房温度控制及强排风，运载火箭推进剂加注后脐带塔密封间温度控制，航天产品总装、测试期间的厂房温湿度和洁净度控制等。

（5）消防保障

消防保障包括航天产品在技术厂房的消防保障、在发射区脐带塔的消防保障和火箭点火发射时的发射台冷却消防保障。保障的重点在于火箭点火发射时的冷却消防，确保安全可靠。

（6）交通运输保障

组织定期和针对特定任务的路况巡检，加强铁路和公路的日常维修和针对特定任务的抢修，保证载人航天运输工程用交通线路的畅通。严格履行用车手续，加强车辆路检。针对任务要求，组织工程机械设备和车辆按时到位。

（7）卫勤服务

组织医疗队定期深入一线巡诊。在发射阵地推进剂转注、加注和任务发射等时机，派出抢救医疗分队赴现场开展卫勤保障工作。

（8）任务遂行和关键节点保障

依据载人航天发射工艺流程，做好任务实施过程的试验装备、通用装备、特燃特气、水暖电、车辆、卫勤、消防和生活等各项保障工作。对任务实施过程中，航天产品卸车、吊装、测试、合练、转注、推进剂回流、加注、临射检查和发射等关键节点，制定相应的保障计划和应急处置方案，做好关键节点的技术勤务保障工作。

（9）物资保障

根据任务保障需求，做好任务遂行期间各类装备物资器材、备品备件和抢险用物资器材的筹措和供给。

第5章
载人航天运输工程实施

载人航天运输工程实施是以工程范围、工程策划、工程设计的成果为输入，以圆满完成任务的标志或可交付物为输出，按照规划的路径、方法、措施，充分利用资源达成预期目的的过程。本章从组织机制、行动方案、任务保证、过程控制和现场保证五个方面分别讨论载人航天运输工程实施过程和相关的方法措施。

载人航天运输工程实施直接关系到载人航天运输任务目标的实现，是载人航天运输系统工程中不可或缺的内容。

5.1 组织机制

5.1.1 组织设计

（1）组织职能

载人航天运输组织是由工程总负责单位牵头，协同任务相关方组建的以圆满完成任务为目的的由职责、权限和相互关系构成的临时性组织，其主要职能可概括为计划、配置、指挥、控制和指导。

计划职能是在工程范围、策划和设计的基础上，从组织职责、权限和相互关系的角度，进一步识别要求、明确目标、定义范围、规划路径和制定标准。

配置职能是依据计划安排，为相应单位、团队和个人提供经检查确认满足要求的资源。

指挥职能是按照计划安排，利用资源，指挥相关单位、团队和个人按照确定的路径开展相关活动。

控制职能包括度量、定位和纠正。度量即通过正式或非正式的方式来报告为实现目标已经达到的进展程度；也指通过技术手段评价过程或结果是否满足规定的标准。定位即确定引起实际工作或活动较之计划的准则或标准存在偏差的原因。纠正即采取控制行动来修正不利的倾向或者利用有利的倾向使工作或活动回归到计划的路径和期望的标准上来。

指导职能即通过授权、教导、监管、激励、讨论和协调等活动，使参与任务的各相关方贯彻执行那些已经被批准的计划，通常这些计划是达到或超越目标所必需的。授权是给他人分派工作、明确职责权限，以有效发挥其作用。教导是明确或传授如何履行职责的方法和经验。监管是按照工作需求给他人以日常的指示、指导和约束，以使其能够履行其职责。激励是通过某种手段或措施激发他人有效完成其任务的动力。讨论是就如何更好地完成任务与他人一起研究、沟通和交流。协调是按照活动的顺序和重要程度，沟通、交流、确定资源的使用和组织间的配合、步调等，使工作或活动能顺利完成，并使冲突最小化。

指挥与指导的根本性差别是：指挥是命令式的，下属必须落实上级的要求和命令。指导是引导和促进性的，尽可能使执行任务的组织或个人乐意或没有逆反心理。

（2）设计原则

为满足载人航天运输高可靠、高安全的要求，组织机构设计需遵循确保成功、质量第一、安全至上、集中统一、行政指挥与技术负责相结合和灵活适用的原则。

确保成功。确保成功是载人航天运输组织设计的首要原则，是在设计组织结构，制定组织工作制度、标准、规范和流程，明确内外部沟通渠道，确定采用的技术、方法和手段时，始终把确保成功作为其根本性指导思想、出发点和落脚点，消除一切不利于任务成功的组织因素。

质量第一、安全至上。质量第一要求在载人航天运输组织设计中须突出质量监控的地位，确保质量监督的独立性；必要时，应设立独立的质量控制组织。安全至上是确保成功的内在要求和前提条件，在组织设计时须将航天员（乘员）的安全工作作为一切工作的约束项。

集中统一。载人航天运输系统复杂、系统间联系紧密互为条件，而乘员、载人飞船、运载火箭、发射场等系统的主要参与方通常不隶属同一单位，计划、命令的沟通、传递环节较多、渠道不一，因此，载人航天运输组织设计须坚持高度"集中统一"的原则，确保正式渠道具有权威性且及时顺畅。

行政指挥与技术负责相结合。中国载人航天运输形成了独具特色的指挥系统和设计师系统的"两条线"工作模式。指挥系统是任务的管理系统，总指挥是载人航天运输的总负责人，是载人航天运输任务的组织者和指挥者；设计师系统是任务的技术系统，总设计师是技术负责人，是载人航天运输技术的组织者和指导者。两条线在总指挥的领导下各司其职，既相互配合又各有侧重。指挥线的重大决策要充分吸收技术线的意见；总设计师组织讨论的重大问题最后也要由总指挥决策。

灵活适用。组织结构设计与技术水平、任务复杂度、资源有效性、决策需求、环境变化等众多因素相关；组织的有效运行依赖于良好的信息沟通能力和成员对彼此间关系的清晰把握。由于任务各阶段参与单位变化很大，不同层面的管理需求差别明显，因此，组织设计必须坚持"灵活适用"的原则，依据载人航天运输任务不同阶段特点和要求、组织承担的任务、组织的内外环境及其变化，灵活构建载人航天运输任务组织机构。

（3）决策层设计

以载人航天运输发射为例，直接参与发射任务的各相关方齐聚发射场，包括亲临现场的国家领导人、工程主管部门、发射场上级单位、航天员系统、有效载荷系统、航天器系统、运载器系统、发射场系统、测控通信系统、着陆场系统等。系统间接口复杂、单位间协调量大、各系统各单位必须统一行动，因此，在决策层需要一个强有力的工程指挥部。为此，决策层组织结构普遍采用项目式和强矩阵式，由直接参与航天发射的单位联合成立任务指挥部，负责任务全局的组织指挥、决策控制。图 5-1 是某次载人航天运输任务决策层组织结构示意图。

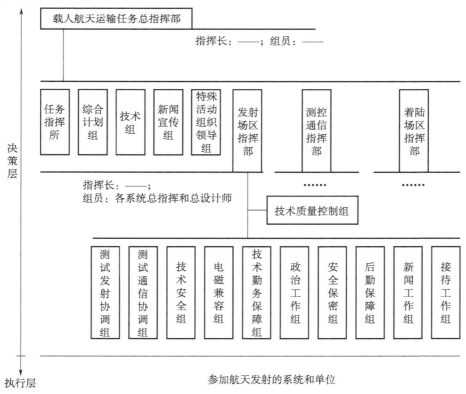

图 5-1　载人航天运输任务决策层典型组织结构示意图

载人航天运输任务总指挥部是任务最高决策机构，对载人航天运输任务实施统一组织领导，指挥长一般由载人航天工程总指挥担任，技术负责人由载人航天工程总设计师担任，成员主要包括各相关单位的领导，下设任务指挥所、综合计划组、技术组、新闻宣传组、特殊活动组织领导组等机构，下属指挥部包括发射场区指挥部、测控通信指挥部和着陆场区指挥部等。载人航天运输任务总指挥部的主要职责包括：

　　1）负责审定任务实施方案和计划；

　　2）检查指导任务进展情况；

　　3）研究决策任务关键节点和重大问题；

　　4）对任务中的政治和涉外工作实施归口管理；

　　5）对上级的视察活动进行统一组织。

发射场区指挥部是测试发射阶段发射场区的最高决策机关，指挥长一般由载人航天发射中心的最高管理者担任，成员包括航天员系统、有效载荷系统、航天器系统、运载器系统、发射场系统、测控通信系统的总指挥和总设计师，下属各职能小组成员由各系统相关负责人组成，按照职责分工分别负责各方向的工作。发射场区指挥部主要职责包括：

　　1）审议测试发射工作总体计划，协同各大系统工作；

　　2）研究决策测试发射阶段的重大问题，有关情况报载人航天运输任务总指挥部；

　　3）在关键节点或转阶段处决策并决定是否放行。

（4）执行层设计

执行层通常指航天员、载人飞船、运载火箭、发射场、测控通信、着陆场等系统级组织指挥机构。载人飞船、运载火箭等航天产品系统从论证开始，经设计、初样、正样直至发射及回收，均由同一个项目办公室进行管理，他们有持续的研制流程、质保计划，工作稳定、沟通顺畅、反应迅速。航天发射中心下属的任务实施单位，由于所承担的任务不同和任务阶段的特点不同，组织结构的选择常常有所不同。航天员、发射场、测控通信和着陆场等服务保障性系统，为充分有效地使用组织内外资源，及时响应任务中发生的紧急情况，保证任务流程的有效实施，均成立临时性任务指挥所，开展跨部门整合与协作，进行专项式组织领导。图5-2是载人航天运输任务中服务保障性系统典型组织结构（矩阵式结构）示意图。

（5）作业层设计

作业层又称操作层，是航天运输工程中直接操作设备、使用工具完成各种装配测试、对接集成、转注加注、检验确认等一线工作的班组和人员。作业层一般按照专业技术或设施设备特点、工作类型等方式来组织，操作岗位人员具有专职和稳定性的特点，因此，其组织结构几乎都选择传统型直线式。以载人航天运输发射场地面设备保障操作为例，作业层直线型组织结构示意图如图5-3所示。

由于作业层的工作绝大多数都集中在组织内部完成，采用直线型组织结构能保持明确的权责结构，利于人员稳定和培养专业化技术。由于每个人只向一个上级报告，内部沟通也十分方便，应急响应迅速快捷。

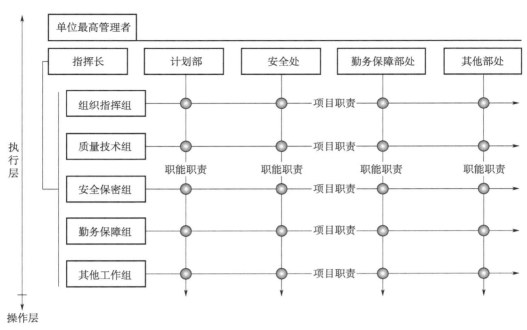

图 5-2 执行层典型矩阵型组织结构示意图

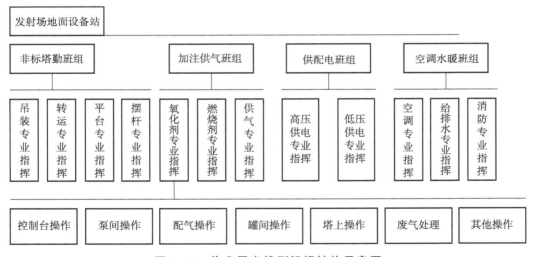

图 5-3 作业层直线型组织结构示意图

5.1.2 组织运行

5.1.2.1 组织配备

载人航天运输组织配备的实质是为任务挑选合适的人员，配备适量的场所、装备和工具，需要解决以下 3 组主要问题：

1）需要哪些人？满足哪些工作条件？

2）这些人员从哪里获得？工作条件如何满足？

3）何时需要？何时到位？

达到以下 3 个目的：

1）获得最有力的人力资源，并充分发挥其作用；

2）为所有成员提供一个良好的工作条件；

3）保证资源都得到充分利用，并尽可能满足所有要求。

（1）决策层组织成员配备

载人航天运输决策层组织需要对任务实施中的重大计划、事务和问题进行决策，指挥参加载人航天运输任务的所有单位协同工作。由于参加载人航天运输任务的单位之间通常没有统一的领导，个别单位甚至不属于同一行业，因此，决策层组织成员配备需要所有参加载人航天运输任务的主要单位都有人参加。

对于成熟型的载人航天运输任务，决策层组织成员除指定职位的人员外，其他成员应具有同类任务的工作经历。人员配备的一般性流程为：牵头单位提出要求，如成员必须是各系统的总指挥或副总指挥、总设计师或副总设计师，再由各系统、各单位推荐，汇总审核后报主管机构批准，在任务展开前成立并开展工作。

对于新型载人航天运输任务，由于任务流程和资源保障模式等都未经考验或考验不充分，为取得最大资源支持和保证决策得到最可靠落实，决策层组织成员除指定职位的人员外，应包括各系统职能部门领导和型号总指挥、总设计师等；其下属机构人员配备除以保证有效顺利地开展工作为原则外，还应尽可能吸收各单位领导和指挥线、技术线上的代表参加。人员配备的一般性流程与成熟型的载人航天运输任务一致，所不同的是应尽量使职能部门与任务组织机构的人事安排保持一致。

（2）执行层组织成员配备

执行层组织一般限于某一单位内部，人员可选范围较小，配备过程也较为简单。对于成熟型载人航天运输任务，适用时也可不成立专职的组织指挥机构。对于新型载人航天运输任务，习惯做法是由单位最高管理者任指挥长，下属机构由各职能部门领导任组长、相关业务处或办公室分别指派相应人员为成员。

（3）作业层组织配备

由于载人航天运输任务中的多数操作需要相关的专业技术，作业层组织配备过程需要遵守严格的程序。

1）根据载人航天运输任务要求，制定工作说明或岗位职责。对岗位工作内容进行尽可能详尽的描述，对工作流程、上下级关系、协同岗位和内容进行明确，对质量安全标准及其控制措施进行规定，对需遵守的制度、规范和使用的任务文书等进行说明。

2）依据岗位工作说明或职责明确岗位资质或技能要求。资质应从教育、培训、所需技能以及工作经历等方面进行规定，既要保证满足要求的人员能有效履行岗位职责，又要保证要求不会过高而导致无人可用或人才浪费。

3）按照岗位资质或技能要求对人员进行岗位考核、考查和定岗。对拟定岗人员进行岗前考核，考核内容包括理论与知识考试、实际操作考核和故障处置考查等。对考核通过的人员还应进行审查，确认其满足诸如保密、个人品质和政治立场等方面的要求后才能定岗。

4）开展针对性训练。对定岗人员依据载人航天运输任务的特定要求开展针对性训练。如通过联试、演练训练岗位间的协同性，通过等效器测试、模拟仿真等训练人员的操作技能等。

上述 4 个方面是必需的，一些岗位可能还会有其他要求，如从事特殊装备操作的人员还需获得相应资质证书后才能上岗。

5.1.2.2　工作流程

工作流程是明确组织在载人航天运输具体活动中的职责、权力以及组织成员如何履行职责、行使权力的程序，是组织有序运行的基本保证，其对于临时组建且持续时间较短的载人航天运输组织机构尤为重要。职权是赋予个人（或赋予个人所在职位）的可以对下属做出最终决定的权利。职责是为使组织中个人工作有效而必须承担的责任。负责指对于圆满完成某一特定任务负有完全责任的一种关系，是职权和职责的结合。

载人航天运输组织机构的工作流程应依据任务需要和组织机构特点而制定，重点明确在载人航天运输活动中组织机构应承担的任务、责任及与其他相关组织机构的关系，规定组织中个人或职位的职责和职权以及与临近岗位的关系，并为信息传递和共享、职责履行和权利行使建立正式的渠道。

以下是某次载人航天运输任务质量控制组关于跨系统技术状态更改的工作流程：

第一步，由提出技术状态更改的系统对技术状态更改内容、原因、影响域和更改后补充试验等进行分析、论证，确定后填写技术状态更改申请单，经本系统总设计师（或指定负责人）审核后，报相关技术协调组审查确认。

第二步，相关技术协调组组织相关系统进行必要性和可行性论证，确认该技术状态修改必要且可行时，报质量控制组批准。

第三步，质量控制组组织相关专家进行确认或评审，同意更改时，由质量控制组拟制技术状态更改通知单并将其传递到所有相关单位和岗位。

第四步，相关单位和岗位完成技术状态更改并经检查确认满足要求后，通过相关系统报质量控制组复核。

5.1.2.3　功能障碍及应对

在职能性组织中，领导与下属、同事与同事之间可能有较多的时间去建立相互信任的关系。但在载人航天运输任务环境中，尤其是新型载人航天运输任务，由于任务持续时间较短，组织机构中彼此陌生的成员甚至来不及相互熟悉便已面临机构解散的情况。因此，了解载人航天运输任务组织机构功能障碍并事前做好应对措施非常重要。

以发射场区指挥部为例，指挥部中的每个成员都代表着一个单位的利益，他们之间彼此了解不深，而且他们每个人都知道：任务具有高风险性，任务失败的责任谁都无法承担和面对，任务很快就会结束且无论成败组织机构都将解散，这时要求他们为了一个共同的目标（载人航天运输发射成功）而在一起共事，缺乏信任、隐瞒问题，惧怕冲突、逃避责任等难免会成为发射场区指挥部功能的主要障碍。

（1）缺乏信任、隐瞒问题

缺乏信任、隐瞒问题表现为：

1）互相隐瞒缺点和错误；

2）不愿寻求帮助或提供有建设性的意见；

3）不愿在他们自己的责任之外提供帮助；

4）在没有尝试弄清事实的情况下对他人的意图草率地下结论；

5）对别人的经验、技术认识不清也不会借鉴；

6）积累怨气；

7）不愿在一起讨论研究。

中国载人航天运输发射解决上述问题的典型措施主要有：

1）建立技术交底制度，规范技术交底内容，在任务全面展开前开展技术交底活动，使指挥部成员间了解对方、建立信任。此后，在任务实施的各关键节点处，包括载人飞船加注、载人飞船扣罩、船箭组合体垂直转运和火箭加注等活动前，组织航天产品研制部门、发射场系统、测控通信系统等进行技术和管理工作汇报，为指挥部成员间建立信任奠定基础。

2）开展"三让""五主动"活动，当好"东道主"。航天发射中心作为指挥长单位，又是在自己驻地范围内组织载人航天发射任务，应自觉在政治上让荣誉、在工作上让条件、在生活上让方便；向来发射场参加任务的各系统、各单位，主动了解情况、主动交底通气、主动征求意见、主动协调关系、主动排忧解难；当好"东道主"，建立各系统、各单位对航天发射中心的信任。

3）构建科学的协同机制。设立正式的沟通交流平台，明确信息传递途径和流程，通过定期和及时的任务交流，共同研究问题、共同克服困难、共同承担风险，真正做到团结在一起、战斗在一起、胜利在一起，消除指挥部成员间的隔阂和疑虑。

（2）惧怕冲突、逃避责任

惧怕冲突、逃避责任表现为：

1）拖延问题解决的时间；

2）有着令人厌烦的会议；

3）忽视对成功起关键作用的有争议的话题；

4）在不同水准或表现的成员之间引发怨恨；

5）在人际关系管理上浪费时间和精力；

6）降低士气；

7）官僚作风。

中国载人航天发射解决上述问题的典型措施主要有：

1）建立责任体系，包括清晰的工作界面、完善的制度规范、科学的履责程序、严格的过程控制、完整的评价标准和放行准则等。在此前提下，不管什么单位、什么系统、什么人都要以制度规范行为，按程序决策办事，严禁主观臆断、擅自行动，使冲突及其解决严格受制于制度、规范、程序和标准，以此消除指挥部成员害怕冲突、逃避责任的忧虑。

2）坚持透明化管理。通过严格质量安全控制程序，加强试验文书审核会签、技术状态更改审批、任务软件配置管理、质量问题归零处理、重大问题请示汇报、关键阶段质量评审的控制力度，实施质量安全透明化管理，确保及时暴露冲突、透明管理冲突、科学化解冲突，消除指挥部成员惧怕冲突、逃避责任的心理。

5.1.2.4　领导与控制

限于某一部门或单位内部成立的临时性载人航天运输组织机构，其领导与控制和一般性临时性组织的领导与控制没有太大差别。具有独特性的载人航天运输特点的临时性组织的领导与控制主要体现在决策层的各个指挥部内，原因有三，一是指挥部及其下属机构的领导与成员、成员与成员之间通常不属于一个单位甚至是大单位，有时找不到两者共有的上级；二是载人航天运输任务必须成功，发射场区指挥部及其下属机构领导与成员、成员与成员之间的目标是一致的，但是在具体事务上，尤其是资源和时间发生冲突时，因责任重大、利益不同，意见有时相左；三是质量问题发生的原因可能是多方面的，质量问题归零的措施有时也不是唯一的，出于单位利益，领导与领导、领导与成员、成员与成员之间的认识和意见有时也会大相径庭。譬如"神舟一号"飞船在联合测试检查阶段，测试人员发现返回舱惯性测量组件的一个液浮制导陀螺无法工作。针对是否打开返回舱的舱底进行检查出现两种意见：一种意见认为，飞船内有成千上万的元器件和信号线，打开舱底排查风险太大，况且陀螺用了双备份，没有必要打开舱底；另一种意见认为，所有问题必须在地面解决。两种意见发生了激烈的冲突，载人航天工程指挥部顶着巨大压力，决定打开舱底，把所有隐患消除在地面。这给刚刚起步的中国载人航天工程开了一个严把质量关的好头。

有效解决上述问题的措施是建立完善的工作制度，明确处理一切可预见冲突的原则、程序和方法，为各项工作和活动制定严谨的方案预案，并请各方代表审核会签。

5.1.2.5　工作制度

载人航天运输组织机构的典型工作制度主要有：计划制度、会议制度、分工负责制度、请示报告制度、专家把关制度和值班制度等。

（1）计划制度

各级组织指挥机构应依据上级下达的任务计划细化制定本级任务实施计划和阶段工作计划。计划执行过程中，应实时搜集、掌握计划落实情况，及时解决工作进程中出现的问题。计划制度主要有：任务实施计划制度、关键时段工作计划制度、各系统实施计划制度、周工作计划制度、日计划制度和计划调整制度等。

任务实施计划制度是根据任务测试发射工艺流程、太空旅行阶段主要活动和搜救回收工作流程等制定任务实施计划，对各主要工作、时间节点、里程碑事件等做出统筹安排，并商各有关系统同意，经指挥部会议审议通过后发相关系统和单位执行。

关键时段工作计划制度是根据任务实施情况，针对某一关键时段的工作内容而制定的具体工作计划，对主要工作项目、完成时间、实施场地和具体要求等进行统筹安排，商各系统同意、报指挥部批准或召开指挥部会议审议通过后执行。

各系统实施计划制度是由各系统根据指挥部审议通过的计划，按照本系统工作流程细化制定本系统的任务实施计划。

周工作计划制度是根据任务阶段工作特点，指挥所每周召开调度会议，协调制定周工作计划，各参试单位每周制定本单位的工作计划。

日计划制度是在载人航天运输测试发射和搜救回收阶段等，任务组织机构按要求在当天工作结束后召开会议，确认当天工作完成情况，协调明确第二天的工作计划。

计划调整制度是一般性计划调整须通过相关各方确认同意并由相应权限的机构或人员批准，重大计划调整须由相应的指挥部会议或专题会议审核同意。

（2）会议制度

各级组织指挥机构应定期召开例会，汇总工作完成情况，研究处理问题，部署下步计划，明确工作要求和注意事项。出现异常情况时，应及时组织召开专题会议，研究制定处置措施。会议主要类型有指挥部会、质量控制会和测发协调会等。

1）指挥部会。通常有例会和专题会议两种类型。例会一般在任务关键节点处召开，如载人飞船加注、运载火箭加注、航天员返回，会议内容是审议决策任务是否转入下一阶段工作和后续工作计划。专题会议一般在涉及重大技术状态变化、计划节点调整、重大技术问题处理等情况时召开，会议内容是针对具体专题听取各方汇报和意见，并由指挥部成员集体研究并形成决议。

2）质量控制会。质量控制组定期不定期召开会议，研究解决跨系统的质量问题，审核质量问题处置方案和质量问题归零情况，进行任务转阶段质量评审，提出转阶段意见供指挥部决策。

3）测发协调会。任务实施过程中，由测发协调机构每天组织召开工作协调会，按任务流程确认当天工作完成情况，协调解决有关问题，并布置第二天的工作。

（3）分工负责制度

各级组织指挥机构应实行指挥长领导下的分工负责制，各成员应严格按职责分工定位，共同向指挥长负责，做到分工明确、责任落实。

（4）请示报告制度

各级组织指挥机构应按照规定及时搜集掌握情况，加强请示报告。对于任务关键阶段实施情况、重要情况应及时向上级报告。对于权限范围之外的重大问题，应及时向上级请示。

（5）专家把关制度

各级组织指挥机构应充分发挥技术民主，特别是涉及重大技术问题处理或者做出重大决策之前，应充分听取专家意见，实行民主讨论、集中决策。

（6）值班制度

各级组织指挥机构应安排有关领导和机关人员现场值班，及时收集掌握任务情况，协调处理有关问题。值班首长和值班员必须坚守岗位，认真履行职责，严格按照规定的程序交接班。

5.1.3　内外沟通

组织内外部沟通即充分利用一切可能的手段保持信息在组织内外部正确、及时、完整地传递、加工、储存和共享，包括：建立多样化的沟通渠道，制定正式的沟通制度，完善实时沟通系统等。

5.1.3.1　沟通渠道

载人航天运输内外部渠道包括正式和非正式，上行、下行和平行，单向和双向，书面和口头等多种渠道。

（1）正式与非正式沟通

正式沟通是载人航天运输内外部沟通的主要渠道，通常会以规章制度的形式给予明确，主要包括：

1）正式发布的命令、指示、文件；

2）组织召开会议，如指挥部会、质量评审会、技术协调会等；

3）发布相关法令规章、手册、简报、通知、公告；

4）系统内外部因工作需要而进行的正式接触和交流。

正式沟通的优点是沟通效果好，比较严肃而且约束力强，易于保密，可以使信息沟通保持权威性。缺点是沟通速度慢。

非正式沟通指在正式沟通渠道之外进行的信息传递和交流，如人员之间的私下交谈、小道消息等，是一类以社交关系为基础，较少受规章制度约束的沟通方式，是载人航天运输正式沟通的补充。非正式沟通的优点是沟通快捷，且能提供一些正式沟通中难以获得的信息。缺点是容易失真，缺乏约束力。

（2）上行、下行和平行沟通

上行沟通是指信息按组织层级自下而上地传递。上行沟通是载人航天运输任务计划沟通的重要手段，是上级机关和领导获取任务信息、掌握全局、进行决策的有效方法。上行沟通有两种形式：一是层层传递，即依据组织层级和程序逐级向上反映；二是越级报告，即通过减少信息上传的中间环节达到快速获取信息的目的。载人航天运输任务一般采取层层传递的上行沟通方式，这样做的好处是使相关的各级指挥机构都能掌握情况，防止扰乱视听。特殊情况下，如运载火箭飞行过程中的安全控制，则采取越级报告的方式。

下行沟通是指信息按组织层级自上而下地传递。这种方式一般以命令、通知或会议的形式进行。下行沟通是上级指挥机构和领导对下发布命令和指示的过程，是实现载人航天运输统一组织指挥的有效手段。通常情况下是逐级下达，防止政出多门。但在紧急情况下也可越级下达。

平行沟通是指没有上下级和隶属关系的组织和单位之间、人员之间的信息交流。参加载人航天运输任务的组织、单位、人员众多，平行沟通显得尤为重要。由于平行沟通跨越了不同组织、单位和系统，因此需要在指挥部的统一指挥下、在指挥部确定的计划框架内实施，尤其是正式的平行沟通，沟通前应得到直接领导的允许，沟通后应将任何有价值的结果及时向直接领导汇报。

（3）单向与双向沟通

单向沟通是沟通一方只发送信息，另一方只接收信息。这种沟通接收者没有反馈意见的机会，不能产生参与感，不利于建立双方的感情。载人航天运输内外沟通很少采取这种方式，即便是带有单向沟通特点的动员部署、命令传达等，也会在事前进行大量的调查分析和多方协调。

与单向沟通相对应的双向沟通，在信息发出后能收到接收者的反馈意见，必要时双方可进行多次重复商谈，直到双方认可或满意为止。载人航天运输的内外沟通基本上都属双向沟通的范畴，其优点是能确保沟通信息的准确性和完整性，利于沟通双方的感情交流。

（4）书面与口头沟通

书面沟通是指以通知、文件、报刊、备忘录等书面形式所进行的信息传递和交流。其优点是可以作为资料长期保存、反复查阅，沟通显得正式和严肃，且利于保持过程和结果的追溯性。载人航天运输的重要工作项目沟通均会以书面形式进行或保留书面记录。如任务指示、通知、请示和报告，协同指挥程序、操作规程、方案预案等都通过书面文件进行沟通，部署会、协调会、评审会等都通过书面材料沟通和记录。

口头沟通就是运用口头表达，如：谈话、游说、授课等方式进行的信息交流活动。其优点是传递信息较为准确，沟通比较灵活，速度快，双方可以自由交换意见。任务过程中的各种协调工作多数通过口头沟通的形式进行，但为了保持协同沟通结果的一致性，正式的口头沟通一般都应留有书面记录。

5.1.3.2 沟通制度

为保证载人航天运输内外部沟通的充分性和有效性，尤其是正式沟通，应建立完整的沟通制度。从组织层面看常见的有计划、会议、问题报告和阶段评审制度；从操作者角度看常见的有文书、记录和总结制度。

计划制度要求任务实施过程中的所有工作都按计划实施，所有活动都按方案组织。这包含两方面的内容：一是工作计划应覆盖所有工作；二是不允许计划外工作的开展。载人航天运输任务计划多种多样，有关进度的计划主要有：中长期任务计划、年度任务计划、任务指示、单次任务进度计划、单次任务重要活动计划、日工作计划等。

会议制度是保证载人航天运输参与各方进行有效协同和沟通的主要方式之一，会议一般包括三方面的内容：一是各相关单位汇报前期工作完成情况，以保证工作进展信息的透明性；二是协调解决跨系统、跨单位间的问题；三是部署后续工作。常见的会议形式包括：指挥部会、工作协调会、阶段评审会、班前班后会等。

问题报告处置制度要求在载人航天运输任务实施过程中发生的任何问题都要及时上报。属航天产品、地面设施设备以及技术操作类的质量问题必须进行归零或有不影响任务成功的明确结论；属保障协调类且明显不影响任务进程和质量的问题由主管部门协调相关单位解决。

阶段评审制度要求在每一阶段工作结束后、转入下一阶段工作前，按照职责权限划分由相应的质量管理部门依据阶段放行准则组织转阶段质量评审，确认前一阶段工作已经完成且质量符合要求，后一阶段工作准备就绪且不存在影响后续工作开展的问题。

质量记录制度是为保持载人航天运输任务过程中的工作具有可追溯性以及为数据统计分析工作提供完整信息而制定的，它要求所有重要和关键活动都必须有完整的事前准备、实施过程和结果的记录，记录方式可依据活动特点选择自动化电子数据、视频留样或手工填写等方式。

任务文书制度是为有效达成沟通意图、统一行动并为任务中各岗位提供适宜的培训而建立的，对任务过程所需文件进行系统规范管理的制度，包括任务文书覆盖所有工作内容和标准的要求。为保证任务文书的充分性和适宜性，任务文书制度对文件的评审和批准、分发与传递、更动和修订、作废和销毁以及如何确保使用处可获取等进行了明确。任务文书的种类繁多，可依据其用途划分为三类，即组织管理类、技术操作类和结果记录类；也可依据其适用对象分为工程组织、岗位人员、设施设备、任务软件、航天产品、工作环境、资源保障和结果记录等类别。

汇报确认制度是在技术操作活动实施之前，由系统指挥员组织各相关岗位召开班前会，各岗位汇报本岗位技术操作的内容和状态设置，系统指挥和相关岗位进行状态确认，以确保技术操作岗位人员已熟知操作内容和技术状态，并对相关任务文书内容的正确性进行最后的确认。技术操作活动结束后，由系统指挥员组织各相关岗位召开班后会，各岗位一起回顾刚刚结束的技术操作活动中是否有遗留问题以及操作过程中存在的问题及后续的纠正措施。

5.1.3.3　实时沟通

由于载人航天运输工作涉及多个系统、多个单位、多个岗位协同操作，一些关键协同操作差错可能会导致整个任务的失败或遭受巨大损失。因此，载人航天运输的组织指挥有着不同于其他任务的独特之处，即对于关键活动采用实时信息处理和共享＋实时调度指挥的模式。

实时信息处理和共享模式是通过计算机互联网将中心计算机、数据采集系统、指挥监控网络（如 C³I 系统）和站机（分系统数据处理机）连接在一起；各系统设施设备（包括航天产品）的工作状态和任务完成情况通过信息采集系统实时汇总到中心计算机；中心计算机实时处理汇总来的各类信息并按事前约定的内容和格式分发到指挥监控网络和站机；指挥监控网络和站机将来自中心计算机的信息传递给各指挥调度和实时监控终端；指挥调度和实时监控终端按照使用者的要求显示设施设备状态和任务完成情况信息，进而实现载人航天运输任务全系统内的实时信息共享。

实时调度指挥是在每个指挥岗位都设置调度终端并通过实时语音调度网络将它们连接在一起，整个系统构成垂直式的上下级指挥关系，并按照事先制定的协同指挥程序分步完成各项工作，通常前序工作未完成时不会开展后序工作。以下是实时调度指挥工作流程：

1）调度点名。上级指挥员按照预定时间通过语音调度终端呼叫下级指挥员，下级指挥员听到呼叫后按要求应答。

2）下达收集任务准备情况的口令。上级指挥员通过语音调度终端下达收集某项任务准备情况的口令，下级指挥员通过语音调度终端接受上级指挥员的命令，并按要求应答。

3）下达任务实施口令。上级指挥员确认实施某项任务的条件具备后，通过语音调度终端下达开始实施该任务的口令。

4）实施任务。下级指挥员通过语音调度终端接受上级指挥员的命令，按要求组织本系统或分系统、单机完成规定的任务，遇有异常和紧急情况及时通过实时调度语音终端向上级指挥报告。

5）下达收集任务完成情况的口令。当预定的任务结束时间到达时，上级指挥员通过语音调度终端下达收集该任务完成情况的口令，下级指挥员通过语音调度终端接受上级指挥员的命令，并按要求报告任务完成情况。

6）确认前序工作完成情况。上级指挥员依据收集到的任务完成情况确认前序工作已全部完成，后续工作可以开始时，重复执行步骤 2）、3）、4）、5）、6）直至预定的任务全部完成。

5.1.4 信息工程化

载人航天运输信息是指以文件、记录和数据等形式存在的信息统称，也包括以口头形式进行的沟通和交流。载人航天运输信息工程化是应用系统化、规范化和数量化等工程原则和方法对任务信息进行收集、传递、处理、使用和贮存的活动。

5.1.4.1 信息内容及特点

载人航天运输任务信息主要包括：

1）上级命令、指示和要求；

2）航天产品研制、生产和使用单位的要求；

3）任务策划输出的各类计划、方案、预案、规程等；

4）航天产品出厂测试数据和评审信息；

5）航天产品装配、测试、联合检查的数据；

6）测控通信联调、联试、演练的数据；

7）技术勤务保障方面的信息；

8）组织、计划、协调、指挥、控制产生的信息；

9）质量问题处置信息；

10）航天产品飞行过程的跟踪测量数据；

11）载人飞船在轨运行过程的跟踪测量数据；

12）载人飞船返回过程的跟踪测量数据；

13）任务数据分析报告；

14）任务总结报告。

载人航天运输信息具有来源和应用对象广、采集节点多和数据种类多等特征：

1）信息来源和应用对象广。参加载人航天运输的系统、组织和单位、人员和专业众多，他们既是信息的制造者又是信息的使用者。

2）数据采集节点多，地域分布广。在对航天产品进行装配、测试、发射、飞行和返回的跟踪、测量、控制过程中，数据采集节点数以千计，测发、测控、通信和技术勤务保障等设施设备分布区域达数百万平方千米甚至更广。

3）信息种类繁多，内容丰富。数据种类涉及照片、图像、声音、数据、文字；数据内容包括反映航天产品、航天员（乘员）和装配、测试、测量、控制、通信、技术勤务保障设施设备及推进剂状态的信息；显示航天产品飞行、控制过程和状态的信息；记录载人航天运输组织、计划、协调、控制和指挥决策等过程和结果的信息，等等。

5.1.4.2 信息需求

载人航天运输工程的可靠性和安全性，工程实施的系统性、科学性和高效性等，离不开准确、及时、完整和适用的信息支持。信息共享是载人航天运输提高内外部沟通效益、增强协同工作能力的最有效手段之一。载人航天运输常常事关国家、军队和行业的秘密，因此，信息需求在强调共享效用时，还必须满足保密性要求。

信息准确性有两层含义，一是信息内容是正确的，信息客观地反映了载人航天运输实施过程和结果的特性和面貌；二是信息传递是可靠的、稳定的，不发生信息在传递过程中失真。由于载人航天运输组织复杂，信息传递渠道庞杂且环节较多，受各种利益关系影响，不利信息在传递过程中会存在不断被加工处理的情况，因此，信息传递失真尤其要给予重视。

信息及时性有两层含义，一是信息的获取、加工、检索和传递要快，如果信息不能及时有效地提供给信息的使用人员就会失去或降低其使用价值，而且可能会给组织带来巨大损失；如对航天产品飞行过程的跟踪测量和控制，要求信息必须实时传递到指挥决策中心，否则一旦发生问题，将会产生灾难性后果。因此，信息需求分析须对所需各种信息进行分类，针对信息特点区分其时间要求。二是对那些事后不能追忆和不能再现的信息要及时记录，如航天产品不能再现的故障、航天产品飞行过程的测量数据等。

信息完整性是展现复杂事物本来特性和面貌的基本要求，提高信息完整性最直接的办法是尽量多地从不同角度收集信息，然后使用科学的信息融合技术来达到完整、真实地展现事物本质的目的。但是，在载人航天运输工程实践中，信息完整性与信息及时性往往相互矛盾，存在为获取更加完整信息需要牺牲及时性的情况，反之亦然。因此信息完整性常常是一个程度性问题，高层主管人员的重大决策大都是以不完全的信息为基础的，贻误了时机，再完整全面的信息也没有用。因此，在完整性与及时性之间几乎经常要做出折中。此外，信息推理技术也是补偿信息不确定、不完整性的有效手段。

信息适用性要求强调，不同的组织机构对信息的种类、范围、内容、详细程度、准确性和需要频率等方面的要求是不同的。如果向这些机构不加区分地提供信息，不仅会造成信息的大量冗余，从而增加信息处理工作的负担和费用，而且会增加信息误用风险。因此，信息适用性要求应根据信息实际需求对所获信息进行处理和提供。

信息共享性要求一般通过以下两种方式实现，一是通过传统的文件记录查询传阅、人与人的会话交流等方式实现信息共享；二是使用计算机网络技术，针对不同信息资源的特性构建一体化的信息集成系统，使授权用户能够通过客户端获取载人航天运输的各类信息。

信息的保密性要求合理划定信息的密级，有效控制知密范围。

5.1.4.3　信息获取与使用

载人航天运输信息开发与使用是依托各级各类组织机构和作业岗位，针对任务策划、实施、控制、总结等活动和过程产生的信息特点和信息使用者的要求，明确信息收集、传递、处理、使用和存储的程序、方法和要求。

（1）信息需求

在任务准备期间，各级各类组织机构应根据组织职责和任务特性，识别分析任务信息需求，完善信息获取措施和渠道，确定信息处理方法和数据判决准则，建立信息收集、传递、处理、分发、使用和存储链条。

（2）信息收集

各级各类组织机构按照业务分工，及时收集整理任务信息，主要包括：

1）任务准备阶段，通过日常汇报和检查评审，收集任务准备信息；

2）任务实施阶段，通过各级指挥部（所）例会、阶段质量评审、检查验证和确认、重大事件请示汇报和监视测量系统等方式，收集任务实施情况；

3）任务发射和返回、运载器和航天器加注、航天产品测试和联合检查、测控通信联调联试和合练等关键活动中，通过调度和实时信息网络收集过程和结果信息；

4）任务总结评估阶段，通过分析报告、总结报告等方式收集任务结果信息。

各专业和操作岗位依据岗位职责、规程规范、方案预案的要求及时收集整理任务实施过程中各类信息，主要包括：

1）人员、设备、文书、系统接口和重要活动；

　　2）航天产品装配测试和联合检查；

　　3）运载器和航天器加注；

　　4）测控通信联调联试；

　　5）航天产品飞行过程中的跟踪测量和实时控制。

　　（3）信息传递、处理和使用

　　信息传递、处理和使用须按信息需求、任务流程、工作制度和任务文书等的要求进行。

　　非实时信息的传递、处理和使用程序如下：

　　1）参加载人航天运输的各单位、各系统，通过日常汇报、日工作例会、指挥部（所）例会、检查评审活动等，及时将收集到的任务信息传递到组织指挥机构的依托单位和部门。

　　2）组织指挥机构的依托单位和部门及时处理获取的各类信息，根据相关制度和程序要求，通过信息共享和传递渠道及时传递到相关组织和个人，适时对外发布载人航天运输任务进展和结果信息，必要时，报相关领导审核。

　　3）组织指挥机构的依托单位和部门、各业务承办机关应及时组织落实相关领导的指示，并做好指示信息的转换，适时下达到各执行机构和单位。

　　4）各执行机构和单位在接到上级组织的通知后，及时将各项要求转化为本机构或单位的工作计划、方案预案、方法措施，并据此开展工作。

　　实时信息的传递、处理和使用通过载人航天运输任务计算机网络和数据处理机实现，组织指挥口令通过实时指挥调度网络实现，相关人员通过身份认证获取授权信息。

　　（4）信息存储

　　反映载人航天运输任务策划、实施、控制和总结工作的各类信息，包括任务文书、过程和结果记录、装配测试数据、测量和控制数据、航天产品的飞行数据等，应及时归档保存。存储依据信息类别、载体的不同形式分别采用适用的方式方法。

　　（5）信息保密管理

　　载人航天运输信息保密管理的重点是涉密人员、涉密载体和涉密场所的管理。

　　涉密人员管理典型措施主要有：

　　1）对涉密人员进行严格的政治审查和保密资格审查；

　　2）授权涉密人员的知密范围和等级；

　　3）明确涉密人员的保密责任，责令其签订保密责任书；

　　4）从严控制跨系统、跨专业、跨岗位涉密，确保知密范围受控；

　　5）开展保密法规制度和技能培训，定期进行保密清理和检查；

　　6）掌握重要涉密人员的思想意识，发现问题及时处理。

　　涉密载体管理典型措施主要有：

　　1）涉密载体须标定密级，由保密室建立清单，统一编号、登记、传递和销毁；

　　2）制作、使用、复制、传递和销毁涉密载体，须履行审批、登记和签字手续，并采取相应的保密措施；

3）涉密计算机、移动存储介质和计算机网络系统，须使用通过保密安全认证的产品；

4）非任务必需，便携式计算机不得存储涉密信息；

5）不得将涉密便携式计算机和移动存储介质带出试验和办公场所，确因工作需要携带外出时，应按照携密外出的有关规定办理审批手续；

6）涉密计算机、移动存储介质需要维修时，只允许送往通过保密安全认证的指定单位维修；

7）执行"严密防范网络泄密禁令"的要求，防范互联网上泄密；

8）任务数据由中心统一管理，相关单位需要查阅、调用或借阅时，填写"任务数据使用申请单"，经审批后办理相关借用手续。申请单位应指定专人负责任务数据的使用和管理，严格控制知密范围；

9）涉及载人航天运输的公开出版物须进行脱密处理，并经保密审查和批准。

涉密场所管理典型措施有：

1）执行警卫制度，重要安全场所设置围栏、门禁、视频监控等安全防范措施，实行区域证件管理，警卫值班员凭有效证件放行；

2）在数据处理室、保密室等核心涉密场所，建立人员值班制度，设置视频监控和入侵报警等技术安全防范装置；

3）涉密会议室和涉密活动区域，主办单位应制定保密方案，限制参加人员，控制知密范围；

4）涉密会议须在符合保密要求的场所进行，会前应对环境、场所和设备进行技术安全检查，并加强安全警戒；会议期间禁止使用手机、对讲机、无线电话和无线扩音设备，会议室需配备手机信号干扰仪并在会议期间有效工作；会议用涉密文件、资料，由保密员统一编号登记、分发和回收，确因工作需要保留文件资料的，应通过保密渠道传递。

5.1.4.4 信息管理系统

为有效提高信息利用的效益，满足载人航天运输任务组织指挥、协同工作、内外部沟通等方面对信息管理的要求，构建一体化的信息集成管理系统是载人航天运输数据中心的普遍做法。图5-4是某载人航天数据中心构建的一体化信息集成管理系统结构示意图。

图5-4中的指挥监控网络可以通过运载火箭、载人飞船和航天员系统的信息管理网络获取航天产品装配、测试、对接和联合检查等工作的信息和航天产品的测试数据；通过测控系统的信息管理网络获取光学、遥测、逃逸、安控、统一测控等测控设备的状态信息及其跟踪测量数据，测控系统开展的联试联调、合练演练和任务发射等过程的信息；通过通信系统的信息管理网络获取光纤、卫通、调度、IP网、时统（含T_0）等线电路和设备的状态信息、时统信息、调度语音信息等；通过发射场系统的信息管理网络获取发射场地面设施设备的状态信息，发射场系统提供的技术勤务保障信息；通过着陆场系统的信息管理网络获取着陆场地面设施设备的状态信息，着陆场系统提供的搜索救生信息。通过气象系统和其

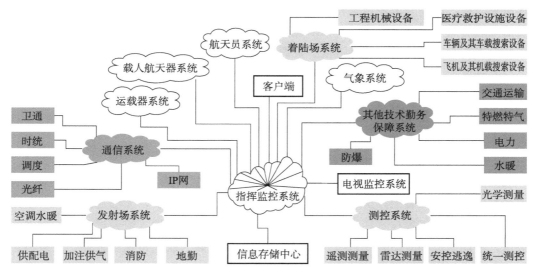

图 5-4　载人航天运输一体化信息集成管理系统结构示意图

他保障系统的信息管理网络获取诸如气象、特燃特气、水暖电和计量等勤务保障信息。

图 5-4 中的指挥监控网络将获取的各类信息依据信息类别和使用者的要求进行重构和处理，通过计算机网络传递到各显示控制终端和各系统的信息管理网络。同时，指挥监控网络也可将授权用户通过显示控制终端发出的指挥控制命令传递到对应系统的信息管理网络，由对应系统做出响应。授权用户可通过显示终端获取所需信息，也可通过显示控制终端发送各类指挥控制命令。

5.2　行动方案

与工程策划相比，行动方案是将工程策划的项目、内容和方法投射到具体的组织机构、工艺流程、时间进度和资源保障上，是保证工程策划得以实现的具体路径。

5.2.1　行动约束

载人航天运输每个工作均受安全、质量、进度、资源和成本等因素的制约，同时受其他相关活动和不确定性因素的影响。

（1）安全

"载人航天、人命关天"，航天员（乘员）的健康安全始终是载人航天运输工作的重心，必须动用一切手段和措施确保航天员（乘员）顺利抵达空间站，安全返回着陆场，任何行动方案都必须保证不会影响到航天员（乘员）的健康安全，不会降低载人航天运输的安全性指标。

（2）质量

载人航天运输耗资巨大并具有重要的政治意义，运载器一旦点火发射或航天器上天后出现质量问题，虽然有诸多预案和抢救措施，却很难使其恢复到期望状态，因此，载人航天运输对成功具有极端的渴望，而保质量就是保成功。在进度、资源和成本与质量发生冲突的情况下，行动方案必须坚持进度、资源和成本服从于质量。

（3）进度

每次载人航天运输都举世瞩目、举国关注，在规定的时间内完成预期的运输任务是载人航天运输的基本要求之一，推迟、延期或取消就会导致很大或不可挽回的损失，因此，载人航天运输的行动方案必然会受进度或工期的约束。

（4）资源

载人航天运输航天器、运载器系统复杂，通常是订制式研制，无法进行计划外调配；相关的基础设施（如装配厂房、测试发射工位等）建设周期较长，无法通过借调、租用等临时性措施解决；工程技术和指挥人员所需专业技能具有特殊性，须经过严格的培训和实战锻炼，不能通过临时招聘或组织外调配解决；因此，载人航天运输航天器、运载器、基础设施和人力等资源提供是载人航天运输进度的刚性约束。

（5）成本

载人航天运输需要在规定的时间内、预算的成本下完成预期的任务才算是真正的成功，才能保持工程运营的可持续性、业绩的成长性。事实上，载人航天运输所有的行动方案设计都必须在保证质量安全的前提下，在进度（工期）、资源和成本之间寻求平衡，以期获得最优的结果。

（6）其他相关活动

载人航天运输与其他类型的航天运输活动并行交叉执行已成为常态，一方面，多个航天运输任务争夺资源的现象时有发生，在资源有限的情况下，好的载人航天运输行动方案需要在单项任务与多项任务之间寻求均衡；另一方面，多个航天运输任务之间存在相互影响的情况，如对空间站的货物补充运输可直接影响载人航天运输是否能按时启运，在其他航天运输任务中发生的质量问题通常会举一反三到载人航天运输任务中。

（7）不确定性

载人航天运输实施过程中，经常会遇到各种突发事件，如航天产品在发射场可能会出现质量问题，导致临时增加工作项目；再如，气象条件不满足规定的要求，导致载人飞船转运或者船箭组合体转运不能按计划实施。好的载人航天运输行动方案会尽可能地收集类似和相关任务的信息，通过信息融合来尽量消除不确定性因素的影响。

5.2.2　方案编制

载人航天运输行动方案编制是以工程策划的结果为输入，在行动约束条件下，使用专家判断、工作模板、资料统计、类比估算法、三时估计法等方法，借用单代号网络图、双代号网络图和计划网络图样板等工具，综合考虑工作量和工作效率、意外事件、技术难度和工艺要求、工作条件、资源供给等情况，分别编制总体行动方案，阶段和专项行动方案，系统行动方案和周、日行动方案等。

（1）总体行动方案

总体行动方案是载人航天运输任务的基准方案，一般以航天产品进入发射场为起始点，以航天员（乘员）返回指定地点为终结点。编制流程如图 5-5 所示。

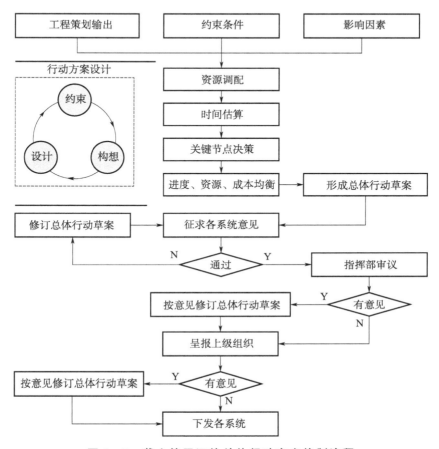

图 5-5　载人航天运输总体行动方案编制流程

总体行动方案由载人航天运输工程生命周期不同阶段的牵头部门或单位协同各系统一起编制，编制工作依据工程策划和设计的输出，在约束条件限制下，综合考虑各影响因素，统筹可用资源，评估持续时间，平衡进度、资源和成本，设计出最优的总体行动草案。

总体行动草案完成后，牵头部门或单位须广泛征求参加载人航天运输的各系统意见，在达成一致意见后提交指挥部审议、报上级组织批准。批准后的总体行动方案（草案通过批准后即为正式方案）须下发至参加载人航天运输的各系统。

参加载人航天运输的各系统可在征求意见期间对总体行动方案提出异议，经各方确认后由牵头部门或单位协同各系统一起实施更改。指挥部和上级组织就项目总体进度计划提出的意见，由牵头部门或单位协同各系统一起按照意见内容对总体行动方案进行更改。

（2）阶段和专项行动方案

阶段行动方案是针对载人航天运输生命周期的不同阶段或任务实施过程中针对任务进

展情况和后续约束条件，对一段时间内的工作做出的较为详细的安排。如在运载器加注推进剂前，通常会召开发射场区指挥部会议，审议前期工作和后续工作进度计划，这里的后续工作进度计划就属于阶段行动方案。当出现重大质量问题需要进行故障归零处理时，往往需要对载人航天运输总体行动方案进行适当调整，此时也会制定阶段行动方案。

专项行动方案是在载人航天运输任务实施过程中，为保证某项重要工作（如航天器加注、船箭组合体转运等）的顺利实施，使参加载人航天运输任务的各方更好地协同工作，通常会针对该重点工作的特点制定专项行动方案。

阶段和专项行动方案是总体行动方案的细化和补充，其编制流程与总体行动方案相似。

（3）系统行动方案

参加载人航天运输任务的各系统应根据总体行动方案的安排，细化本系统的行动方案，协调与外系统的接口关系，合理调配本系统的内部资源，编制本系统的行动方案，编制流程如图 5-6 所示。

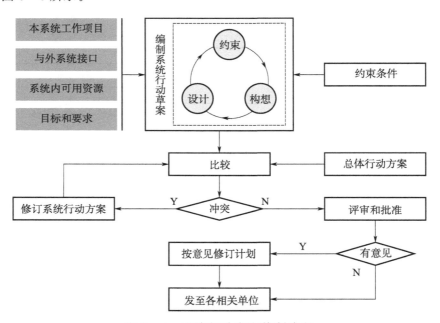

图 5-6　系统行动方案编制流程

各系统的行动方案须与载人航天运输总体行动方案相匹配，工作项目和完成时限可在系统内部适当调整，但在关键节点处必须与总体行动方案在时间上取齐。

中国载人航天运输任务各系统需要在以下关键节点处与总体行动方案取齐：

1）航天员系统：装船产品交付，全系统合练，进入临射检查程序，载人飞船返回启航，载人飞船着陆。

2）有效载荷系统：装船产品交付，全系统合练，进入临射检查程序，载人飞船返回启航，载人飞船着陆。

3）载人飞船系统：载人飞船加注，载人飞船扣整流罩，船箭塔对接，船箭组合体垂直转运，全系统合练，进入临射检查程序，航天员返回启航，载人飞船着陆。

4）运载火箭系统：飞船扣整流罩，船箭塔对接，船箭组合体垂直转运，全系统合练，运载火箭加注，进入临射检查程序，航天员返回启航，载人飞船着陆。

5）发射场系统：航天产品进场，航天产品首次加电测试，运载火箭总检查，载人飞船加注，载人飞船扣整流罩，船箭塔对接，船箭组合体垂直转运，全系统合练，运载火箭加注，进入临射检查程序，航天员返回启航，载人飞船着陆。

6）测控通信系统：天地对接，全系统合练，全区合练，进入临射检查程序，航天员返回启航，载人飞船着陆。

（4）周工作计划

周工作计划是由牵头机构根据任务总体行动方案、各系统行动方案、阶段和专项行动方案以及任务当前状态，商各系统制定。其特点是更加符合当前工作实际，具有较强的可操作性，图 5-7 是周工作计划示意图。

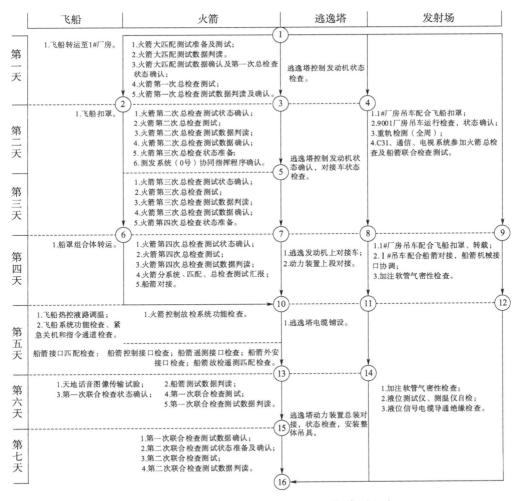

图 5-7　某次载人航天发射任务周工作计划示意图

（5）日工作计划

牵头机构每天汇总各系统次日需开展的工作，综合考虑载人航天运输资源提供、总体进度、各系统工作关系、技术勤务保障能力、电磁环境兼容情况和气象条件等影响因素，编制第二天的日工作计划，详细规定参加载人航天运输任务各系统第二天的工作项目、时间、地点、组织单位、参加人员、保障条件和会议安排等，并在日工作协调会上审议确定，发相关各系统执行。表 5-1 是日工作计划。

表 5-1　日工作计划（示意）

编制日期	—	遂行任务	—
—1 系统：……			
—2 系统：……			
—3 系统：……			
—4 系统： 1. 大匹配 I 测试状态准备及确认(10：00，1#厂房 7 层状态确认室确认状态)(责任人：×××)； 2. 大匹配 I 测试、数据判读(10：30，调度点名、口令合练、进入程序)(责任人：×××)； 3. 大匹配 I 测试数据确认及第一次总检查状态确认(15：30，1#厂房 7 层状态确认室确认)(责任人：×××)； 4. 第一次总检查测试及数据判读(16：00，调度点名、口令合练、进入程序)(责任人：×××)； 5. 逃逸塔安全机构测试(9：30，9007 厂房确认测试状态，测发协调小组有关人员参加)(状态确认责任人：×××，测试责任人：×××)。			
—5 系统： 1. 发射场转运重轨检测(责任人：×××)； 2. 加注库房燃料倒罐(两辆消防车、两辆救护车 8：00 分别在库房就位)(氧化剂库房：×××，燃烧剂库房：×××)； 3. 加注软管气检(责任人：×××)； 4. 压缩空气生产、液氮气化(责任人：×××)。			
—6 系统：……			
会议安排： 1. 质量评审会(9：00，××大会议室，对火箭××质量问题归零情况进行评审)； 2. 通信系统协调会(8：40 在技术部四楼会议室，测控通信技术协调组组织，技术部、发射测试站、指控控制站、雷达测量站和通信总站参加)。			
值班领导	—	值班干部	—

5.2.3　主要方法

载人航天行动方案编制主要方法有关键路径法、计划评审技术、快速跟进技术、图形评审技术和资源平衡技术等。

（1）关键路径法（CPM）

关键路径法是在每项工作的逻辑关系和持续时间都是明确的、肯定的情况下，根据确定的逻辑顺序关系和单项工作的持续时间估算，计算出各工作的最早和最迟开始时间、结束时间；通过最早和最迟时间的时差，分析每项工作相对的时间紧迫程度及工作的重要程度，时差为零的工作通常称为关键工作；在行动方案的进度网络图中，由相互连接的关键工作所构成的线路称之为关键路径。关键路径法的主要目的就是确定方案中的关键工作和关键路径，保证方案实施过程中能抓住主要矛盾，确保任务按期完成。

（2）计划评审技术（PERT）

当工作的逻辑关系确定而部分或全部工作的持续时间不能确定，且需要对整个任务进行时间参数估算并对按期完成的可能性做出评价时，通常会使用计划评审技术来达成上述目的。

计划评审技术是关键路径法的延伸，它将工作或活动持续时间视作随机变量，适用于不可预知因素较多、从未做过的新项目和复杂项目。计划评审技术利用网络逻辑顺序关系和加权持续时间估算来计算工作持续时间，需要估计每项工作的三个时间，即乐观时间（O_t）、最可能时间（M_t）、悲观时间（P_t），则

工作时间的期望值

$$E_t = (O_t + 4M_t + P_t)/6$$

工作时间的标准差

$$\sigma = (P_t - O_t)/6$$

根据正态分布，预计工作或活动持续时间为 E_t 的概率是 50%，落在范围 $[E_t - \sigma, E_t + \sigma]$ 内的概率是 68.26%，落在范围 $[E_t - 2\sigma, E_t + 2\sigma]$ 内的概率是 95.4%，落在范围 $[E_t - 3\sigma, E_t + 3\sigma]$ 内的概率是 99.73%。

（3）快速跟进技术

快速跟进是指在特殊情况下，如应急救援发射，为满足及时性要求或其他时间计划目标而采取的非常规措施，主要有赶工和强制并行等。

赶工技术的本质是通过增加一定的费用来换取进度的适度缩短，因此这种技术也被称为费用交换技术。中国载人航天运输工程一般是通过牺牲休息时间、加大人力物力投入来消除因意外事件发生而耽搁的进度或对紧急情况做出及时响应。

强制并行是将正常情况下按先后顺序实施的多项工作改为并行进行，这种方法因在前导工作还没有完全结束之前就过早开始某些活动而常常增加风险。

（4）图形评审技术（GERT）

图形评审技术又称决策网络技术或图示评审技术，是可以对逻辑关系进行条件和概率处理的一种网络分析技术。与关键路径法相比，允许在网络逻辑和工作延续时间方面存在一定的概率陈述，即除了工作延续时间的不确定性外，还允许工作存在概率分支，某些工作可能完全不被执行，某些工作可能仅执行其中的一部分，而另一些工作可能被重复执行多次。GERT 多用于使用计算机仿真技术来模拟项目的执行情况。

（5）资源平衡技术

关键路径法得到的初步进度计划通常是一个最早开始的进度计划，这种计划在某些时间段要求使用的资源可能超过实际可利用的资源，需要通过资源平衡技术对其进一步优化。

资源平衡的常用方法之一是将资源从非关键工作分配到关键工作，这种方法包括两类：一类称为有限资源的合理分配，在资源限定的情况下如何寻求工期最短的实施方案；另一类称为资源的均衡利用，在工期限定的情况下如何合理地利用资源，以保证资源需求

的均衡。资源平衡的常用方法之二是根据不同的资源日历，利用延长工作时间或关键资源多班次工作，以及采用高新技术或更好的生产工具提高资源利用率来缩短项目关键路径。

资源平衡的结果经常是项目的预计持续时间比关键路径法编制的进度计划时间要长，但使用这种方法编制的项目进度计划常常更实用。载人航天发射项目进度计划编制常常将资源平衡技术与关键路径法配套使用。

（6）工程规划软件

工程规划软件被广泛用来辅助行动方案编制，自动进行正向与反向关键路径分析、智能调度和资源平衡的数学计算，能够迅速地制定多种行动方案。

工程规划软件一般都包含作用不同的智能调度、时间管理和资源平衡等功能，例如，当工作项目、项目所需时间和项目间约束关系、可用资源等确定后，将其录入系统，系统可以自动生成最优的调度方案；当一项工作正在进行中或已经完成时，可将当前信息输入系统，系统便可自动更新进度；如果未来工作的预计工期发生了变更，系统会自动根据预计工期的变更来更新工作计划；同时，生成的全部网络图，表格和报告均会被更新，以反映最新信息。

工程规划软件可以快速地编制出多个可供选择的行动方案，并由决策者选定一个满意的方案来指导项目的实施。

5.2.4 输出形式

载人航天运输行动方案编制的输出通常包括为满足任务实施要求的年度工作计划，总体、系统和专项任务行动方案，月、周和日工作计划，其表现形式有横道图、里程碑图、计划网络图、工作计划表和文档等。

（1）横道图

横道图又称甘特图或条形图，是一个二维平面图，图形的左边列出任务或工作项目，右边以横道线代表工期或持续时间，上面是时间单位，横道线的左边是开始日期，右边是结束日期。

横道图直观、简单、容易制作、便于理解，在载人航天运输工程实践中得到广泛应用，特别是一个单位的年度任务计划常用横道图表示，图 5-8 是一段时间内航天任务计划的横道图。

横道图不能系统地表达任务所包含的各项工作之间的复杂关系，难以进行定量的计算和分析，难以进行方案优化，从而严重制约了横道图的进一步应用。

（2）里程碑图

里程碑与横道图类似，主要列出任务的关键节点和主要事件的完成时间。它显示了任务为达到最终目标而必须经过的条件或状态序列，描述任务在每一阶段应达到的状态，而不是如何达到。里程碑图在绘制时从任务的最后一个里程碑即任务的最终成果反向进行，图 5-9 为某载人航天运输（测试发射阶段）里程碑。

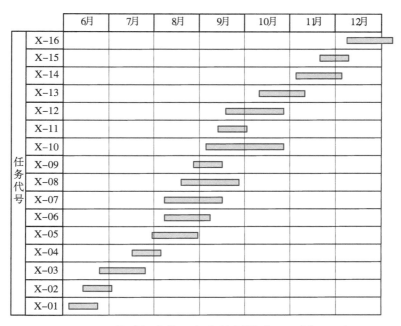

图 5-8　一段时间内航天任务计划横道图示例（示意）

第×天 事件	0	22	38	45	51	54	58	61	62
飞船进场	▲								
火箭进场		▲							
飞船总装、电测及转运准备结束			▲						
飞船完成加注充气				▲					
飞船扣罩转运准备、火箭技术区总装测试结束					▲				
船箭对接和垂直转运结束						▲			
船箭发射区功能检查、匹配检查结束							▲		
火箭加注完成								▲	
点火发射									▲

图 5-9　某载人航天运输项目进度里程碑（示意）

（3）计划网络图

载人航天发射任务计划网络图习惯上用图解形式表示任务中各工作项的持续时间、工作项实施时对应的日历时间和工作项之间的逻辑关系。计划网络图具有以下明显特点：

1）能全面清楚地显示各工作项之间的逻辑关系和制约关系；

2）通过时间参数计算，可找出决定项目进度的关键工作和关键路径，确定非关键工作的机动时间，便于项目组织者掌握项目工作范围，熟知项目时间分配，方便项目进度控制。

图 5-10 是某次载人航天运输任务组织计划网络示意图的截图。图中每条箭线表示一项工作，工作消耗的时间写在箭线的上方，通常是以天为单位，在特殊时间段以小时、分钟为单位表示。箭尾节点表示工作的开始时间、箭头节点表示工作的结束时间，节点编号一般是在网络图确定后，由左向右按顺序编号。

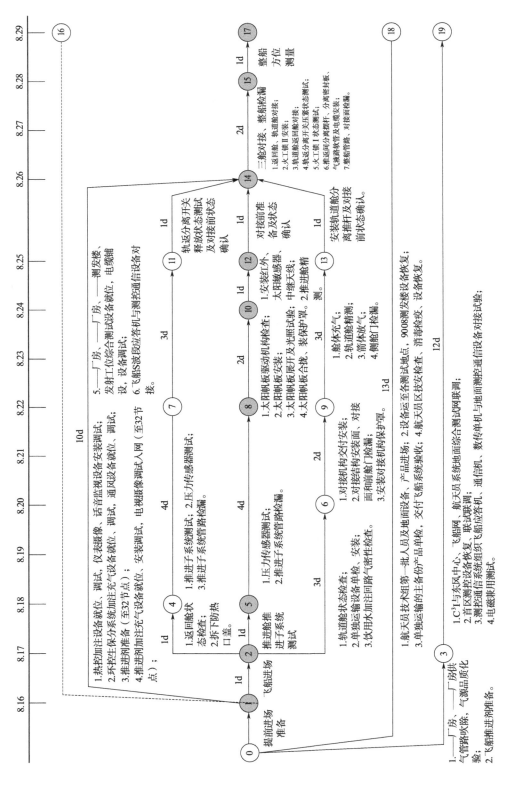

图 5 - 10 某次载人航天运输任务组织计划网络示意图载图

（4）进度计划表

进度计划表是以表格的形式明确一定时期内的工作进度安排，表 5-2 是进度计划表简要示意。

表 5-2　某系统检修时间计划示例

时间	检修内容	备注
12 月 21 日	学习检修检测规范、组织召开思想动员会	
12 月 22 日	工作环境治理、检修检测工具准备、贮罐外观检查	
12 月 23 日	贮罐安全阀标校及功能检查	Y 安全阀更新不检修
12 月 24—25 日	气动球阀功能检查及气缸拆检维护	
12 月 26—27 日	贮罐取样器功能检查	
12 月 28—30 日	罐间管线法兰螺栓紧固（含管廊内管线）	

5.3　任务保证

载人航天运输任务保证是按照行动方案，通过充分适宜的资源供给、科学高效的组织指挥、正确无误的技术操作来达成预期的结果。

5.3.1　资源供给

资源供给是保证载人航天运输按行动方案顺利实施的基本前提。载人航天运输资源保障部门应在任务准备阶段，对任务所需资源进行推演、确定和储备，包括基础设施、物资器材、人员、工作环境、监视和测量设备等。在任务实施阶段，科学调配各方、各类资源，保证资源供给稳定地、持续地满足任务需求，避免出现任务资源告急现象。

（1）基础设施

基础设施主要包括设施设备、计算机软件和任务区域等。

基于任务特点和性质，通过汇集各方对任务资源的需求，按照任务流程、规模和任务剖面推演，在考虑正常和异常两种状态，过去、现在和将来三种时态情况下，确定所需基础设施，对已有设施设备进行检测检修，对不满足要求设施设备进行新建、改造，对计算机软件进行开发、修改、测试、评审和出库，对任务区域进行标定和管控等。

涉及安全防护用的设施设备必须经过法定验收、使用前检定或周期检定后才能投入使用。

（2）能源和物资器材

能源和物资器材主要包括电力、推进剂、气源、油料、水暖、防护用具和其他任务消耗性资源。

基于任务行动方案，通过任务分析，建立能源和物资器材需求配置清单，规划能源和物资器材供给方式、时机和地点等，按照任务需求采用采购、生产、调配等方式将任务所需能源和物资器材及时供给到指定位置。涉及人员安全的防护用具，必须经过法定检验确认满足要求后才能提供使用。

（3）工作环境和生态环境

适宜的工作环境通常是人为因素与物理因素的结合，如心理因素（包括预防过度疲劳、稳定情绪、缓解心理压力等），物理因素（包括温度、湿度、洁净度、照明、空气流通、噪声等）。工作环境保证须基于航天产品装配测试、发射飞行，设施设备正常运行和异常情况，工作特性和工作人员生理心理等方面对工作环境的要求，识别、确定并提供满足规定条件要求的工作环境。

生态环境是指载人航天运输任务所涉及的自然和社会环境。生态环境保证包括两方面内容，一方面是载人航天运输任务必须保证不会对本地和周边自然环境造成损害或损害处于可接受状态；另一方面是载人航天运输任务必须保证对本地和周边居民健康和生活造成的影响控制在法律法规所允许的范围内。

（4）人员

人员能力素质通常表现为教育、培训、技能、经历和经验等。

基于任务和岗位对人员数量和能力素质的要求，确定并提供为完成规定任务所需数量的可胜任的人员，包括所要求的资格。

对于任务中的关键和重要岗位人员须经过相关培训并取得相应资质或通过岗前考核持证上岗。

（5）监视和测量装置

须根据任务需要，在关键和重点部位、场所设置监视和告警系统，以及时发现并处置异常和紧急情况。

应根据任务对测量及其精度的现实需求确定、提供并维护所需的测量装置。测量装置需要对照国际、国家或行业标准的测量标准，按规定的周期或在使用前校准检定。用于测量的计算机软件在首次使用前必须经过验证和确认合格。

5.3.2 组织指挥

组织指挥是载人航天运输任务保证的基本手段，在载人航天运输实施阶段，其基本任务是按照行动方案：

1）统筹资源配置；

2）协调各系统按照方案统一行动；

3）落实相关规范要求，保证工作质量；

4）针对发生的计划外情况，适时调整任务方案；

5）检查、监督和控制任务进度、节奏，及时纠正偏差，确保任务按计划有序推进。

5.3.2.1 任务监测

载人航天运输任务监测的目的是及时掌握任务进展情况，以便适时采取措施，避免负面偏差累计。载人航天运输任务监测方法主要有日常观测、定期观测、工作例会和检查评审等。

（1）日常观测

日常观测是持续观测载人航天运输行动方案中已完成的和正在实施的每项工作的实际开始时间、实际完成时间、实际持续时间和目前状况等，并加以记录的方法。观察的方法有实际进度前锋线法、图上记录法、横道图比较法和报告表法等。

实际进度前锋线是在时间坐标网络图中，将某一时刻正在进行的各项工作的前锋连接起来，以此连线来标注任务的实际进度，简称为前锋线。如图 5-11 中的短画线表明，运载火箭技术区装配测试进展到第 8 天时，逃逸塔准备工作超前 1 天，气密性检查拖后 1 天，单元测试工作与方案一致。

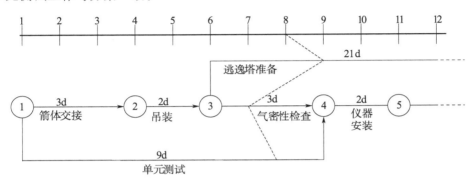

图 5-11　实际进度前锋线示意图

图上记录法是指当采用非时标网络计划时，直接在图上用文字或符号记录项目当前工作进度。如图 5-12 所示，飞船三舱装配测试进展到第 8 天，工作 1—2、2—3、2—4、2—5、3—6 已经完成，工作 1—9 比计划滞后 1 天。若进度计划是横道图，可在图中用不同的线条分别表示实际进度和计划进度。在任务完成时，可绘制实际进度网络图，记录各工作实际开始和完成时间，并将任务实施中出现的问题、影响因素在图中反映出来。实际进度网络图可明显表达实际与计划不相符的情况，有助于总结经验教训和积累资料。

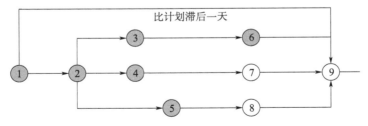

图 5-12　图上记录法（飞船装配测试进行到第 8 天）示意图

横道图比较法是将通过观测和检查搜集到的信息，经整理后直接用不同颜色或粗细的横道线与原计划的横道线标在一起，进行直观比较的方法。图 5-13 所示是某飞船装配测试进行到第 8 天时实际进度与计划进度的比较。

图中，细线表示计划进度，粗线表示实际进度。在第 8 天末检查时，飞船进场已按计

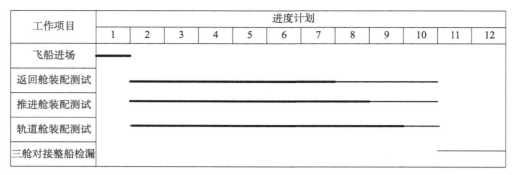

图 5-13　横道图比较法示例图

划完成，返回舱装配测试工作比进度计划拖后 1 天，推进舱装配测试工作与计划一致，轨道舱装配测试工作比进度计划提前 1 天，三舱对接整船检漏工作尚未开始。

报告表法是将实际进度状况反映在表格上，报告表的内容可以包括任务实施概况、管理概况、进度概要、任务实际进度及其说明、资源供应进度等。表 5-3 是进度计划执行情况报告样表。

表 5-3　进度计划执行情况报告表（示意）

工作编号	工作名称	工作情况	计划			实际			估计		总时差	
			工作持续时间	最早开始时间	最早完成时间	实际持续时间	实际开始时间	实际完成时间	持续时间	完成时间	原有	剩余
1												
2												
3												

（2）定期观测

定期观测是指每隔一定时间对任务执行情况进行一次较为全面、系统的观测和检查。定期观测的时间间隔因航天运输任务的不同阶段、各系统的不同特点和对进度计划执行程度的要求不同而异。

定期观测通过检查关键工作的进度和关键线路的变化情况，可以及时采取措施调整任务计划和保证任务按期完成。定期观测通过检查非关键工作的进度，可以更好地挖掘潜力，调整和优化资源配置，保证关键工作按计划实施。

（3）工作例会

定期召开例会能使项目进展情况得到及时、有效的沟通，方便资源配置和进度计划的落实。

任务准备阶段，发射场每周召开周工作例会，检查进度落实情况、交换内外部信息、协调解决问题。

任务实施阶段，通过每天的测试发射协调工作会议、每周的工作例会、"两总"碰头会、专题工作会等，交换工作进度、产品质量、任务风险、资源供给、环境条件保障等方面的信息，检查工作落实情况，协调解决相关问题；通过定期和不定期的任务指挥部工作会议，决策重大问题。

任务总结阶段，通过召开总结交流会议，总结经验、查找不足、持续改进。

（4）检查评审

检查评审是对阶段工作结果的认可，也是监测任务计划执行情况的有效手段。如任务准备情况的检查评审、飞船转运前的检查评审、飞船加注前的检查评审、运载火箭总检查结束后的检查评审、垂直转运前的全系统检查评审、火箭加注前的全系统质量评审等，均会对相关系统任务进展偏离计划的情况做出分析和评价。

5.3.2.2　任务分析与评价

在载人航天运输任务实施过程中，受各种不确定性因素影响，有些工作会提前或延期完成，进而对任务的未完成部分产生影响。并非所有未按计划完成的情况都会对任务产生不利影响，需要针对具体情况进行比较分析，以此作为任务纠偏和计划变更的依据。

当通过任务监测发现载人航天运输任务实际完成工作与计划相比出现偏差时，应进一步分析该偏差对后续工作的影响，尤其应分析是否会对载人航天运输任务关键节点处的时间、发射窗口和返回时间造成影响。

载人航天运输任务分析与评价可按以下步骤进行：

1）分析产生进度偏差的工作是否为关键工作。若出现偏差的工作是关键工作，则无论其偏差大小，对载人航天运输任务关键节点时间、发射窗口或返回时间都会产生影响，应使用历史信息和当前状态对后续工作进行预测，进一步确定偏差导致的不利影响程度。载人航天运输通常具有很强的可比性，历史经验对后续工作有很强的指导性，组织通过以往任务实施情况的对比分析，可以对偏差发展的趋势进行较为准确的预测。若出现偏差的工作为非关键工作，则须根据偏差值与总时差和自由时差的大小关系，进一步确定其对关键节点时间、发射窗口或返回时间的影响。

2）分析任务偏差是否大于总时差。如果工作进度偏差大于总时差，则必将影响关键节点时间、发射窗口或返回时间，应采取相应的纠偏措施；如果工作进度偏差小于或等于该工作的总时差，表明对关键节点时间、发射窗口或返回时间无影响，其对后续工作的影响，需要将进度偏差与自由时差相比较才能做出进一步的判断。

3）分析任务偏差是否大于自由时差。如果工作进度偏差大于该工作的自由时差，则会对某一关键节点产生影响，需进行适当的计划调整或采取纠偏措施；如果工作进度偏差小于或等于该工作的自由时差，通常不会对关键节点处的时间造成影响，应依据偏差发展的趋势，决定是否需要采取措施。

5.3.2.3　任务纠偏

当载人航天运输任务偏差影响到后续的关键节点时间甚至是发射窗口或返回时间时，必须采取措施纠正其产生的偏差，保证关键节点时间处于可接受范围，同时确保不会因任务偏差影响到发射窗口或返回时间。载人航天运输任务纠偏常用方法有动态控制、系统控制、循环控制、弹性调整等。

（1）动态控制

载人航天运输任务在具体实施过程中可能会因各种因素的干扰和影响而出现实际完成情况与行动方案发生偏差的情况，动态控制是针对任务实际完成情况与行动方案之间的偏差，及时采取诸如加大资源投入、延长工作时间、提早启动后续工作等措施，动态地使任务进展回归到行动方案上来。动态控制适用于实际偏差不大的情况，纠偏措施所涉及的范围一般限于某个分系统或系统，是载人航天运输任务纠偏措施中最常用的技术和手段。

（2）系统控制

载人航天运输任务在具体实施过程中可能会因某一分系统或系统出现质量问题，也可能会因某分系统或系统开展后续工作条件不具备，进而导致某系统无法按计划实施后续工作，实际完成情况明显滞后于行动方案。由于载人航天运输任务行动方案要求各系统在关键节点处的工作进度须取齐，因此，为了保证某一系统不会在关键节点处拖任务进度的"后腿"，在制定纠偏措施时，通常会需要多个系统的协同和配合，此类纠偏方法称为"系统控制"。系统控制方法适用于任务纠偏措施需要两个或两个以上系统协同完成的情况。

（3）循环控制

载人航天运输任务从行动方案编制到方案执行、实施情况检查，再到任务纠偏和必要时的行动方案变更，构成了策划（Plan）、实施（Do）、检查（Check）和改进（Act）的闭环过程，这个闭环过程不断地重复执行直到载人航天运输任务结束，任务纠偏正是这个PDCA环中的一环。

（4）弹性调整

载人航天运输受多种不确定性因素的影响，行动方案不可能穷尽所有情况，因此，在编制载人航天运输行动方案时通常会留有一定的富余时间，以使行动方案本身具有一定的弹性和适应变化的能力。所以，当载人航天运输任务的实际进度与行动方案发生偏差时，可以利用行动方案中的富余时间来适应变化了的情况而不必做出纠偏或修改行动方案的决定。由于载人航天运输任务系统复杂、规模较大、不确定性因素众多，除非情况特殊，应尽可能不占用行动方案中的富余时间，尤其是在任务实施的前中期，要想尽办法消除任务实际执行中的负面偏差。

5.3.2.4　行动方案变更

根据偏差分析的结果，当偏差影响到载人航天运输关键节点时间甚至影响到发射窗口或返回时间时，而且通过纠偏措施又不能将实际偏差拉回到行动方案上来时，需要对行动方案进行变更。

（1）导致变更的因素

导致载人航天运输行动方案变更的因素较多，主要因素包括：航天产品或地面设施设备发生质量问题、其他航天产品发生的需在本任务中进行举一反三的问题、气象条件不满足要求、不满足最低发射或返回条件、国际国内政治需要等。

航天产品出现质量问题是载人航天运输行动方案变更常见情况。载人航天运输要求进度服从质量，在出现质量问题时须按照"双五条"归零标准进行归零后或有明确的不影响成功的结论时，发射才能实施。航天产品质量问题归零有时所需时间较长，当归零时间超出行动方案允许的时间时就需要变更方案。如"神舟二号"飞船发射任务中因"活动发射平台误启动事故"造成任务计划推迟 5 天，"神舟三号"飞船发射任务中因"飞船穿舱电缆插头存在批次质量问题"造成任务计划推迟近 3 个月。"神舟十二号"因"天舟二号"发射推迟 9 天而被迫推迟发射时间。

其他航天产品发生的需在本次任务中进行举一反三的问题，在载人航天运输实施中也较为常见。由于航天产品质量归零严格执行"双五条"标准，其他型号产品发生质量问题时，需要在所有正在执行的航天发射任务中开展举一反三工作，一旦问题不能及时剥离，则可能导致载人航天运输行动方案发生变更。如 2011 年 10 月 22 日，"神舟八号"飞船在发射场即将完成技术区的工作时，从北京传来"神舟九号"飞船在进行热试验时 CTU（计算机核心单元）出现故障，影响遥测数据下传。依据质量控制原则，"神舟八号"发射任务指挥部及时调整行动方案，针对该类故障开展可靠性试验与评估，制定了相应的应急预案，保证了"神舟八号"按计划点火发射成功。

气象条件不满足要求引起的行动方案变更常常发生在航天产品转运、加注、发射和返回等须露天作业的关键时段，因上述时段对气象条件要求较高，尤其是风速、雷雨等气象要素对载人航天运输任务影响很大，当气象不能满足相关活动要求时就需要变更行动方案。如某次载人航天飞行任务中，就因为气象原因 4 次调整了飞船转运和船箭组合体转运的计划。

由于载人航天运输涉及首区、航区、着陆场的测发、测控、通信和指控中心等，在任务组织实施过程中，如果被列入最低发射或返回条件的设施设备发生故障就须及时调整行动方案。由于载人航天运输任务政治意义重大，举国关注、举世瞩目，因此行动方案的安排和调整必须考虑政治因素。

（2）变更方法

载人航天运输行动方案变更方法主要包括关键工作调整、改变某些工作的逻辑关系、重新编制方案、非关键工作调整、增减工作项目和资源调整等。

①关键工作调整

关键工作调整是行动方案变更的重点。关键工作通常无机动时间，其中任何一项工作持续时间的缩短或延长都会对任务窗口或返回时间产生影响。当关键工作的实际完成时间较计划进度提前时，在不要求改变发射或返回窗口的前提下，可利用该机会适当降低资源强度，延长后续关键工作中资源消耗量大或直接费用高的工作持续时间，延长的时间以已完成的关键工作的提前量为限；若考虑将发射或返回窗口提前时，应针对行动方案中未完成工作制定一个新的行动方案，并按新的行动方案执行，保证新的关键工作按新制定的方案完成。当关键工作的实际完成时间较计划进度落后时，调整的目标就是采取措施将耽误的时间补回来，在原计划的基础上，采取措施缩短后续关键工作的持续时间。

②改变某些工作的逻辑关系

改变某些工作的逻辑关系是，当载人航天运输的实际进度偏差影响到了发射或返回窗口时，在工作之间的逻辑关系可以改变的条件下，通过改变关键路径和超过发射或返回窗口时间的非关键路径上的有关工作的逻辑关系，达到不改变发射或返回窗口时间的目的。如将依次进行的工作变为平行或互相搭接的关系，这种调整应以不影响原定发射或返回窗口时间、其他工作之间的顺序等为前提，调整的结果不能形成对原方案的否定。

③重新编制方案

重新编制方案，是当采用关键工作调整和改变某些工作的逻辑关系仍不足以达成预期结果时，应根据发射或返回窗口要求，将剩余工作重新编制行动方案，使其满足发射或返回窗口的时间要求。例如，某发射场工程建设改造项目在实施过程中，由于采购产品质量存在问题，出厂验收评审未通过致使进度耽误半个月，为保证该项目在计划的时间内完成，重新编制了行动方案并按其组织实施，保证了该项目按期投入使用。

④非关键工作调整

非关键工作调整，是当载人航天运输行动方案中的非关键路径上某些工作的持续时间延长超出总时差范围时，必然会影响发射或返回窗口，此时非关键路径就会变为关键路径，相应的行动方案调整按关键路径的调整方法进行。当非关键路径上某些工作的持续时间延长，但不超过其总时差范围时，不会对发射窗口时间造成影响，行动方案可不调整。为了更充分地利用资源，保证关键路径上的资源投入，必要时可对非关键工作的时差在总时差范围内做出适当调整，每次调整均需进行时间参数计算，以观察每次调整对行动方案的影响。

⑤增减工作项目

增加工作项目是对原遗漏或不具体的逻辑关系进行补充；减少工作项目是对原不应设置或因条件变化而不必做的工作予以删除；增加或减少工作项目需要重新调整行动方案。增减工作项目后，应分析此项调整是否对载人航天运输关键节点处的时间和发射/返回窗口产生影响，若有影响，应采取措施使其保持不变。

⑥资源调整

资源调整是当资源供应满足不了需要，进而影响到载人航天运输的发射/返回窗口或关键节点时间时，应对资源—进度计划进行调整和优化，使其满足要求。

（3）变更控制

载人航天运输任务的有效实施需要各系统密切配合、协同推进，任何一方的行动滞后都可能会影响任务的整体推进，任务行动方案的任何变更都可能会涉及所有相关方的计划调整，因此，任务行动方案变更应经过严谨的影响域和影响度分析、经过严格的评审和批准，并确保所有相关组织和人员知道已更改的要求，同时保留更改评审的结果、授权更改的人员以及根据评审所采取的必要措施。图5-14对行动方案变更控制的流程进行了简要示意。

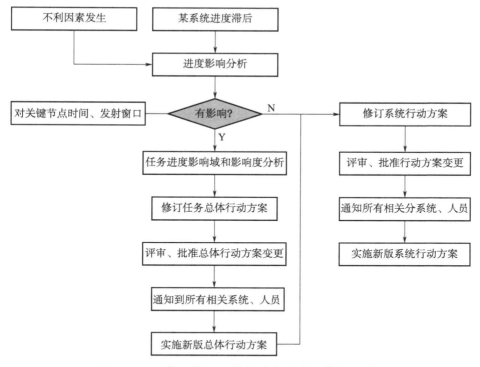

图 5 - 14　载人航天运输行动方案变更控制程序

当系统进度出现滞后时，应分析影响进度滞后的因素，针对具体情况策划纠偏措施，评价纠偏措施实施后系统进度是否会对任务关键节点时间、发射/返回窗口造成影响，如能在关键节点时间前使系统进度回归到计划进度上来，则修订系统行动方案，在本系统内组织评审并报批，批准后的新版系统行动方案应通知到所有相关分系统和人员，并按新版系统行动方案开展各项工作；如不能在关键节点时间前使系统进度回归到计划进度上来，应上报载人航天运输任务指挥部，由其研究制定任务总体行动方案变更计划。

当某种不利因素或某系统进度计划滞后影响到载人航天运输任务关键节点处时间或发射/返回窗口时，应对任务进度影响域和影响度进行分析，修订任务总体行动方案，组织所有相关系统的人员进行评审并报批，通知到所有相关系统和人员按批准后的新版任务总体行动方案开展各项工作，并记录评审意见、授权更改的人员和所采取的措施。相关各系统应依据批准后的新版任务总体行动方案修订本系统的行动方案。

5.3.2.5　任务决策

载人航天运输任务实施进入某一关键阶段或关键环节时，需要组织指挥机构依据当前情况、后续工作内容和计划、存在的风险等做出相应的评估与决策。

航天产品在技术区装配测试中的决策。按照载人航天任务测试发射工艺流程，可安排若干次评审决策活动，主要是对航天产品在关键节点处进行质量安全控制，及时发现并妥善处理装配测试中存在的质量问题，对相关航天产品质量给出结论性意见，对是否可转入下一阶段工作给出明确的结论。决策的依据是：航天产品装配测试的数据和结果是否满足相关标准，质量问题是否已经归零，下阶段工作准备是否就绪。

航天产品转场前的决策。航天产品在完成技术区的装配测试后，确认各项技术指标满足设计要求，方可转往发射区进行射前准备和发射。因此，航天产品转场前的决策应能保证：航天产品各项功能性能指标满足要求，所有质量问题都已归零或有不影响成功的明确结论，发射区设施设备准备完毕，技术勤务保障系统状态良好，气象条件满足转场要求。

发射决策。一般在运载火箭加注前，对是否实施加注发射和发射时间做出决策，决策需要考虑的因素有：航天产品各项功能性能指标是否满足发射要求，所有故障是否全部归零或有明确的不影响成功的结论，发射设施设备及推进剂是否准备好、气源性能是否满足发射要求，测控通信系统状态是否良好、处于待命状态，气象是否满足发射条件，重要方案预案是否都已制定完毕并进行过演练。

返回决策。一般在载人飞船离开空间站之前，对是否返回和返回时间做出决策，决策需要考虑的因素有：载人飞船各项功能性能指标是否满足返回要求，返回跟踪和通信设施设备是否良好、处于待命状态，气象是否满足返回条件，返回着陆场是否准备就绪，重要方案预案是否都已制定完毕并进行过演练等。

脐带塔电缆竖井线缆射后受损恢复

2016年9月15日22时04分12秒携带天宫二号空间实验室的长征二号F运载火箭点火起飞后，发动机尾焰气流夹带高温物体飞溅入电缆竖井，导致电缆竖井底部封堵棉纱阴燃，致使101根光电缆烧损。根据任务总体计划，神舟十一号飞船发射窗口为10月16日，脐带塔恢复工作必须在10月5日前完成，否则会影响任务总体计划。一场与时间赛跑的应急处置战斗就此打响。

16日上午，发射场区任务指挥部同时成立了事故调查委员会和线缆恢复技术专家组。事故调查委员会在实地查看受损情况、听取现场岗位人员汇报、分析讨论记录数据、检测受损严重电缆后，于17日上午形成了事故原因调查结论。线缆恢复技术专家组16日上午对脐带塔地下配电室所有设备线缆进行逐一检测评估，确认配电室设备性能可靠；16日下午，统计完成了101根受损线缆所属系统、规格型号、标识走向和整根长度等详细信息；16日晚上，发射中心装备部与线缆恢复技术专家组一起确定了线缆采购计划；17日上午，以9月30日为完成脐带塔恢复工作的后限，制定了进度计划和技术方案。17日下午，发射场区任务指挥部召开专题会议，听取了相关情况汇报，审查受损线缆修复方案，形成了事故原因结论，批准了脐带塔电缆竖井线缆射后受损恢复进度计划和技术方案。

发射场区任务指挥部在施工现场设立应急指挥所，调动所有能调配的资源，采取"三班倒"模式，24小时昼夜施工。机关坚持跟班作业、专家全程把关，边制作接线、边进行导通绝缘测试、边更换线缆、边制定加电运行考核方案，在确保进度的同时，确保施工质量。9月18日完成了所有受损线缆拆除，19至23日完成了所有新换线缆的敷设，24日至27日完成了设备接线、导通绝缘测试和加电运行考核，28日完成了系统初步验收，30日完成验收。至此，神舟十一号飞行任务项目实际进度回归到计划进度上来。

5.3.3　技术操作

技术操作对载人航天运输任务实施的进度和质量等有明显影响，效率低下的技术操作会严重影响项目进度，错误的技术操作甚至会导致重大责任事故。保证技术操作一次正确的主要措施是岗位训练与考核、操作过程控制和协同作业节奏控制。

5.3.3.1　岗位训练与考核

岗位训练与考核是载人航天运输任务为保证从事技术操作岗位的人员能够胜任其工作的基本措施和手段，因此，任务要求从事技术操作岗位的人员均需经过严格的岗位训练与考核，考核合格后才能持证上岗。

岗位训练是使用事先设计好的程序来促进岗位人员学习规定知识和技能的过程。载人航天运输技术操作岗位训练依据其顺序和难易程度可分成三种类型，即基础性训练、针对性训练和提高性训练。

（1）基础性训练

基础性训练是针对某类岗位所需的基础知识、基本养成而开展的带有通用性质的岗前培训。由于基础性训练内容大多属于陈述性知识和技能，相应的考核通常依据试题库，采用开卷或闭卷、机考或笔试等考试形式，有时也采用现场抽题或提问的方式。

（2）针对性训练

针对性训练是针对具体岗位所需的特殊知识、操作技能、生理和心理素质而开展的岗前和岗中训练。由于针对性训练内容庞杂、形式多样，相应的考核办法也灵活多变。以陈述性知识和技能为主的内容，考核类似于基础性训练的考核方式；以实装操作为主的内容，考核采用人员上机操作评定的方式；以沟通协同为主的内容，考核采用跟踪观察、能力确认的方式；以集体协同为主的内容，考核采用模拟演练、结果确认的方式。

（3）提高性训练

提高性训练是针对设施设备、工作环境、人机界面、组织模式、操作方法等方面的改进而开展的训练。提高性训练考核评价常常以单位或团队为评价对象，采用系统联试、程序和应急演练等模式进行考评，一些不便于实装和实地考察的训练效果，常常采用情景假定、专题汇报和项目演示等定性评价的方式。

5.3.3.2　操作过程控制

载人航天运输技术操作过程控制的方法和工具主要有"两书一表""双岗""班前班后会""双想""五不操作""工作前四检查""工作中两核实一纪实""工作后三确认"等。

"两书一表"，两书指操作规程和应急预案，一表指检查表。操作规程是针对每项工作或活动，明确岗位分工和职责，确定基本要求，制定工作程序和具体操作方法。应急预案是针对技术操作中发生的异常情况，明确岗位人员须做出的各种响应。检查表规定技术操作须检查确认的工作项目和技术状态，具有防错和保持操作可追溯性的双重目的。

"双岗"即主要技术操作岗位应配备一岗和二岗，一岗负责具体操作，二岗负责操作过程中的提醒、质量把关和安全监控。

"班前班后会"是在每项活动开始前召开的工作预备会和结束时召开的工作小结会。"班前会"主要是明确活动内容、人员分工、操作程序、技术状态、操作要点、协同关系及安全事项；"班后会"主要是清查技术状态、讲评工作、纠正不足。

"双想"即回想、预想。在重要技术操作实施之前，班组和岗位人员应回想所有准备工作是否都已到位，技术操作内容、相关技术状态、具体操作流程和方法、监视和测量手段是否都已明确和清楚，以前类似技术操作发生的错误是否具有规避措施；应"预想"在即将实施的技术操作过程中可能发生的不确定性情况以及意外情况发生后的处置办法。

"五不操作"即没有指挥不操作，口令不清不操作，设备故障不操作，协调不好不操作，不是分管的设备不操作。

"工作前四检查"即查文件齐套、查岗位到齐、查设备正常、查环境良好。

"工作中两核实一纪实"即核实状态、核实工作项目，使用多媒体记录工作过程确保其具有可追溯性。

"工作后三确认"即确认结果、确认记录、确认撤收。

5.3.3.3　协同作业节奏控制

载人航天运输任务中很多大型活动都是多单位、多系统、多层次和多岗位同时在不同地域、场所和空间联合实施，为保证实施过程规范有序，避免因个别岗位失误而导致大型活动失败，必须进行严格的节奏控制，统一所有参与活动人员和设备的行动。载人航天运输任务中最常见的节奏控制方法是分布式判读、集中式控制。

（1）实施办法

针对具体大型联合作业活动特点，设置程序启动和节奏控制点及控制点释放的约束条件，建立自动化指挥调度工作程序，在控制点处插入"指挥员＋专家"的联合控制机制。

第一步，汇总大型联合作业活动的所有工作项目，确认参与活动的工作岗位及其所处场所、空间位置，预估每个工作项目所需时间，建立每个岗位准备完毕、每个工作项目准备完毕和每个工作项目正常完成的判决条件；岗位 R 准备完毕的判决条件用 $R_0\{x_1, x_2, \cdots, x_m\}$ 表示，岗位 R 的第 n 个工作项目准备完毕的判决条件用 $R_n\{x_1, x_2, \cdots, x_m\}$ 表示、正常完成的判决条件用 $R_n'\{x_1, x_2, \cdots, x_m\}$ 表示。

第二步，编制指挥调度工作程序。根据所有工作项目完成所需时间、每项工作预估时间、工作项目顺序和工作项目间的约束关系，编制联合作业活动计划和具体的工作程序，包括逻辑关系图、流程图、接口关系与约定等。

第三步，确认总程序启动和节奏控制点。为保证不同空间不同岗位联合在规定的时间内有序地完成大型联合作业活动，将大型联合作业活动的总程序分成若干步骤，其一，为总程序启动设置约束条件，用 $Z_0\{x_1, x_2, \cdots, x_n\}$ 表示，只有满足约束条件 $Z_0\{x_1, x_2, \cdots, x_n\}$ 后，总程序才能启动；其二，在总程序中前序步骤结束时、后序步骤开启前设置节奏控制点，并为该节奏控制点预置释放条件（如收到所有前序工作项目已完成且正常、后序工作项目准备已就绪），第 n 个控制点释放条件用 $Z_n\{x_1, x_2, \cdots, x_n\}$ 表示。

第四步，细化所有岗位程序启动约束条件和节奏控制点处状态的判读方法与标准，以便实现所有岗位状态的自我判读并上报。同时，编制联合操作控制图表。

联合操作控制图表应：

1）明确工作流程目的，确定流程中所有工作项目、操作步骤、节奏控制条件、可能发生的事件；

2）确认质量、安全、环境和应急响应的要求与控制措施；

3）确定过程实施时基础设施要求，所需岗位和人员，并行开展的工作等；

4）将质量、安全、环境和应急响应的控制措施（包括节奏控制点处状态判读方法与标准）融入具体的操作步骤和状态检查中；

5）按照时间先后顺序、持续时间和总程序节奏控制点，罗列工作项目、操作内容、状态监视和岗位协同关系，形成：

• 总调度指挥程序，规范调度过程和节奏控制点；

• 总调度状态判决表，规范总调度的 $Z_0\{x_1, x_2, \cdots, x_n\}$ 和 $Z_n\{x_1, x_2, \cdots, x_n\}$ 及其判决方法与标准；

• 岗位联合操作控制图表，规范工作项目与内容、控制措施、$R_0\{x_1, x_2, \cdots, x_m\}$、$R_n\{x_1, x_2, \cdots, x_m\}$、$R'_n\{x_1, x_2, \cdots, x_m\}$ 和节奏控制点处状态判读方法与标准等。

第五步，将与岗位相关的总调度指挥程序、岗位联合操作控制图表等分发至所有参与活动的岗位，按计划启动并完成大型联合作业活动。

（2）工作机理

工作机理如图 5 - 15 所示。

1）总调度沟通所有岗位，建立联合作业活动指挥调度全网链接。

2）每个岗位依据 $R_0\{x_1, x_2, \cdots, x_m\}$（准备完毕的判决条件），判读确认岗位是否准备完毕，并主动上报岗位准备情况。

3）总调度岗位依据 $Z_0\{x_1, x_2, \cdots, x_n\}$（总程序启动约束条件），判读确认是否启动联合作业活动总程序；当满足总程序启动约束条件时，总调度向所有岗位发出启动总程序的命令；每个岗位在接到启动总程序的命令后，按本岗位工作流程开始工作。

4）每个岗位依据 $R'_{n-1}\{x_1, x_2, \cdots, x_m\}$（第 $n-1$ 个工作项目正常完成的判决条件）和 $R_n\{x_1, x_2, \cdots, x_m\}$（第 n 个工作项目准备完毕的判决条件），判读确认岗位是否可以开始处置第 n 个工作项目，并主动上报判读结果。

5）总调度岗位依据 $Z_n\{x_1, x_2, \cdots, x_n\}$（第 n 个控制点释放条件），判读确认是否释放第 n 个控制点；当满足第 n 个控制点释放条件时，总调度向所有岗位发出开始执行第 n 个工作项目的命令；每个岗位在接到执行第 n 个工作项目的命令后，按本岗位工作流程开始处置第 n 个工作项目。

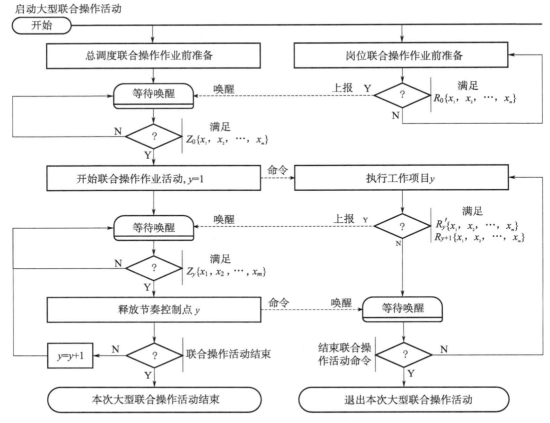

图 5-15　大型联合操作节奏控制机理示意图

6）重复执行 4）、5），直至所有的节奏控制点全部释放（最后一个节奏控制点必须是联合作业活动中的所有工作项目全部完成），总调度岗位发出作业完毕，各岗位组织撤收。

5.4　过程控制

5.4.1　总体策划

控制是控制者为达成预期目的而对控制对象施加的一种影响，预期目的表现为使控制对象保持稳定或者使其由一种状态转向另一种状态。当控制的对象是过程时，控制活动就被称为过程控制，即对过程的实施状况和输出进行连续的跟踪观测，并将观测的结果与规定标准或预期结果加以比较，如有偏差，依据确定的措施及时加以纠正的活动。措施可能是事先制定好的，也有可能是临时制定的。依据过程的时间特性，过程可分为输入（或准备）、实施、输出（或产品）三个环节。过程控制可分别针对上述三个环节采取措施，针对输入的控制称为前馈或预防控制，针对实施的控制称为实时控制，针对输出的控制称为反馈控制。

考虑到载人航天运输系统工程的层次性，过程控制策划通常是自顶向下逐层设置控制点并明确相应的释放条件，图 5－16 是控制点设置示意图。

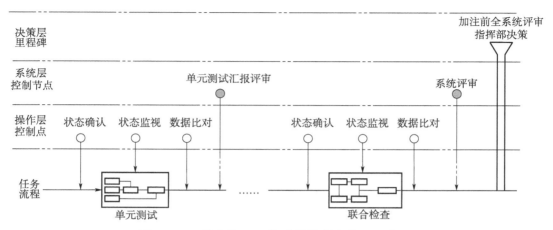

图 5－16　载人航天运输过程控制点设置示意图

载人航天运输过程控制在操作层面至少有三类控制点，一是在过程实施前对过程实施是否具备条件进行的控制，可称为前馈控制点，如工作开展前的班前会和状态确认；二是在过程实施中对过程参数或特性进行监控，以实时调整偏差，可称为事中（实时）控制点，如工作进行中的二岗检查；三是在过程完成后对过程结果的检查，可称为反馈控制点，如工作完成后的班后会和数据比对。因此，从操作层面看，载人航天运输的任何一个过程的实施都至少有三个控制点，即执行前的前馈控制点、执行中的事中控制点和执行后的反馈控制点。

载人航天运输过程控制在系统层面通常表现为节点，由于载人航天运输任务实施过程类似于竹子的成长，一节接着一节，每一节的完成都建立在前一节的基础之上。因此，可以把载人航天运输任务过程划分成若干个节点，这些节点具有相对的独立性。一般情况下，节点处应有阶段性表征，形成一个阶段性的结论，否则不能构成一个节点。如果没有一个阶段性的、客观的工程表征，形成不了任何阶段性的意见，那么，节点的设置就不能达到过程控制的目的。节点在载人航天运输任务实施过程中表现为阶段工作汇报与审核，如运载器单机测试完成后要进行单机测试汇报评审，评审通过后允许单机装箭转入后续过程。

载人航天运输过程控制在决策层面通常表现为里程碑，一般将任务实施过程中发生质的变化处设置为里程碑，如运载器加注前全系统和指挥部决策评审，此时运载器、航天器的装配测试工作全部完成，航天工程各系统间的联合检查也已结束，工程已具备运载器加注发射条件。相对于节点处的调整与控制，在里程碑处应制定放行准则，并据此开展全系统考核，对任务阶段是否完成和是否具备转阶段条件给出决策性意见。

任何层次、任何控制点都要根据工程特性制定控制标准和要求，只有明确了控制点处的标准和要求，才能根据控制点处的状态和工作完成情况开展控制。如某次载人航天任务最低发射条件中有关发射场系统的标准是：

1）技术区、发射区供配电系统工作正常；

2）塔勤分系统（含电缆摆杆）工作正常；

3）发射区导流槽消防分系统工作正常；

4）发射区供配气分系统工作正常；

5）活动发射平台工作正常；

6）待发段逃逸指挥控制台工作正常；

7）C^3I 分系统主要指挥显示工作正常；

8）共用光纤射频转发系统工作正常。

5.4.2 控制实施

载人航天运输组织实施的层次性决定了其过程控制的层级性，即在载人航天运输实施的不同层面通常会对同一过程采用不同的控制方法。

（1）操作层控制

操作层指操作岗位、专业组或工作组层面。在操作层，过程控制的目的首先是要确保操作规程和应急预案的正确性、可行性和有效性，为此，操作规程应经过评审验证，涉及关重件和关键过程的操作，操作规程应经过实操验证；涉及重大事故的应急预案应经过现场演练，不具备现场演练条件的应组织试验验证或桌面推演。其次是确保操作者正常时按照规程操作，异常时按预案处置；若异常情况超出预案范围，按确定的处置原则处置，为此，应确认操作者已熟练掌握操作规程和应急预案，操作前确保准备充分、状态无误，操作过程中核实状态、核实工作项目，操作完成后确认结果、确认记录和确认撤收。异常情况超出预案范围时的一般性处置原则是：经判定异常情况不会进一步造成损害时，应保持状态并立即向负责人和上级组织报告，并等待进一步处理的通知；经判定异常情况会导致损害加重或扩散时，应立即处理并及时向负责人和上级组织汇报。

由于载人航天运输技术操作通常是多岗位协同工作，因此，操作规程和应急预案应能反映多岗位间的协同。表 5－4 列出了多岗协同操作规程。

表 5－4 运载火箭二级氧化剂泄出操作规程（示意）

泄出进程	指挥岗	3 号	5 号	...	18 号
二级贮箱增压	呼叫××号，下达"二级贮箱增压"口令	—	—	...	二级贮箱增压至××MPa后，报告"二级贮箱增压好"
准备二级泄出	呼叫各号，下达"各号注意，准备二级泄出"口令	开启阀门－－、－－－－、启动流量计 L_x、L_y。报告"3 号准备好"	检查确认固定平台一、二级隔离手动球阀处于打开状态,回转平台气管理手动球阀处于打开状态,液管路启动球阀 1 开启,2 关闭,报告"5 号准备好"	...	检查确认加注活门、安溢活门已正常配气。报告"18 号准备好"

续表

泄出进程	指挥岗	3 号	5 号	…	18 号
开始二级泄出	下达"各号注意，开始二级泄出"口令	开二级加注/安溢活门、……，调节 DT－，使 L_x、L_y 流量控制在××～×× L/min。报告"二级泄出开始"。泄出开始后，观察控制台各液位信号，液位灯灭时及时报告，并记录泄出量	缓慢打开二级回转平台液管路手动球阀，确认贮箱、贮罐、管路设备工作正常后再完全打开	…	泄出过程注意观察贮箱压力
二级全速泄出	二级 I 液位信号灯灭后 1 min 下达"各号注意，二级全速泄出"口令	关××、DT－，启动流量计 L_x，开××、调节 DT－使 L_z 流量控制在××～×× L/min；记录 L_x、L_y 累计流量。报告"二级全速泄出开始"	检查确认塔上管路气密性良好后，报告"塔上管路气密性良好"	…	泄出过程注意观察贮箱压力
停止二级泄出	二级 0 液位信号灯灭或闪烁时下达"各号注意，停止二级泄出"口令	关二级加注/安溢活门，气动球阀全部复位。报告"二级泄出停止"。停止泄出后及时记录泄出量	—	…	及时停止外贮箱补压，二级贮箱压力保持在××～×× MPa
准备二级清泄	呼叫各号，下达"各号注意，准备二级清泄"口令	开启阀门－－、－－、－－、－－。报告"3 号准备好"	确认固定平台至回转平台间清泄软管连接正确可靠、塔上清泄管路手动球阀全部打开、固定平台一、二系统隔离手动球阀打开后，报告"5 号准备好"	…	做好贮箱增压状态准备，检查确认回转平台至箭上清泄软管、清泄活门控制气管连接正确可靠。报告"18 号准备好"
开始二级清泄	呼叫××号，下达"开始二级清泄"口令	—	观察塔上回转平台清泄管路观察窗，检查塔上清泄管理气密性	…	打开二级清泄活门后，报告"二级清泄活门打开、清泄开始"。清泄过程监视二级贮箱压力并及时补压，使其保持在××～×× MPa
停止二级清泄	收到 5 号报告"二级清泄完毕"后，呼叫 18 号，下达"停止清泄"口令	关阀门－－、－－、－－。报告"二级清泄停止"	—	…	关闭二级清泄活门后，报告"二级清泄停止"

（2）系统层控制

系统层指构成载人航天运输的各系统，如航天员系统、飞船系统、火箭系统、发射场系统、测控通信系统和着陆场系统等。在系统层，通常涉及多个部门、多个分系统协同工作，其过程控制的目的是确保阶段性工作满足要求和多个分系统同时工作时协同一致或节拍一致；当异常情况发生时，依据预案各司其职、协同工作；当异常情况超出预案范围，按确定的处置原则处置，为此，在系统层面，过程控制的重点是制定好方案预案和协同指挥程序。

方案既要体现多部门间的协同指挥关系，还应明确时间节点计划、工作内容和阶段控制点以及相应的阶段放行准则。预案应针对不同的故障模式制定相应的处理程序和措施；协同指挥程序应确定多部门、多分系统间协同工作的内容和节拍节奏，表5-5列出了系统层协同指挥程序。

表5-5 运载火箭大匹配检查协同指挥程序（示意）

时间	火箭指挥	控制指挥	遥测指挥	…	总体网指挥
−2 h	下达"2小时准备"口令	状态准备、状态检查	状态准备、状态检查	…	状态准备、状态检查
−90 min	下达"90分钟准备"口令	自动接通＋G，＋T，＋E	地面设备状态设置	…	检查通信状态和工作情况；接收相关系统测试信息
−60 min	下达"60分钟准备"口令	射前检查，装定测试程序测试约定项目，接通增压，气通好	接通控制台电源，启动前后端软件，接通GPS同频转发	…	检查通信状态和工作情况；启动故诊软件；接收相关系统测试信息
−40 min	下达"40分钟准备"口令	总控微机接通时序安全检查，运行模飞程序，收自检码，给出自检好	遥测地面供电	…	检查工作状态，接收遥测数据
−30 min	下达"30分钟准备"口令		数据上网	…	监测测试信息
−15 min	下达"15分钟准备"口令	B码终端设置点火时间，接通"自动发射"	打印起始电平	…	—
−5 min	下达"5分钟准备"口令	B码终端给出−5 min，接通笔录仪，−3 min自动接通舵Ⅰ	箭上供电，启动记录，接通"遥测转电好"	…	
−2 min	下达"2分钟准备"口令	自动接通舵Ⅱ	—	…	
−1 min	下达"1分钟准备"口令	B码终端给出−1 min，自动转电	—	…	
0 s	下达"点火"口令	自动点火，拔下起飞压板	—	…	
68 s	复诵"终止飞行"口令	终止飞行		…	
110 s	下达"各系统断电"口令	断电	断电	…	各系统断电后，软件存盘，设备断电

（3）决策层控制

决策层是指载人航天运输任务实施中成立的总指挥部、发射场区指挥部、测控通信指挥部和着陆场指挥部。在决策层，过程实施控制的重点是确保任务按计划圆满完成，控制的方法是设置里程碑，要求各系统在任务的里程碑处必须完成规定的工作，里程碑前，各系统可根据实际情况适当调整工作计划。因此，决策层过程控制的重点是里程碑的设置。

里程碑设置依据是载人航天运输任务的重大阶段，并具备明显的阶段性成果。载人航天运输一般将航天产品进场、飞船加注、火箭加注和航天员返回等作为里程碑，在里程碑处组织召开指挥部会议，审议前期工作，决策后续工作计划。

5.5　现场保证

载人航天运输现场保证是对作业现场内的活动及其空间使用所进行的统一策划与实施，目的是确保作业现场科学规范、井然有序，进而达到节约资源、节约时间、预防差错、提升效率的目的。

5.5.1　总体策划

载人航天运输现场保证是连接各项工作的"纽带"，是组织单位面貌的展示，反映了组织单位推进精细化管理的程度。良好的现场保证能使场容美观整洁、道路畅通，产品和设备布置有序、作业有条不紊，安全、消防及其他环境条件能得到有效保障。同时，良好的现场保证能为组织单位赢得信誉、使相关方满意，利于组织内外关系的协调。

载人航天运输现场保证的实施步骤是：要求确定、过程设计、现场控制、绩效测量和持续改进。实施的基础和动力是员工技能、员工意识、组织保证、领导作用。实施的主要技术是 7S（Seiri 整理、Seiton 整顿、Seiso 清扫、Seikeetsu 清洁、Shitsuke 素养、Safety 安全、Saving 节约）和防呆防错技术等。图 5-17 对上述各部分关系进行了概要示意。

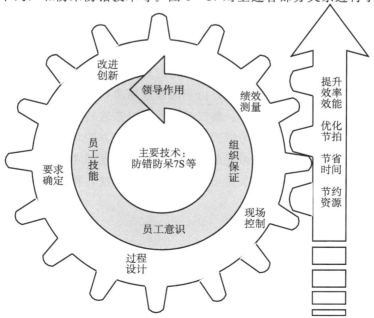

图 5-17　现场保证工作机理示意图

（1）7S

由于载人航天运输作业现场通常聚集众多单位、设备和人员，为使作业现场组织规范有序，确保人员、航天产品和设施设备安全，以提高效率、节约资源，推行 7S 管理是载人航天运输作业现场保证的通用做法。7S 的含义与目的见表 5 - 6。

表 5 - 6　7S 的含义与目的

7S 项目	基本含义	目的
整理	区分必需品和非必需品，现场不放置非必需品	1. 提供一个舒适的工作环境 2. 提供一个安全的工作场所 3. 提高员工的工作情绪 4. 提高现场的工作效率 5. 稳定产品的品质水准 6. 增加设备的使用寿命 7. 塑造良好的组织形象
整顿	合理安排物品放置的位置和方法，并进行必要的标识，能在 30 s 内找到要找的东西	
清扫	将岗位保持在无垃圾、无灰尘、干净整洁的状态	
清洁	将整理、整顿、清扫进行到底，并且制度化；管理公开化、透明化	
素养	对于规定了的事，大家都要认真地遵守执行	
安全	安全就是消除工作中的一切不安全因素，杜绝一切不安全现象	
节约	养成节省成本的意识，主动落实到人及物	

备注　7S 三定管理：定位，即任何物体必须有规定的摆放位置和场所。定物，即任何位置摆放的物件必须有明确的种类和名称。定量，即任何位置摆放的物件必须有明确的数量规定

（2）防呆防错技术

防呆防错技术的主要目的是预防过程实施中可能出现的操作失误，以避免由于操作失误而产生质量问题和安全事故，其包括两个基本方面：一是检测，二是防错。

检测有三种形式，一是后继检测，即下道工序的执行者检查上道工序的质量问题并立即反馈给上道工序的执行者。二是自我检测，即执行者检查自身的工作。三是预防性检测，即在错误发生之前发现并采取相应措施。在载人航天运输任务实施过程中，所有检测都是 100% 逐项检测，不能抽样或采取其他非完全性检查。

防错常用技术包括减少、简化、替代、排除等。减少是减少由于失误所造成的损失，即发生失误后将损失降至最低或可接受范围，目前许多智能设备具备该功能。简化是通过合并、削减等方法对作业流程进行简化；由于流程越简单，出现操作失误的概率越低，因此，简化流程是较好的防错技术之一。替代是对硬件设施进行更新和改善，使过程不过多依赖于操作人员，从而降低由于人为原因造成的失误，该方法可有效降低操作失误率，缺点是投入过大。排除是剔除会造成错误的要因，从设计角度即考虑到可能出现的操作失误并用防错方法进行预防，这是从源头防止失误和缺陷的方法，符合质量的经济性原则，是防错技术的发展方向。

5.5.2　典型做法

下面从 8 个方面介绍载人航天运输现场保证的典型做法。

（1）总体要求

1）任务现场安全有序、整洁卫生，环境条件满足规定要求；

2）对任务有关区域和工作场所进行标识，对危险场所应提供警示；

3）任务现场通道、消防出入口、紧急疏散楼道、高度限制等均应有标识；

4）对任务现场在用的设施设备以及正在测试和已经测试完毕的航天产品状态应进行标识，防止任务现场中的误用；

5）任务指挥部应经常巡视任务现场，认真听取各方意见，及时抓好任务现场管理的改善。

（2）门卫警卫

在任务现场的出入口设置门卫，在任务的关键区域设置巡逻警卫，并按以下要求履行好各自职责。

1）门卫和巡逻警卫要坚守岗位，认真履行警卫职责；

2）门卫应按规定检查出入人员、车辆和物品；

3）巡逻警卫应熟悉现场情况，保持高度警惕，严密监视各区域情况，发现异常情况及时汇报，并采取相应措施；

4）门卫和巡逻警卫要保持自身良好形象，严禁在执勤期间吸烟、闲谈和打瞌睡等；

5）门卫和巡逻警卫要文明执勤。

（3）着装

1）执行任务时，人员按统一要求着装；

2）进入测试场所，按相应的测试要求进行着装，通常着防静电工作服、工作鞋，必要时佩戴防静电工作手环，有防辐射要求的着防辐射服；

3）进入航天产品工作舱，须着进舱工作服、软底工作鞋，佩戴工作帽；

4）涉及推进剂介质的操作，须穿戴专用的防护服，并佩戴配套的空气呼吸用具。

（4）现场人员

1）车辆、人员进入工作区域须持有效证件；

2）岗位人员进入核心测试工作区域，须履行登记制度，记录进入时间和带入工具、离开时间和带出工具；

3）严禁将易燃易爆物品带入任务现场，物品出入任务现场须接受检查；

4）进入有防静电和/或洁净度要求的场所，应按规定进行处理后方可进入；

5）严格按岗就位，不允许串岗、替岗。

6）不得擅自动用不属于自己分管的设施设备、仪器仪表等；

7）严禁非岗位人员接近、触摸航天产品；

8）不允许随意走动和大声喧哗；

9）不在任务现场召集人员开会讨论问题；

10）人员离开任务现场必须做好工作整理，关闭电源和门窗；

11）参观人员不得擅自进入非参观区，未经允许不得拍照；

12）其他要求。

（5）物理因素

通用的基本要求包括：

1）操作者所处物理环境因素应最大限度地使操作者舒适、避免物理环境因素对操作者的负面影响；

2）环境温度、湿度、洁净度和气象条件满足作业活动要求；

3）环境清洁、仪器设备有序摆放；

4）设备操作符合人体工效学；

5）工作空间大小合适；

6）照度符合标准要求；

7）操作环境除必要设备和工具外，没有可能影响正常操作的东西。

其他有特殊要求的场合须制定相关标准。

（6）安全

1）现场作业前应进行技术安全检查，确保满足要求后再开始工作；

2）现场各区域应配备有消防设施设备，用电安全，保护接地良好；

3）涉及高空作业，带电、带液、带气等产品作业，以及低温、高温、高压、危险品、易燃易爆物品的操作，须划定现场安全作业区域；

4）高空作业须佩戴安全帽、系安全带，不允许随身携带容易坠落的物品，工具必须悬挂防脱绳，作业下方不得有人员停留或走动；

5）电工作业须摘除身上手表等金属物品，戴绝缘手套，穿绝缘鞋或站在绝缘垫上作业，工具须做好绝缘处理，现场须有监护人，并悬挂禁止合闸、禁止进入等各类警示标牌；

6）带液、带气作业须有相应的防护装具，有防止液体渗漏、滴漏、喷漏的应急处置工具，软管必须有固定和防止意外爆裂飞溅或甩头的安全区域，加压和泄压动作过程中，人员须远离设备；

7）低温、高温、高压操作须有相应的防护措施，禁止非岗位人员进入安全作业区域；

8）危险品、易燃易爆物品的操作在专门的防爆、防静电场所进行，配备专业的隔离、防护措施，工作人员须经过相应的职业资格培训和上岗能力确认；

9）工作平台和电梯严禁超载，严禁在电梯内或工作平台上嬉戏打闹。

（7）特殊区域

1）进入技术区和发射区的工作人员应持有指定的工作证；

2）因工作需要携带物品出入厂房、机房、实验室、塔架以及指定的库房等重要场所时应有持物证；

3）航天产品各舱门指定专人负责，进入人员按规定登记并接受检查，禁止携带非工作用品进入舱内；

4）在舱内工作时，着专用工作服；

5）进出舱门时对携带的物品进行清理，严防多余物留在舱内；

6）航天产品转往发射区后，应在航天产品周围设置隔离线，布置警卫人员，加强现场警戒，无专用证件不得入内；

7）航天产品加注推进剂时，禁止非工作人员进入加注现场，救护、消防人员和车辆须按时到达指定位置待命；

8）航天产品加注后，因工作需要接近航天产品应履行相关手续。

（8）特殊时段

1）进入发射程序后，对通往航天发射场的铁路和公路实施管制；

2）进入发射程序 30 min 准备后，组织人员、车辆撤离至危险区外或安全防护设施内；

3）进入发射程序 15 min 准备时，所有人员撤离到安全地带或安全设施内，阵地安全保卫人员负责发射场危险区的清场；

4）发射成功后，阵地安全保卫、消防和救护人员，要及时赶到现场，检查处置发射后的安全工作。

第 6 章
载人航天运输质量保证

―――――――――――――― 内 容 提 要 ――――――――――――――

本章概述了载人航天运输质量保证内涵、体系和计划；论述了载人航天运输质量策划、控制和改进的主要工具；讨论了载人航天运输质量保证特色模型，包括大数据驱动、故障模式逻辑决断、问题关联度分析等；阐释了载人航天运输质量保证的典型措施，包括航天产品、设施设备、技术操作和任务软件四个方面。

载人航天运输质量包含技术指标"可达"和具体实现"可靠"两个核心内容。技术指标"可达"是指载人航天运输在方案设计时，实现功能要求的各项技术指标必须是在现有技术和工艺水平下可以达到的。具体实现"可靠"是指载人航天运输在实施过程中，通过质量控制、风险管理等措施，可以达到预期的质量目标。

6.1 质量保证概述

6.1.1 质量保证内涵

载人航天运输质量保证是为确保载人航天运输质量，将质量管理技术与专业技术相结合而开展的系统性活动。从系统总体看，包括建立统管载人航天运输全局的跨系统质量保证体系和只适用于某一方面的系统质量保证体系。从作用对象看，包括人员、设备和产品等在内的全要素质量保证活动。从具体实施看，需要使用为相关方认可的质量保证方法和标准，编制约束所有参试单位和人员的质量保证计划，并据此开展质量保证活动。

载人航天运输质量保证工作应与任务准备和实施同步进行，从确立质量策略、明确质量目标、确定质量要求、明示质量责任、标定质量节点、研究质量方法、制定并落实质量计划等一系列工作入手，按照 PDCA（计划—实施—检查—改进）的原理设计、建立质量控制闭环回路，将看起来零散的、无序的、随机的质量工作变成系统的、连续的、有计划的系统工程，同其他领域的质量保证相比具有"零缺陷"、高可靠和全覆盖的显著特点。

"零缺陷"是载人航天运输质量保证的基本理念。一方面，航天运输的复杂性和独特性决定了几乎每次航天运输都会发生大大小小的问题，一些运载器或航天器的成功离一场大事故或大灾难其实只有半步之遥；另一方面，航天运输的个性化和高精细性决定了细小的偏差或失误都可能导致巨大的经济损失或器毁人亡的灾难，同时，"以人为本"和"人命关天"的理念也要求载人航天运输必须树立"零缺陷"的理念，必须保证每个部件、每个环节、每个过程不能有任何隐患。

高可靠是载人航天运输质量保证的核心。一方面载人航天运输基础设施投入巨大，运营成本昂贵，且运载器一旦点火发射，后续所有工作都不具有可逆性；另一方面，事件影响广泛、深远，且系统构成复杂，关重要环节众多。因此，高可靠是载人航天运输质量保证的核心，所有工作都应以确保任务可靠为准则，所有航天产品、参试设备、参试人员的可靠性指标都必须满足要求。"进度服从质量，质量服从可靠"是载人航天运输质量保证的首要原则。

全覆盖是载人航天运输质量保证的基本要求。全覆盖有两方面的含义：一方面，载人航天运输质量保证体系须覆盖所有航天产品、参试单位、参试设备和人员；另一方面，所有参试单位的活动都必须在任务流程约束范围内开展，所有航天产品必须经过最终检验确认合格、所有参试设备和任务软件必须经过检查满足要求、所有参试人员必须经过考核且持证上岗。

6.1.2　质量保证体系

质量保证体系化是航天领域的共识和普遍做法。由于载人航天运输涉及多个大系统之间的协同，既需要建立运行保证载人航天运输整体质量的跨系统、跨单位的全系统质量保证体系；又需要建立运行保证本系统、本单位产品和服务质量满足要求的单位质量保证体系。

全系统质量保证体系是以载人航天运输全局目的的达成和整体质量满足要求为准则，运用系统工程方法，由牵头单位组织参试单位和协作配套单位建立起来的，用于统一质量标准，规范各方行为，控制任务节奏，保证结果正确的质量保证体系。全系统质量保证体系由章程、专项制度、质量保证大纲、工作计划等构成。章程规定跨系统质量保证体系的范围、组织机构和职责、质量目标、质量保证要求、体系工作要求等。专项制度包括质量评审与放行、质量问题归零、技术状态更改与审定、系统间接口与协议和质量奖惩等，通常应纳入体系成员单位的质量保证文件。质量保证大纲是按照任务或产品质量保证要求编制，用于规范在某次或某类行动中参与各方需要共同遵守的质量行为规范。工作计划主要规定跨系统质量保证体系的工作目标和各项活动如何实施等。

单位质量保证体系通常是依据其在载人航天运输中承担的业务，以预期结果为目的，将体系有效运行所需要素与本单位资源、技术和管理相整合，按照策划、实施、运行和改进的过程方法，将相关业务和流程构建成一个相互作用、相得益彰的体系，其结构如图 6－1 所示。

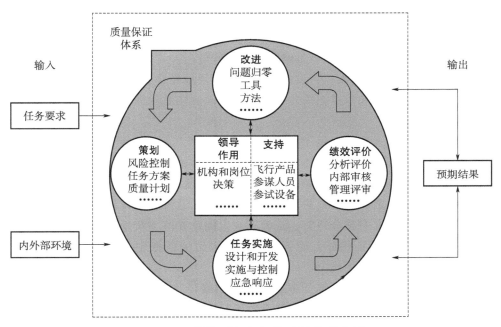

图 6－1　单位质量保证体系结构示意图

载人航天运输质量保证体系是建立在现有运营模式的基础上，在充分满足载人航天运输对质量要求的条件下，以有效提高质量保证效果、效率和效益为目的，以科学、规范、系统化质量保证各要素的关系为手段，对可用资源、工具方法、业务流程等进行梳理和重构的过程。其建立运行的一般性程序可概括为以下四个步骤：

第一步，明确产品和服务，确定为谁提供产品和服务，对谁负责；辨识相关方需求和工程技术要求，明确产品和服务的质量特性和要求，评估资源和能力，建立质量方针、目标。

第二步，依据质量方针、目标，分析实现目标所需过程和过程间关系，策划、设计组织机构、岗位及职责、资源与提供、产品和服务实现过程，并进一步明确相关标准和要求。

第三步，针对过程、产品和服务的质量特性，策划、设计绩效监视、测量和评价的方法。

第四步，按照策划和设计的安排，开展载人航天运输，适时监视测量活动、过程、产品和服务的质量特性，根据监视测量的结果，及时纠正偏差，并针对发现的问题制定落实纠正措施，持续改进质量保证体系的适宜性和有效性。

上述步骤是示意性陈述，实际情况要复杂得多，需要持续地反复迭代。

6.1.3 质量保证计划

质量保证计划是质量保证体系在具体任务中的运用，在载人航天运输质量保证的各个层面具有全息性，因此，从载人航天运输工程顶层到系统、分系统、子系统等各个层面都应建立质量保证计划，确保：

1）所有关键和重要技术经过充分验证；

2）飞行前，乘员和飞行产品经最终确认合格；

3）所有关键和重要参试人员、设施设备和工作环境经检验满足要求。

状态确认、过程控制和节点把关是制定载人航天运输质量保证计划、实施载人航天运输质量控制的基本方法。

状态确认是根据载人航天运输工艺要求，针对航天产品质量特性，制定并落实测试、验收、工艺、检验和人员保证"五环节"的质量保证措施；针对参试设备功能性能，制定并落实维护保养、检测检修、功能检查、状态设置和使用运行"五环节"的质量保证措施；针对参试人员能力素质，制定并落实定岗、培训、考核、操作和协同"五环节"的质量保证措施；针对任务文书充分适宜、正确有效，制定并落实策划、设计、验证、评审和使用"五环节"的质量保证措施，确保在载人航天运输任务中，产品、设备、人员、环境、方法和测量等要素状态正确。

过程控制是确保载人航天运输任务按照规划的路径达成预期的目的，包括信息收集、评估和纠偏三类活动。信息收集是根据载人航天运输工艺流程安排，以乘员、航天器、运载器的工作为主线，围绕测试、装配、联合检查、转运、发射、飞行、返回和搜救等过程及其相关的勤务保障进行跟踪，全面收集任务质量信息，实时掌握各工作项目实施情况。评估是将收集到的质量信息与预设的标准和门限进行比对，评估考核对象状态，确认其是否满足要求。纠偏是针对不满足要求的考核对象制定并采取相应的措施，包括质量问题归零和异常现象处置等。

载人航天运输类似于竹子的成长过程，一节接着一节地完成，每一节都是前一节的继承和发展。因此，载人航天运输的实施过程可以被标识成多个节点，每个节点都具有相对的阶段性。节点把关是针对任务节点处的质量特性，确定并落实相应的放行准则，控制任务节奏，保证任务在节点处全面满足规定要求。阶段评审是载人航天运输落实节点把关要求的主要形式之一，即在规定的节点处组织转阶段质量评审，确认节点前的所有工作项目已经完成且结果满足要求，节点后的工作条件已经具备、后续风险可控。

6.2 主要工具

主要讨论针对航天运输特点而开发出的典型质量保证工具。一些可应用于载人航天运输工程领域的通用工具，如概率风险评估（PHR）、故障模式影响及危害性分析（FMECA）、故障树分析（FTA）、故障报告分析纠正措施系统（FRACAS）、供应商质量认证、元器件筛选、软件工程化、技术状态管理、统计过程控制、田口方法、抽样检验、批次管理、首件鉴定、不合格品审理、质量检查确认、面向产品质量分析、平衡记分卡、质量成本管理、6S 管理和看板等，读者可参考相关资料获取。

6.2.1　质量策划

（1）飞行时序动作分析与确认

飞行时序动作分析与确认方法基于逻辑推演和仿真的思想，检查实现的条件，从而达到消除风险的目的。通常以发射准备、点火到飞行结束的飞行时序过程为出发点，以每一个飞行时序动作为牵引，对每个动作或影响成败的关键环节的输入条件、输出结果、设计指标及满足情况、设计余量、可靠性措施、环境及相关影响、试验验证或仿真、计算等工程分析情况进行系统梳理，查找需要进一步分析和确认的问题，从而消除技术上可能存在的风险和隐患，最终得出从设计要求、设计结果到飞行实现能够完整闭合的推演分析结论。

飞行时序动作分析与确认是以型号飞行的时间轴（时序动作）为牵引而进行的分析，是一种正向思维的分析方法。主要内容包括功能性能实现情况确认，环境适应性分析，时域分析，空域及相关影响分析和设计保证措施确认等。该种方法一是对型号已经开展的风险识别、分析、应对等工作进行检查、监督；二是针对发现的新风险，制定风险应对措施；三是全面梳理出技术风险，为发射前的最终决策提供依据。

（2）成功数据包络分析

数据包络范围基于充分利用有限成功子样数据，最大限度规避风险的原则或思想，采集经过飞行试验或地面试验验证成功的若干产品数据所构成的数据范围。成功数据包络分析是将待分析产品数据与对应的包络范围进行比对，判定待分析产品数据是否落在包络范围，得到待分析产品数据包络状况，评估产品是否满足执行任务能力的分析方法。对于超出包络范围的数据，应当将其标记为风险源，进行严格排查给出应对措施。

成功数据包络分析结果分为 4 种，分别为"合格、包络"，"合格、不包络"，"超差、包络"和"超差、不包络"。对于"合格、包络"的数据，确认其一致性和稳定性，给出是否满足飞行任务的结论；对于"合格、不包络"的数据，进行风险分析和评估，并根据分析结果采取措施；对于"超差、包络"的数据，围绕产品让步接受以及产品质疑单办理、审批手续等情况进行检查确认，进行风险分析和评估，并根据分析结果采取措施。对于"超差、不包络"的数据，设计和生产单位应对关键特性要求的合理性进行分析和评估，针对设计指标、设计工艺性等方面存在的隐患或问题，开展设计改进工作。在载人航天运输任务实施阶段，"超差"现象通常应作为质量问题进行归零。

（3）单点故障模式识别

单点故障是指会引起系统故障，而且没有冗余或替代的操作程序作为补救的产品故障。单点产品一旦失效，会引起系统故障，甚至会导致飞行失败或在轨无法正常运行。保证单点不失效是工程技术风险控制的重要工作目标。

按照故障模式所产生后果的严重程度来界定单点故障模式的严酷度。以运载火箭为例，其严酷度分成 4 个等级，包括灾难类（Ⅰ类）、严重类（Ⅱ类）、一般类（Ⅲ类）和轻微类（Ⅳ类），并依此将单点故障模式分成相应的 4 类。

单点故障模式识别、分析与控制方法是将故障模式影响分析（FMEA）和故障树分析（FTA）相结合，以飞行任务或在轨运行为剖面，在 FMEA 已识别单点故障模式基础上，选取故障模式严酷度为灾难性和严重性的单点故障模式开展 FTA，按照从总体、分系统、单机直至单元的工作程序，找出一阶最小割集，形成单点故障模式清单。然后根据单点故障模式清单，对所涉及的关键产品设计、工艺、过程三类关键特性进行自上而下的逐级量化分解和自下而上的逐级量化闭环确认，分析各种故障可能发生的原因，识别设计中的技术风险，为制定应对措施并实施改进提供有效支持，形成相应的单点故障质量保证表，见表 6-1。

表 6-1 单点故障模式识别、分析与控制表样式

组件名称及代号						(a)				分析日期		(e)	
产品描述						(b)				版本		(f)	
会影响到的分系统						(c)				分析人员		(g)	
会影响到的型号						(d)				审核人员		(h)	
编号	元器件/零部件名称或图号	功能与要求	潜在功能失效模式	潜在失效原因	潜在失效影响	关键件/重要件/一般件	合格率	当前控制情况					建议改进措施
								设计、生产、试验、测试、操作等方面的措施	频率度	严酷度	检测度	风险指数	
(i)	(j)	(k)	(l)	(m)	(n)	(o)	(p)	(q)	(r)	(s)	(t)	(u)	(v)

（4）测试覆盖性分析

测试覆盖性指航天产品测试检查项目覆盖产品设计任务书或技术要求规定的功能和性能指标的程度、型号产品地面试验状态满足产品实际使用测试状态的程度。测试覆盖性分析基于产品规定的功能、性能能够全面检查的原则，为工程人员掌握系统状态提供了一条有效途径，直接降低了系统不确定性，是识别、分析与应对技术风险的有效手段。

测试覆盖性分析程序如下：

第一步，确定测试覆盖性分析的依据文件，主要包括任务书、技术要求、设计方案、试验规范或条件；

第二步，确定主要技术指标测试检查项目，列举可测项目和不可测项目；

第三步，确定测试覆盖性分析的具体内容，对可测项目和不可测项目进行分析，同时对测试状态进行分析；

第四步，说明测试覆盖性分析的结论。

（5）质量交集分析

质量交集是指同时具备指定的影响产品质量特性因素的集合。质量交集分析通常选取影响产品质量特性的 5 类因素，因此又称"五交集"，即存在技术状态变化、存在单点故障模式、发生过质量问题、存在不可检测项目、上天有动作。质量交集识别与分析是通过识别影响产品质量特性的因素，确定产品质量交集，来明确相应的关注度。

质量交集关注度等级分为高、中、低，判断准则为：

1）质量交集数量在 4 个以上，其关注等级为高；

2）若技术状态变化和单点故障模式同时存在，其关注等级为高；

3）质量交集数量为 3 个，其关注等级为中；

4）质量交集数量为 2 个，其关注等级为低。

根据关注等级，将相应产品纳入技术风险分析和控制，并进行动态监控。

（6）最坏情况分析

最坏情况分析是指在设计限度内分析电路所经历的环境变化、输入漂移极端情况、电路参数漂移等，据此进行电路性能分析和元器件应力分析。

最坏情况分析的目的是通过摸清元器件参数变化的主要原因及对电路性能影响的大小，评估电路在极端环境条件下使用时的工作情况以及电路性能对元器件参数变化的灵敏度，回答是否满足设计和工作要求，提出改进措施建议，供设计师参考。

最坏情况分析程序如下：

第一步，明确待分析的电路。应根据 FMEA 结果，明确哪些电路或电路类型需要进行最坏情况分析。从事分析的人员应深入理解电路工作原理、组成及其功能参数要求，便于对系统/电路有更好的了解。

第二步，电路划分。在开始对电路进行最坏情况分析时，应首先将原理图转换成功能方块图，将信号间的输入输出关系以方块图的形式直观地表示出来。

第三步，数据准备。开展最坏情况分析首先要获得以下数据：系统/产品/电路的性能技术要求；原理图和方块图；接口/连接线路图；技术说明书；元器件及元器件参数清单；元器件降额要求；任务环境（包括温度极限、老化和辐射影响）。

第四步，明确待分析的电路性能。在分析之前，须对电路性能进行选择。选择电路的关键性能，并明确电路性能参数及偏差要求等。

第五步，建立电路分析模型。将电路或子电路的关键电路性能与电路的元器件参数联系起来，并明确电路参数与组成电路元器件参数之间的数学关系及模型。

第六步，进行最坏情况分析。根据最坏情况数据准备所获得的数据，以及电路的具体要求和电路关键性能，选择最坏情况分析方法进行最坏情况电路性能分析，得到电路在最坏情况下的工作特性。

第七步，最坏情况分析结论。将最坏情况分析结果与规定电路性能进行比对，若满足要求，说明电路在元器件参数出现最坏情况组合时仍能可靠工作。当不满足要求时，应说明出现问题的原因，提出改进措施建议。

6.2.2 质量控制

（1）关重件、关键过程控制

关键特性指此类特性如达不到设计要求或发生故障，可能导致任务失败或主要系统失效，或对人身财产的安全造成严重危害；重要特性指此类特性如达不到设计要求或发生故障，可能导致装备不能完成预定的任务，但不会引起任务失败或主要系统失效。

关键件是指具有关键特性的产品（一般指零件、部组件）；重要件是指具有重要特性的产品（一般指零件、部组件）；关键过程是指对任务成败起决定性作用或实施难度大、质量不稳定、存在较大安全风险，需要进行严密控制的过程。

设计控制要求：对关键件、重要件设计方案进行仿真试验或安排专项试验。

工艺控制要求：对关键过程的人员、设备、工艺方法和参数提出明确要求，对关键、重要参数设置关键检验点，提出明确的检验要求。

过程控制要求：关键件、重要件和关键过程的操作与检验人员必须持证上岗；落实关键过程中对工装、设备和仪器的要求；操作前进行预操作试验；原材料代料执行"以优代劣"原则，并进行必要的试验验证；关键工序实施工步检验；一般不允许超差使用和让步接收。

试验验证控制要求：关键件、重要件和关键过程不能直接获得检测结果时，应安排试验件进行破坏性检测或按设计文件规定采用事后试验的方法判断特性的符合性。

外协控制要求：关键件、重要件和关键过程的外协必须签订外协合同，提出外协加工质量保证措施（含应交付的过程记录及客观凭证）。应对关键过程实施现场监控，按规定的技术和质量条款进行验收。

质量记录、数据包控制要求：实施表格化管理，保证各项记录具有可追溯性；对于特殊过程，可采用照相、录像等措施进行记录；应收集、汇总形成数据包归档，随产品交付时可交付复印件，并由质量部门盖章。

（2）设计复核复算

设计复核复算是为验证设计输出是否满足设计输入的要求，由独立于设计系统之外的同行专家，依据设计输入对设计输出（含设计图样、研试文件、软件源程序与文档等）进行独立的核对和计算，并对原设计提出意见和建议的活动，是从源头抓起的重要措施之一。

设计复核复算的主要内容包括：

1）工程设计是否能满足《项目研制任务书》或上一级系统的要求，是否符合相关航天产品的设计准则、规范及有关标准；

2）设计与计算的正确性、完整性；

3）计算机软件设计的正确性和可靠性，是否符合软件工程化要求；

4）大型试验方案的合理性、可行性，试验验证工作是否充分，对于无法试验验证的项目是否进行了全面深入的分析或仿真；

5）可靠性模型建立与可靠性设计措施的合理性、有效性，可靠性、维修性指标的分配是否能满足要求并留有一定的余量；

6）安全系数是否满足要求，降额设计，冗余、裕度和容错设计，优化设计等设计的正确性、合理性；

7）可靠性、安全性、维修性、保障性大纲和可靠性、安全性设计准则是否得到正确贯彻；

8）FMEA、最坏情况分析及危险分析是否正确合理，Ⅰ、Ⅱ类故障模式和单点故障模式在设计上采取的预防措施是否正确、有效；

9）环境及系统间接口对安全性、可靠性的影响；

10）测试覆盖性分析情况；

11）元器件、材料的选用及控制；

12）设计的工艺可实现及对生产工艺实现过程中可能引入的降低安全性、可靠性的因素从设计上采取的控制措施是否正确合理。

（3）三级审签

三级审签指技术文件的校对、审核和批准三个环节。技术文件按照设计（编写）、校对、审核、工艺会签、标审、批准的顺序进行签署。

根据技术文件所表达的产品层次，确定技术文件的签署人员。根据其权限和职责一人只能签署一栏，每一个签署栏一般不允许多人签署。

涉及单位内外技术协调和接口关系的技术文件应进行技术会签。与最终产品质量直接有关的技术文件，应经质量部门会签。

技术文件的签署过程应形成记录，并归档。签署记录包括：审签人员提出的修改意见或批注，技术文件签署跟踪卡，意见、批注处理结果。

（4）技术评审

技术评审是指载人航天运输实施过程中邀请同行专家对航天产品质量、质量问题归零和转阶段工作等进行评议审查的活动。

技术评审是为载人航天运输技术决策和行政管理决策提供咨询意见的一项必须进行的工作，未按规定完成评审项目不得转入下一阶段工作。评审不改变原有的技术和管理责任。技术评审的类型包括阶段评审、关键点评审和专项评审。

阶段评审是在任务不同阶段处对前一阶段工作完成情况和存在问题进行的评审，并给出是否可以转入下一阶段工作的结论，主要有任务准备评审、航天器加注评审、运载器加注评审、航天器搜救回收评审等。

关键点评审是在航天装备研制过程中的关键时刻对关键工作的评审，主要有总体方案评审、分系统评审、整机评审、航天产品质量评审、型号出厂评审、型号转场评审等。

专项评审是为降低风险，对产品质量、任务进度和经费有重大影响的专业技术问题进行的评审，主要有工艺评审、软件评审、可靠性与安全性评审、元器件评审、质量问题归零评审等。专项评审可独立进行，也可与关键点评审结合进行。

（5）验证试验

验证试验包括研制试验、鉴定试验和验收试验。

研制试验是以暴露产品设计缺陷、改进设计方案和验证设计正确性为重点而开展的全部试验的统称，目的是通过"试验—分析—改进"过程，检测和消除产品设计方案和工艺方案缺陷，完善设计模型，验证设计裕度，暴露新故障模式，确保产品设计正确、验证充分、不存在设计缺陷。研制试验一般包括新元器件、新材料、新工艺研制试验，组件级研制试验（包括功能/性能试验、设计验证试验、环境适应性试验、寿命试验和拉偏试验等），分系统级研制试验和系统级研制试验，一般按照以下程序开展：制定研制试验总要求，策划研制试验工作项目和进度安排，设计、制造研制试验件，编制试验文件，试验迭代过程，验证与评价，试验总结。

鉴定试验是以证明产品性能满足设计要求，产品能够承受其遇到的环境载荷，而且有足够的裕度或余量（包括性能裕度、环境设计裕度、寿命余量等）为目的而开展的全部试验的统称。鉴定试验一般分为系统级鉴定试验和单机级鉴定试验。系统级鉴定试验分别针对结构、压力、热控和电性能等方面开展相应的试验；单机级鉴定试验根据产品种类的不同而有所区别，通常包括冲击、振动、加速度、热循环、热真空、耐压、电磁兼容和寿命等。鉴定试验一般按照以下程序开展：确定产品鉴定件状态，明确鉴定条件和要求，进行鉴定试验分析与预示，制定鉴定试验方案，鉴定试验实施，试验数据分析和结果评审。

验收试验是根据批准的试验方案和规定的试验程序进行的试验项目，用于证实待交付的产品满足用户要求，同时通过环境应力筛选试验，剔除产品中元器件、材料和工艺缺陷，预防早期失效，确保产品可靠。验收试验的内容是按照验收试验相关规范与要求开展的，并且与环境应力筛选试验结合进行。验收试验一般分为系统级验收试验、组件级验收试验和环境应力筛选试验。除需要明确验收试验的条件和要求外，验收试验程序与鉴定试验程序基本相同。验收试验不得破坏产品的实物状态，不得对产品产生潜在的安全风险，不得影响试验结果的真实性和有效性，验收过程中发现的所有问题都必须归零，验收试验数据应纳入产品质量证明文件，验收试验相关文件和过程记录应纳入产品数据包。

（6）强制检验点

强制检验点是在载人航天运输实施过程中，对任务关键过程和关键特性进行强制检验的检验点。强制检验点管理须明确实施强制检验时的具体节点、检验项目或指标、检验方法、记录、确认等方面要求。

设置强制检验点须满足以下原则之一：

1）实施关键工序（或关键过程）时；

2）下步工序不可逆；

3）产品一旦装配到更高一级的组件上，可能由于失效而损坏高一级组件时；

4）过去的故障或失效记录表明必须进行检查时；

5）可能对最终产品的质量和性能等构成潜在的危害时；

6）分承制方无法进行的试验或关键性能的检验；

7）分承制方承担复杂设备或分系统的制造、装配或总装；

8）分承制方过去的工程成绩或质量历史不令人满意；

9）验证试验是破坏的；

10）项目进行最终检验时。

（7）防错技术

防错装置是指满足特定用途的简单装置，用于在质量控制过程中，检测操作的异常并立即采取纠正措施，消除加工差错所造成的产品缺陷，它是防错技术的物化形式。防错技术是利用防错装置，防止人、材料和机器产生产品（或零件）缺陷，实现零缺陷的一种质量工程技术。防错技术强调对过程和产品进行设计，使得差错不会发生或至少及早地发现并纠正，使工作地点和日常工作程序（甚至产品本身）从设计上就能防止差错，建立一个零缺陷的工作环境，从而避免在生产、装配、测试和使用等过程中发生由疏忽造成的人为差错。

防错技术主要用于以下方面：

1）依靠人员注意力、技能或经验的过程；

2）转移到下一工序的交接环节；

3）过程早期一个微小的错误导致后期一个重大问题；

4）过失的后果代价很大或很危险。

防错设备的基本种类有限位开关、计数器、导向销、报警器和检查单。

防错方法通常有检验方法、功能设定和功能调节。检验方法包括在过程发生前检验条件是否合适的来源检验、员工刚做完后进行的自我检验和下个员工所做的连续检验。功能设定包括使用传感器检验产品特性或环境参数超标的接触设定和使用节点确认检验过程未按规定路径实施的节点设定。功能调节包括当员工出现错误时发出警示信号的警示调节和通过联动装置阻止操作继续进行的连锁调节。

防错技术应用应注意：

1）在审视可能犯错的过程中应寻找交接环节、原料和信息的传递过程或数据登记项；

2）寻找那些身份识别与匹配具有关键性或者条件必须恰到好处的环节；

3）使错误发生和反馈的时间间隔最小化。

防错技术的实施步骤：

M1 获得或制作过程流程图，审视每个步骤，考虑人为过失可能发生的地点和时间；

M2 对每个可能的过失，通过流程寻找过失的源头；

M3 对每个过失考虑使之免于发生的可能途径，即消除（消除引起过失的步骤）、替代（用防错步骤替换原步骤）、简易（使正确的行为比错误的行为更容易产生）；

M4 如果不能使过失免于发生，考虑检测出错误或减小影响的方法，考虑检查方法、功能设定和功能调节；

M5 对每个过失选择最好的防错方法或设备，检验，然后实施。

6.2.3　质量改进

（1）双想

双想是前期工作回想和后期工作预想的总称。"回想"是围绕任务目标，从设计质量、产品质量、操作质量等方面，对已完成的工作是否满足要求、是否存在薄弱环节和需要进一步确认环节等进行分析和重新审视的过程。"预想"是围绕任务流程，从后续操作的要求、步骤、设备、环境、人员等方面，对即将开展工作中可能出现的问题和隐患及故障处理预案等进行预先分析的过程。对回想发现的问题和隐患要及时排除，对预想提出的问题和隐患，要及时制定预防措施和解决办法。

岗位人员或工作班组的"双想"工作可参考以下内容确定每个阶段的重点：

1）对当日（或前一阶段）的状态检查、操作、测试等各环节进行回想，反思是否存在疑点、不放心环节；对次日（或后一阶段）的工作项目从状态准备、过程关注点、故障模式、故障影响等多方面进行预想。

2）加强转运、加注、发射和返回等环节，"难操作、易出错"和安全风险等级较高的操作项目等方面的"双想"。

3）对于出厂前遗留工作项目和测试不覆盖项目，发射场检查测试保证措施是否充分？

4）负责产品的技术状态是否清晰？状态最终确认环节是否明确？过程记录是否能充分真实反映产品最终状态？技术状态变化项目是否清晰且已全部落实？

5）负责产品在飞行过程中经历的环境和执行的动作是否明确？是否还存在地面没有充分验证的地方？

6）负责产品与其他产品的接口是否清晰？接口参数是否明确？是否还有不协调的地方？

7）负责产品曾出现质量问题的归零措施是否有效落实？其他型号相同或类似产品出现质量问题是否需要在本产品上进行举一反三？举一反三的措施是否得到落实？

8）负责产品是否是技术风险中高项目？风险控制措施是否清楚且已落实？是否存在涉及Ⅰ类和Ⅱ类单点故障模式？关键特性及控制措施是否明确量化且已落实？

9）负责产品在发射场的操作项目和流程是否清楚？操作文件是否齐全？人员是否落实？保证措施和结果确认是否到位？

10）工作要点和测试注意事项是否在工作前进行了讨论、交流并达成一致意见？

11）按发射场工作流程和飞行任务剖面，是否还存在工作漏项？

12）制定的相关预案是否全面充分？是否具有可操作性？流程和职责是否明确？演练是否充分？是否与相关方进行了充分协调？提出的相关保证措施是否已落实？

13）是否还存在其他不放心的问题、对其他岗位不放心的问题或部位？

中国航天的"双想"工作是一项持续任务全过程的全民性的活动。在任何一项工作开展前，班组负责人都会召集班组内的所有人员集体开展"双想"活动（有点类似"头脑风暴"），总结经验，查找不足，理清下步工作思路和重点，激发人员主动寻找减少差错的方法，对减少差错的发生和提高各项工作质量起着很好的作用。在任务转阶段前，各系统都会组织系统层面的"双想"工作（其本质是一种质量复查），寻找前期工作和后续工作存在的漏洞和隐患，认真处理、确认每一个"疑点"，常常能起到有效遏制问题蔓延、提高工作效率、减少工作差错的作用。在运载器点火前，常常会利用任务中的短暂空闲时间，组织开展全系统、全人员的"双想"活动，把各级、各类人员都动员起来思考"不放心"的地方，经常会发现一些质量和安全隐患，起到进一步堵住可能存在的漏洞的作用。在中国航天发射场有句口号是"火箭不点火，双想不停止"，非常耐人寻味。

（2）技术归零

技术归零是从技术上运用适当方法，分析问题产生原因和机理，采取纠正和预防措施，开展举一反三活动，以达到既能解决已发生质量问题又能避免其再发生的质量改进活动。技术归零标准是定位准确、机理清楚、问题复现、措施有效、举一反三。

技术归零的实施步骤：

S1 现场确认和报告

质量问题发生后应立即采取措施防止问题扩散。在不影响产品、设备和人员安全的情况下，岗位人员应保护好现场，并做好记录，填写并上报质量问题报告单，或口头方式（情况特别紧急时）按要求逐级上报质量问题信息。

报告内容一般包括：问题发生时间、地点等；发生质量问题的产品所处的工作状态、环境条件；产品质量变化过程和现象的详细描述。

S2 问题定位和机理分析

项目负责人应立即组织技术人员确认质量问题的现象和部位，进行初步的问题定位，并确定技术归零的责任单位（部门）。

质量问题定位后，要通过试验和理论分析等手段，弄清问题发生的基本过程，搞清故障模式，从而确定质量问题发生的根本原因。只有彻底查清问题的原因机理，才能解释问题发生的过程，提出针对性的纠正措施。

针对某一特定的质量问题，特别是重大的质量事故应成立问题分析小组，其成员包括：参与产品设计、生产、试验和使用等有关的单位和部门代表、专业失效分析机构和质量可靠性部门的代表。其任务是负责问题调查、分析工作，做出分析结论。

S3 问题复现试验

复现试验是确认定位和机理分析的正确性，只有通过问题复现确认机理已经分析清楚，才能制定针对性措施。复现试验不能复现发生的故障，则认为故障未能定位清楚，机理可能不正确，需要重新进行故障定位和机理分析。

对显而易见的失误造成的产品损伤等问题无须进行复现试验。除大型破坏性试验可以用理论分析和数字模拟外，一般均要求进行实物仿真试验，以保证以前各个环节的正确性。

S4 制定并落实纠正措施

根据质量问题的原因采取相应的改进措施。应通过必要的试验验证确认改进措施的有效性，并将措施固化到相应的设计文件或工艺文件中。措施通常分为应急处理和防止再发生两类。

应急处理即更换有质量问题的零部件，把系统恢复到正常状态。防止再发生是采取纠正和预防措施，改进产品的设计、工艺、试验程序，消除产生质量问题的根本原因，从而提高产品质量。

S5 开展举一反三、编写归零报告

上级质量管理部门根据问题的性质和影响范围，明确举一反三要求。一方面是在本型号产品范围内开展举一反三，检查相同产品范围内，特别是本批次产品范围内是否存在类似的质量隐患；另一方面是对本单位和其他单位同原理设计生产的其他产品进行检查改进，防止同类问题在其他产品上再次发生。

编写归零报告，通过归零报告提炼的研制警示，为今后产品研制工作提供有益借鉴，为后续研制人员提供学习材料。归零报告的主要内容包括：问题描述、问题定位、机理分析、问题复现、采取措施及验证、举一反三情况和结论。

S6 归零评审与归档

归零评审重点评审以下内容：

1）故障定位和机理分析是否正确有效；

2）纠正措施是否落实，纠正措施的效果必须经过充分验证，并将纠正措施落实到设计、工艺文件和产品实物上。

归零评审完成后，应及时将归零报告、故障信息等归档，更新质量问题归零信息库。

（3）管理归零

管理归零是从管理层面运用适当方法，查清问题发生过程，分析问题产生原因，明确人员责任并进行严肃处理，最后通过完善规章的方式改进管理方法和措施。管理归零的标准是过程清楚、责任明确、措施落实、严肃处理、完善规章。

管理归零的实施步骤：

S1 查明问题发生过程和责任

管理原因导致的质量问题，由责任单位组织管理归零，查明质量问题发生过程，分析确认相关的过程管理和结果控制文件规定、执行方面的原因，确认管理上的薄弱环节和漏洞。

S2 制定改进措施，完善规章制度

针对管理上的薄弱环节和漏洞采取纠正措施。归零措施应通过完善质量管理体系文件、规章制度、标准等形式固化。凡属于规章制度不健全的问题，须明确完成规章制度修订时间和具体内容要求。措施中每一项工作应明确责任部门和责任人，对于中长期措施应有明确的计划和节点。

S3 问题处理

依据过程管理和结果控制文件规定、执行和记录情况，确定相关组织和相关人员应承担责任的主次和大小等。对重复性和人为责任质量问题的责任单位和责任人，以及弄虚作假、隐瞒不报的有关责任人，应按照责任和影响大小，给予一定的处分或处罚。

S4 编写归零报告

归零报告应经过批准，主要内容包括：过程概述，原因分析，采取措施和落实情况，处理情况，完善规章，归零结论，管理归零的证明清单等。

S5 管理归零评审

质量问题管理归零完成后应进行评审，评审内容主要包括：问题发生过程是否清楚；主要原因和问题性质是否明确；主要责任单位和责任人是否清楚，是否按规定对责任单位和责任人进行处罚；属无章可循或规章制度不健全的是否完善了规章。

6.3　特色模型

主要讨论在载人航天运输工程实施中，根据工程实际需求研发，并由成功实践检验、凝练而获取的具有载人航天特色的质量保证方法，包括大数据驱动技术、故障模式逻辑决断技术和问题关联度分析技术。

6.3.1　大数据驱动

6.3.1.1　数据类型

载人航天运输质量保证可用数据可分成现场数据、设计验收数据、其他任务数据、成功数据包络、历史数据、标准数据等。

现场数据：特指一次载人航天发射任务过程中，在发射场通过测量、试验等活动所获取的反映相关航天产品和地面测发控设施设备当前功能性能的数据，用函数 $f_0(x, \cdots)$ 表示，$x, \cdots$ 为自变量，0 表示现场数据。

设计验收数据：又称Ⅰ类数据，由设计基线和产品基线所提供的描述某一航天产品或地面测发控设备功能性能技术状态的数据，通常表现为上下阈值 $[\min, \max]$。

其他任务数据：又称Ⅱ类数据，与本次任务相关的其他型号任务或试验产品发生的质量问题，通过举一反三传递到任务现场的数据，用函数 $f_n(x, \cdots)$ 表示，$x, \cdots$ 为自变量，n 用以标识数据来源，常用任务代号。

成功数据包络：又称Ⅲ类数据，指按照关键参数项目，统计历次成功飞行试验产品相同参数的实测值，并结合地面试验结果，找出最大值和最小值，进而形成的数据包络范围。包络上曲线可表示为 $f_{up}(t) = \max[f_1(t), f_2(t), \cdots, f_x(t)]$；包络下曲线可表示为 $f_{low}(t) = \min[f_1(t), f_2(t), \cdots, f_n(t)]$，$t$ 是时间序列或飞行程序时，n 是选取的成功样本总数。

历史数据：又称Ⅳ类数据，指某一航天产品或地面测发控设备生命周期内，除现场数据外，通过各种测试和试验所获取的说明其当时功能性能状态的数据，用 $f_h(x, \cdots)$ 表示，$x, \cdots$ 为自变量，h 用以标识历史数据来源。

标准数据：又称 V 类数据，由国家、军用和行业标准所规定的数据，用 $f_s(x，\cdots)$ 表示，$x，\cdots$ 为自变量，s 用以标识标准数据来源。

6.3.1.2　模型

基于数据驱动的载人航天运输质量保证模型在任务过程中，由数据推送活动发起，在获得现场数据后，按程序和约束条件依次启动不同类型的数据判读，并根据数据判读的不同结果采取相应的质量控制措施；控制措施完成后直接进入下一轮次的数据推送。

基于载人航天发射质量保证可用数据，统筹现场数据与设计数据、其他任务数据、成功数据包络、历史数据、标准数据间的关系，构建的质量保证模型如图 6-2 所示。

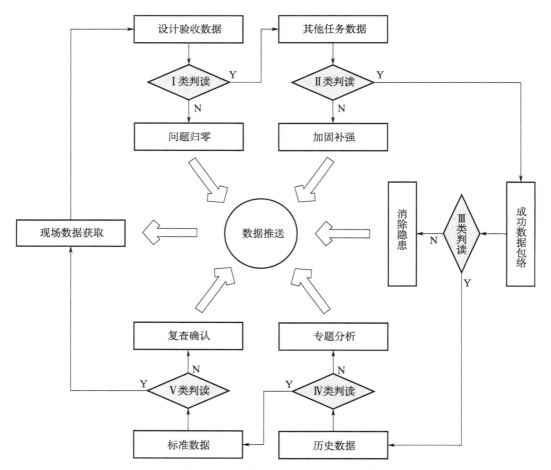

图 6-2　基于数据驱动的载人航天发射质量保证模型

6.3.1.3　数据获取

在航天产品进场前，根据产品配套要求，获取航天产品和地面测发控设备的数据包、相关的行业标准数据。数据包包括成功数据包络和历史数据等。

在航天产品进场后，通过测试、试验、联合检查等活动获取任务现场数据。通过持续跟踪其他型号任务的执行情况和相关航天产品及设备的试验结果，获取其他任务数据。

　　载人航天运输任务实施过程中，按照任务流程和任务计划安排开展数据推送活动。数据推送活动主要包括：

　　1）现场测试过程及其活动后的数据判读；

　　2）联试、联调、演练、仿真与桌面推演；

　　3）质量复查、复核与复算；

　　4）"双想"（回想、预想）；

　　5）阶段工作汇报与质量评审；

　　6）相关任务或产品问题的举一反三；

　　7）其他涉及数据判读的活动。

6.3.1.4　数据判读与处置

（1）Ⅰ类数据判读及问题归零

　　将现场数据 $f_0(x, \cdots)$ 与设计验收数据的上下阈值 $[\min, \max]$ 相比对，如果满足要求，则执行Ⅱ类数据判读；否则，将超差数据作为质量问题，按照质量问题归零程序和"双五条"归零标准对超差项进行归零。归零完成或有不影响载人航天飞行任务成功的明确结论后，可保证相关技术状态能满足任务要求，模型直接转入下一轮次的数据推送活动。Ⅰ类数据判读是载人航天运输质量保证工作的重点和基础，在非应急运输活动中不存在让步接收的情况。

（2）Ⅱ类数据判读与加固补强

　　将现场数据 $f_0(x, \cdots)$ 与其他任务数据 $f_n(x, \cdots)$ 相比对，如果现场数据可以与其剥离，则执行Ⅲ类数据判读；否则，应针对该现场数据进行专题分析，比照其他任务数据的归零措施，对相关航天产品和地面设施设备进行加固补强，及时消除隐患。隐患消除后即等同于质量问题归零，模型直接转入下一轮次的数据推送活动。

　　加固补强即针对存在隐患的航天产品和地面设施设备等所采取的提升其功能性能的处置方法，以消除隐患，提高相关航天产品和地面设施设备可靠性、安全性和环境适应性。

（3）Ⅲ类数据判读与优选优化

　　将现场数据 $f_0(x, \cdots)$ 与其成功数据包络 $f_{up}(t)$ 和 $f_{low}(t)$ 相比对，如果现场数据在成功包络范围内，则执行Ⅳ类数据判读，否则，须优先考虑将超差项目控制在成功数据包络范围内的措施。常用措施包括优先备件后进行更换、对相关部组件进行加固等。隐患消除后，模型直接转入下一轮次的数据推送活动。

　　成功数据包络管理的原理是基于在相似环境下的成功的相似产品必然遵循某种"成功"行为模式，所观测到的成功数据也在"成功中心"聚集。当现场数据不在成功包络范围内，尤其样本数据较少时，并不标志着产品的质量属性不满足任务要求，因此，Ⅲ类数据判读属优选优化活动，可以按照审批程序，经有权批准的单位或人员批准后接收。

（4）Ⅳ类数据判读与专题分析

将现场数据 $f_0(x, \cdots)$ 与历史数据 $f_h(x, \cdots)$ 相比对，如果现场数据与历史数据保持一致，则执行Ⅴ类数据判读；否则，应针对该现场数据进行专题分析，查找异常现象原因，及时消除隐患。隐患消除后，模型不再进行其他类的数据判读，直接转入下一轮次的数据推送活动。

Ⅳ类数据判读方法通常采用类似 SPC 控制图的方法，判断数据未保持一致的条件通常设置为：

1）现场测试数据处于界限值或从当前测试数据向前追溯，连续 2 次（包括当前测试数据）及 2 次以上非常接近同一界限值；

2）从当前测试数据向前追溯，连续 3 次（包括当前测试数据）及 3 次以上向同一界值方向增加或减少；

3）测量值不稳定，连续地在界值范围内大幅跳变。

大量数据统计显示，导致该类问题的主要原因有电磁干扰、工作环境波动、测量设备使用不当、部组件对环境敏感等。

（5）Ⅴ类数据判读与复核复查

将现场数据 $f_0(x, \cdots)$ 与行业标准数据 $f_s(x, \cdots)$ 相比对，如果正常，进入下一轮次的数据推送活动；否则，应对相关数据进行复核复查与分析。

复核复查分析包括核实不满足行业标准数据要求的原因，确认设计和验收数据满足任务要求的情况。经复核复查确认，存在重大质量安全隐患时，应进一步分析制定并落实改进措施，确保相关项目满足本次任务要求；否则，报有权批准的单位或人员同意后，在本次任务中放行。

6.3.2　故障模式逻辑决断

6.3.2.1　故障模式

传统的故障模式、影响及危害性分析（FMEA）是分析产品所有可能的故障模式及其可能产生的影响，并按每个故障模式产生影响的严重程度及其发生概率予以分类。考虑到航天产品进入发射场前，其故障模式识别分析工作已经完成，在发射场的质量保证工作重点是通过检查测试和双想复查等工作，尽可能发现并处置存在的质量问题和异常情况。为此，应从航天产品在发射场的工作程序、内容和方法的角度，对已识别出的故障模式进行重新分类和标识。一种科学实用的分类方法是从故障能否在事前被发现及其如何发现来分类，即可观察、加注前可测、加注后可测、数据比对可判和不可测。

可观察，即故障现象或征兆可通过人的视觉或感觉来获取。

加注前可测，即故障现象或征兆在推进剂加注前，可通过电测、气密性检查和装配对接等活动来获取。

加注后可测，即故障现象或征兆在推进剂加注后，可通过传感器、压力检测、浓度监测等方法来获取。

比对可判，即故障现象或征兆可以通过与历史测试数据、同类部组件或系统级的测试数据比对来获取。

不可测，即故障现象或征兆不能通过现有的观察、测试、比对等方式来获取，或故障只有在运载火箭点火飞行过程中才呈现出来。

6.3.2.2　逻辑决断表

逻辑决断表记录了每个故障模式在载人航天运输实施过程中是如何被检查测试的。逻辑决断表的样式见表 6 - 2。

表 6 - 2　运载火箭动力系统故障逻辑决断表样式

序号	故障模式	征兆表现	可测性	检查测试活动及措施	责任人
01	加注活门故障Ⅰ	加注活门漏气	加注前可测	推进剂贮箱气检	—
02	加注活门故障Ⅱ	推进剂通过加注活门泄漏	加注后可测	推进剂浓度监测	—
…	…	…	…	…	…

逻辑决断表的形成过程如下：

S1 将所有故障模式依据其征兆表现和发射场检查测试手段，分成可观察、加注前可测、加注后可测、数据比对可判和不可测五种类型。

S2 将每个故障模式依据 S1 的分类，对照载人航天运输发射场工作流程，明确其被检查测试或复核、复算、复查的责任人以及在哪个活动、哪个时机进行。

S3 将每个故障模式依据 S2 的安排，对照载人航天运输发射场检查测试手段，明确其具体的检查测试方法。

S3 将 S1、S2、S3 的结果编入故障逻辑决断表，并按程序报批。

故障逻辑决断表是开展相关质量保证活动的指导书和基本依据，直接决定着质量保证效率和效果。编制故障逻辑决断表应关注以下事项：

1）保证故障逻辑决断表覆盖了所有已识别的故障模式，否则可能会留下隐患；

2）熟知发射场工作检查测试手段，找准每个故障模式在发射场的可测性以及具体的检查测试手段；

3）熟知测试发射工艺流程，将每个故障模式在发射场的检查测试手段融入具体工作项目之中；若测试发射流程中遗漏了某种故障模式的检查测试，应申请进行工作项目调整，确保每个故障模式均被检查测试到；

4）对于需要进行趋势或波动分析的故障模式，充分收集相关资料，确定数据比对判读的具体办法和比对判读结果确认的方式、责任人；

5）对于在发射场不可测的故障模式，必须追溯其在研制生产过程中是否可测，若可测，应本着"眼见为实"的原则，明确复查测试结果的办法；若不可测，需要明确对其进行旁证性复查复核的措施手段。

6.3.2.3　模型

基于逻辑决断的航天产品发射场质量保证模型如图 6-3 所示。任务前建立故障逻辑决断表；任务过程中，由任务流程发起，依照逻辑决断表，依次开展故障模式隐患排查，当发现质量问题和异常现象时，进行相应的故障处理；当无质量问题、异常现象，或所发现的质量问题和异常现象处置完毕后，等待任务流程发起下一轮次的故障模式隐患排查。

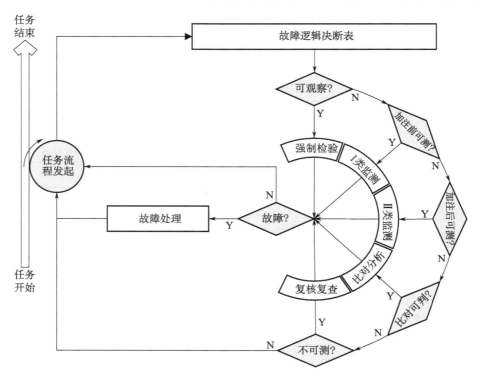

图 6-3　基于逻辑决断的航天产品发射场质量保证模型

（1）强制检验

对于故障模式属于可观察的项目，应将该项目列入强制检查清单，保证按任务流程实施时能够检查到该项目。强制检验须以任务文书的形式进行明确并下发到相关执行岗位，强制性检验的结果应保留相关记录，以备检查。理论上讲，能通过人员观察就能被检查到的故障模式，不应安排在其他类的检查测试活动中。

（2）Ⅰ类监测

对于故障模式属于加注前可测的项目，应开展Ⅰ类监测，即在航天产品没有加注前，通过对航天产品开展电性能测试、气密性检查和连接器脱落检查等，以发现航天产品可能存在的隐患。故障模式能够通过Ⅰ类监测发现时，应将相应的检查项目、检查方法、数据获取与判读等列入具体的工作计划和作业指导书，保证该故障模式检查到位。

（3）Ⅱ类监测

对于故障模式属于加注或加注后可测的项目，应开展Ⅱ类监测，即在航天产品加注过程或加注后，通过对加注物的测量，如推进剂液位传感器信号、推进剂泄漏浓度监测和增压脱落检查等，以发现航天产品可能存在的隐患。故障模式能够通过Ⅱ类监视测量发现时，应将相应的检查项目、检查方法、数据获取与判读等列入具体的工作计划和作业指导书，保证该故障模式检查到位。理论上讲，能在Ⅰ类监测中就能被检查到的故障模式，不应安排在Ⅱ类监测中。

（4）比对分析

航天产品某一故障模式在一段时间内可能发现不了，但通过比较不同时段的测量数据就会发现数据不一致的情况。为此，在每一次的测试活动后，都应将现场获取的数据与历史数据、同一型号数据以及相关联数据进行比对，数据存在某种发展趋势或波动较大时，应及时组织专题分析，查找原因、消除隐患。

（5）复核复查

对于故障模式属于不可测的项目，如爆炸螺栓不起爆，属特殊过程产生的不可测，应对特殊过程确认和控制情况进行复查，并尽可能收集证明不可测项目真实状态的数据信息，通过旁证和证据合成等方式确认不可测项目是否满足要求；属生产过程或产品交付时已做过验收检验，只是发射场测试未覆盖到的项目，应对进场前的检查测试情况进行复核，并分析其状态变化情况。

6.3.3　问题关联度分析

由于系统的复杂性和认知的局限性，即便是成熟型号的航天产品也会质量问题频发，因此，研究质量问题频发的关联性对于持续改进航天产品质量，提高其可靠性、安全性具有重大现实意义。由于每个型号的航天产品数量有限，其质量问题信息属"小样本""贫信息"，如何统计分析一段时期内某型号航天产品质量问题发生的原因，一直是困扰航天运输质量保证领域的难题。在全面统计航天运输任务中所发生的质量问题，归纳总结可能导致航天运输质量问题的过程、系统和因素的基础上，基于灰关联技术提出了一种质量问题关联度分析模型。

6.3.3.1　术语与规则定义

定义 1　识别框架。对于某一需要判决的问题，能认识到的所有可能答案的完备集合用 Θ 表示，任意时刻，问题答案只能是 Θ 中的某个或某几个元素，称该完备集合 Θ 为针对该问题的识别框架，可表示为 $\Theta = \{\theta_1, \theta_2, \cdots, \theta_k, \cdots, \theta_n\}$，其中 θ_k 称为识别框架 Θ 的一个元素；n 是元素个数。

定义 2　比较数列。设 Θ_j 为第 j 个识别框架且共有 n 个元素，比较数列是在 Θ_j 识别框架下，被考察对象在第 i 次试验中获得的试验数据列，记为

$$X_{ij} = (x_{ij}(1), x_{ij}(2), x_{ij}(3), \cdots, x_{ij}(k), \cdots, x_{ij}(n)) \tag{6-1}$$

定义3 参考数列。设 Θ_j 为第 j 个识别框架，参考数列是被考察对象在进行 m 次试验后，在 Θ_j 识别框架下获得试验总数数据列，记为

$$Y_j = (y_j(1), y_j(2), y_j(3), \cdots, y_j(k), \cdots, y_j(n)) \qquad (6-2)$$

定义4 关联系数。设 Θ_j 为第 j 个识别框架，根据定义2和定义3，在识别框架 Θ_j 下，定义关联系数如下

$$\xi_{ji}(k) = \frac{\min\min|y_j(k) - x_{ij}(k)| + \rho\max\max|y_j(k) - x_{ij}(k)|}{|y_j(k) - x_{ij}(k)| + \rho\max\max|y_j(k) - x_{ij}(k)|} \qquad (6-3)$$

其中，ρ 为模型系数。

定义5 关联度。在识别框架 Θ_j 下，被考察对象共进行了 m 次试验，根据定义2、定义3和定义4，定义第 k 个元素的关联度如下

$$\gamma_k = \frac{\sum\limits_{i=1}^{m} \xi_{ij}(k)}{m} \qquad (6-4)$$

6.3.3.2 模型

考虑到不同类型航天产品质量问题的关联因素不尽相同，这里以运载火箭为例阐述模型的构建过程。

（1）数据分类统计

从成熟型号航天产品的生命周期看，航天产品经历了论证、产品设计、工艺设计、生产、装配、搬运、测试发射和飞行等过程，为此，当考察引入质量问题的过程时，应从上述8个过程的角度，以一次航天运输为单位，按时间顺序分析统计每个质量问题被引入的过程，然后，统计记录每个过程引入质量问题的总数。表6-3是按引入过程统计某型号运载火箭一段时期内质量问题的记录样表，需要说明的是，一个质量问题可能是多个过程共同作用的结果，如某火箭推进剂贮箱安溢活门泄漏问题，是工艺设计过程和装配过程共同作用的结果。

表6-3 运载火箭质量问题引入过程统计样表

任务代号	论证过程	产品设计过程	工艺设计过程	生产过程	装配过程	搬运过程	测试发射过程	飞行过程	总数
...	—	—	—	—	—	—	—	—	—
总数	—	—	—	—	—	—	—	—	—

从成熟型号运载火箭的系统构成看，常规液体运载火箭包括结构、发动机、增压输送、火工品、控制、遥测、外安和地面测发控等系统，为此，当考察常规液体运载火箭引入质量问题的系统时，应从上述8个系统的角度，以发射任务代号为单位，按时间顺序分析统计每个质量问题被引入的系统，然后，统计记录每个系统引入质量问题的总数。表6-4是按引入系统统计某型号运载火箭一段时期内质量问题的记录样表。

表 6 - 4　运载火箭质量问题引入系统统计样表

任务代号	结构系统	发动机系统	增压输送系统	火工品系统	控制系统	遥测系统	外安系统	地面测发控	总数
…	—	—	—	—	—	—	—	—	—
总数	—	—	—	—	—	—	—	—	—

从影响成熟型号运载火箭质量的因素看，主要有验证试验、产品设计、工艺设计、元器件缺陷、人员操作、组织管理、计算机软件、老化、环境影响等，当考察引入质量问题的因素时，应从上述 9 个方面的角度，以发射任务代号为单位，按时间顺序分析统计每个质量问题被引入的因素，然后，统计记录每个因素引入质量问题的总数。表 6 - 5 是按引入因素统计的某型号运载火箭一段时期内质量问题的记录样表。

表 6 - 5　运载火箭质量问题引入因素统计样表

任务代号	验证试验	产品设计	工艺设计	元器件缺陷	人员操作	组织管理	计算机软件	老化	环境影响	总数
…	—	—	—	—	—	—	—	—	—	—
总数	—	—	—	—	—	—	—	—	—	—

（2）数据标准化

为保证数据处理结果的可辨识度，需要对数据进行标准化处理，即将表 6 - 3、表 6 - 4 和表 6 - 5 中的每行数据分别除以总数（最后一行）的数据。

由于总数（最后一行）存在数据为零的情况，在对数据进行标准化处理时会有数据溢出问题，需要对上述冲突数据进行处理。处理方法是当存在数据冲突时，所有数据均叠加一个 $\Delta\delta$，$\Delta\delta$ 按下式取值

$$\Delta\delta = \frac{\sum\limits_{i=1}^{l}\sum\limits_{k=1}^{n}\left[y_{jm}(k) - x_{im}(k)\right]}{l \times n} \tag{6-5}$$

式中，l 是统计的发射次数；n 是考察的过程、系统或因素的个数。经实验验证，$\Delta\delta$ 的取值不会影响关联性的相对强弱。

（3）计算关联度

按照式（6 - 3）计算关联系数，按照式（6 - 4）计算质量问题与每个考察过程、系统和因素的关联度。

计算过程中，式（6 - 3）中 ρ 按下式计算

$$\rho = \frac{\min\limits \min\limits \mid y_j(k) - x_{ij}(k) \mid + \max\limits \max\limits \mid y_j(k) - x_{ij}(k) \mid}{m} \tag{6-6}$$

依据以下判据对过程、系统和因素的关联度进行判读：

1）关联度大于 0.7 时，判为强相关；

2）关联度小于 0.3 时，判为弱相关；

3）其他情况按照关联度大小排序。

6.3.3.3 实例分析

（1）数据录入

表6-6、表6-7和表6-8中的数据是基于工程实践获取的演绎数据，表中任务代号为示意性数字。

表6-6 某型号运载火箭质量问题引入过程统计

任务代号	论证过程	产品设计过程	工艺设计过程	生产过程	装配过程	搬运过程	测试发射过程	飞行过程	总数
0-210	0	0	0	0	0	0	0	0	0
0-211	0	1	2	1	1	0	1	1	7
0-212	0	0	0	1	1	0	0	0	2
0-213	0	0	0	0	1	0	1	0	2
0-214	0	0	1	0	2	0	1	0	4
0-215	0	0	0	0	0	0	1	0	1
0-216	0	0	1	0	0	0	1	0	2
0-217	0	0	1	0	0	0	1	0	2
0-218	0	0	0	0	0	0	0	0	0
0-219	0	0	0	0	0	0	0	0	0
0-220	0	0	0	0	0	0	1	0	1
0-221	0	0	0	0	0	0	0	0	0
0-222	0	0	1	0	0	0	1	0	2
0-223	0	0	0	0	0	0	0	0	0
0-224	0	0	0	0	0	0	0	0	0
0-225	0	0	1	1	0	0	0	0	2
总数	0	1	7	3	5	0	8	1	25

表6-7 某型号运载火箭质量问题引入系统统计

任务代号	结构系统	发动机系统	增压输送系统	火工品系统	控制系统	遥测系统	外安系统	地面测发控	总数
0-210	0	0	0	0	0	0	0	0	0
0-211	0	1	2	0	0	0	0	1	4
0-212	0	1	0	0	0	0	0	1	2
0-213	0	1	0	0	0	0	0	1	2
0-214	0	1	0	1	1	0	1	0	4
0-215	0	0	0	0	0	0	0	1	1
0-216	0	0	0	0	0	0	0	1	1
0-217	0	0	0	0	0	0	0	1	1
0-218	0	0	0	0	0	0	0	0	0

续表

任务代号	结构系统	发动机系统	增压输送系统	火工品系统	控制系统	遥测系统	外安系统	地面测发控	总数
0-219	0	0	0	0	0	0	0	0	0
0-220	0	0	0	0	0	0	0	1	1
0-221	0	0	0	0	0	0	0	0	0
0-222	0	0	0	1	0	0	0	1	2
0-223	0	0	0	0	0	0	0	0	0
0-224	0	0	0	0	0	0	0	0	0
0-225	0	0	0	0	0	0	0	2	2
总数	0	4	2	2	1	0	1	10	20

表 6-8　某型号运载火箭质量问题引入因素统计

任务代号	验证试验	产品设计	工艺设计	元器件缺陷	人员操作	组织管理	计算机软件	老化	环境影响	总数
0-210	0	0	0	0	0	0	0	0	0	0
0-211	0	2	2	1	2	0	0	0	0	7
0-212	0	0	0	0	2	1	0	0	0	3
0-213	0	0	0	1	1	1	0	0	0	3
0-214	0	0	2	0	1	1	0	0	1	5
0-215	0	0	0	0	0	0	0	1	0	1
0-216	0	0	1	0	0	0	0	1	0	2
0-217	0	0	1	0	1	0	0	0	0	2
0-218	0	0	0	0	0	0	0	0	0	0
0-219	0	0	0	0	0	0	0	0	0	0
0-220	0	0	0	0	0	0	0	1	0	1
0-221	0	0	0	0	0	0	0	0	0	0
0-222	0	0	1	0	0	1	0	0	0	2
0-223	0	0	0	0	0	0	0	0	0	0
0-224	0	0	0	0	0	0	0	0	0	0
0-225	0	0	1	1	0	0	0	0	0	2
总数	0	2	8	3	7	4	0	3	1	28

（2）计算结果

依据表 6-6、表 6-7 和表 6-8 中的数据，使用式（6-3）、式（6-4）、式（6-5）、式（6-6）计算得到的过程、系统、因素与质量问题的关联度分别见表 6-9、表 6-10、表 6-11。

表 6 - 9   过程与质量问题间的关联度

过程	关联度	过程	关联度	过程	关联度
1）论证过程	0.179	2）产品设计过程	0.492	3）工艺设计过程	0.717
4）生产过程	0.690	5）装配过程	0.677	6）搬运过程	0.179
7）测试发射过程	0.625	8）飞行过程	0.491		

表 6 - 10   系统与质量问题间的关联度

系统	关联度	系统	关联度	系统	关联度
1）结构系统	0.178	2）发动机系统	0.718	3）增压输送系统	0.747
4）火工品系统	0.681	5）控制系统	0.517	6）遥测系统	0.178
7）外安系统	0.517	8）地面测发控系统	0.677		

表 6 - 11   因素与质量问题间的关联度

因素	关联度	因素	关联度	因素	关联度
1）试验验证因素	0.179	2）产品设计因素	0.708	3）工艺设计因素	0.679
4）元器件缺陷因素	0.683	5）人员操作因素	0.712	6）组织管理因素	0.636
7）计算机软件因素	0.179	8）老化因素	0.517	9）环境影响因素	0.484

（3）数据判读

依据判据，对表 6 - 9、表 6 - 10 和表 6 - 11 中的数据进行判读，分别得出如下结论：

1）工艺设计过程与质量问题呈强相关关系；论证过程、搬运过程与质量问题呈弱相关关系；其他过程与质量问题的关联度：生产过程＞装配过程＞测试发射过程＞产品设计过程＞飞行过程。

2）增压输送系统、发动机系统与质量问题呈强相关关系；结构系统、遥测系统与质量问题呈弱相关关系；其他系统与质量问题的关联度：火工品系统＞地面测发控系统＞控制系统和外安系统。

3）人员操作因素、产品设计因素与质量问题呈强相关关系；试验验证因素、计算机软件因素与质量问题呈弱相关关系；其他因素与质量问题的关联度：元器件缺陷因素＞工艺设计因素＞组织管理因素＞老化因素＞环境影响因素。

6.4 典型措施

6.4.1 航天产品

"零疑点"是载人航天运输质量保证最典型的措施之一。所谓疑点就是在航天产品测试发射过程中发现的不放心的现象、数据或问题。"零疑点"就是通过一定的分析手段和方法，明确这些现象、数据或问题是不同工作环境下的正常表现还是有待解决的质量问题，并对所有质量问题进行归零处理或给出不影响发射成功的结论。航天产品"零疑点"是载人航天运输质量保证的基本要求，可归纳为以下 4 个方面：

1）产品合格，即航天产品功能性能参数满足产品基线要求，所有技术状态偏离、让步均经过验证确认满足任务要求。

2）接口匹配，即机械、电气、软件和信息等方面的接口，从全系统的角度看，系统、分系统和单机设备之间功能协调、性能匹配，经检查确认满足任务要求。

3）验证充分，验证充分包括以下三个方面：一是按计划完成了所有的检查、评审、验证和确认工作且有明确的满足要求的结论；二是所有航天产品都经过了评审且满足放行准则要求；三是航天产品满足要求的结论均有相关组织出具的证明或证据。

4）风险可控，风险可控包括以下三个方面：一是关键和重要技术经过试验验证安全可靠；二是风险水平处于可接受状态；三是已知故障模式有完备的预案，未知故障有应急准则和力量储备。

科学、准确的检查测试是保证航天产品"零疑点"的基本途径，也是航天产品"零疑点"最直接、最有效的保证；严格按照双五条归零标准进行质量问题归零是保证航天产品"零疑点"的根本方法；深入细致的"双想"和复核复查是保证航天产品"零疑点"的重要补充；测试、归零和复查共同构成了航天产品"零疑点"质量保证的基本内容，如图6－4所示。

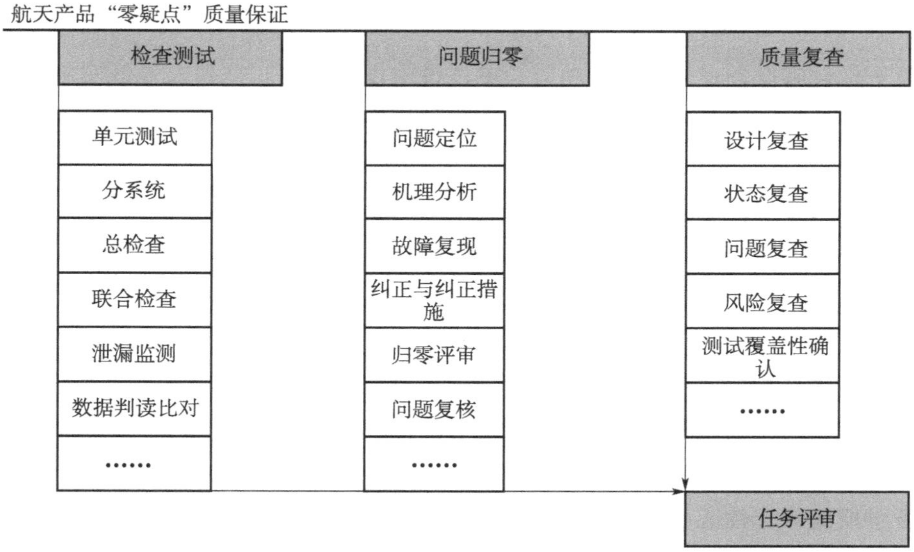

航天产品"零疑点"质量保证

检查测试	问题归零	质量复查
单元测试	问题定位	设计复查
分系统	机理分析	状态复查
总检查	故障复现	问题复查
联合检查	纠正与纠正措施	风险复查
泄漏监测	归零评审	测试覆盖性确认
数据判读比对	问题复核	……
……	……	

任务评审

图 6－4　航天产品"零疑点"质量保证方法

（1）检查测试

发射场检查测试是航天产品质量保证的一个重要环节，也是在发射场条件下检验和评价航天产品功能性能指标的关键过程和最直接的手段。检查测试数据直接反映了航天产品的技术状态和特征，通过数据判读比对能够及时发现航天产品存在疑点，做到查微知著，防患于未然。

航天产品发射场检查测试应与出厂前检查测试构成相互补充、相互印证的关系，两者共同构成航天产品检查测试的覆盖性。

（2）问题归零

严格按照双五条归零标准，准确确定问题发生的具体部位或过程，查清问题发生的技术和管理原因，理清问题发生发展的机理，采取有效的技术和管理措施进行纠正、处理，以根除问题原因，防止同类和类似问题的再次发生，同时，通过举一反三，拓展发现和消除隐患的范围，增强同类产品的可靠性。

问题归零既包括现场发现的质量问题，也包括由其他任务通过举一反三得来的质量问题。

（3）质量复查

质量复查是确保载人航天运输测试覆盖性的有益补充，它以航天产品设计、生产、装配、测试过程为对象，重点针对"九新"和"五交集"项目、质量问题归零以及航天产品在发射场检查测试未覆盖项目，实施设计复查、状态复查、问题复查、举一反三和风险复查，准确识别和严格控制载人航天在测试、发射、运行和返回中的各类疑点，确保航天产品"不带问题转场，不带疑点发射"。

6.4.2 设施设备

故障是指设施设备丧失规定的功能。参试设施设备，尤其是列入最低实施条件的参试设施设备"零故障"是载人航天运输的基本要求。这里的"零故障"包含以下三种含义：

1）从系统要素的强壮性来说，"零故障"要求参试设施设备功能性能满足任务要求，出现的质量问题已"归零"或有不影响任务的明确结论。

2）从系统工程的角度看，"零故障"是设施设备布局科学、系统功能结构合理且工作稳定可靠、所有存在的风险均在可接受范围。

3）从预期结果来讲，"零故障"是指不发生因设施设备问题而导致任务计划较大调整、任务进度明显滞后以及质量未满足要求的事件。

载人航天运输参试设施设备零故障保证方法主要包括：

1）非任务期，对参试设施设备进行合理的维护保养，对关键易损件进行检修，针对设施设备早期故障、性能稳定期故障和老化耗损期故障的特点，开展全寿命周期保障。

2）任务准备期，以预防性检修为主，事后检修和改善检修为辅，对参试设施设备进行全面检修。此外，关键设施设备还须不断完善在线监测、故障诊断和预测检修技术，持续提高参试设施设备的综合检修水平。

3）任务实施期，应用故障诊断技术，及时诊断设施设备故障，必要时采取应急处置措施。

4）参试设施设备发生质量问题，按照质量问题处置程序和质量问题"双五条"归零标准进行归零。

图 6-5 对设施设备"零故障"保证方法进行了简要示意。

设施设备"零故障"质量保证方法

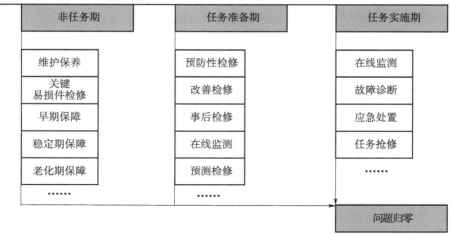

图 6-5　设施设备"零故障"保证方法

6.4.3　技术操作

（1）零差错事后标准

载人航天运输中技术操作概念是特指"一线的"人机交互行为，包括设施设备操作、数据判读以及技术指挥决策。技术操作"零差错"是指在任务实施过程中，不发生影响进度和质量的技术操作差错，由于其只能在动作结束后才能确定，因此又将其称为"零差错"事后标准，主要包含三层含义：

1）从工程层面讲，不发生导致工程延误、失败和重大损失的计划和决策错误。

2）从系统层面讲，不发生因工作程序、任务放行、组织计划等方面的错误而致使任务延期或失败、人员设备受到较大损害的事故。

3）从岗位或工作组（一组相互关联、相互影响的岗位）层面讲，不发生因设施设备操作和数据判读错误而影响任务进度或质量的问题。

载人航天运输操作"零差错"工作的重点不是对差错的度量，而应是完整地辨识差错，有效地寻找差错诱因，系统地梳理并制定预防差错的针对性措施，即将事后差错的度量与评价转到事前的差错预防上来。大量的案例和研究成果表明，几乎所有的技术操作差错都是由多种因素共同作用而引起的，如人员的工作能力、恶劣的环境条件、糟糕的界面设计、不当的时间安排以及疲劳等，为将事后差错度量转到事前差错预防上来，需要从差错诱因出发，规范实现"零差错"的事前标准，定义"零差错"的事前内涵。

（2）差错诱因

基于载人航天运输实施过程中人机交互界面基本已经固定的条件下，可控的技术操作差错主要诱因有：承担任务、人员工作能力、环境因素、组织管理和工具等。

承担任务在载人航天运输中一般可具体化为对以下 5 个问题的肯定回答：

1）任务的目的或目标是明确的吗？

2）任务的层级关系是清晰的吗？

3）任务的物流和信息流是确定的吗？

4）任务序列和活动的步骤是编排好的吗？

5）任务场景（包括时间、事件、空间等要素）和工作环境是确认过的吗？

人员工作能力在载人航天运输中可具体化为在有效时间范围内和给定的任务剖面下，对以下4个问题给出的肯定回答：

1）能有效获取完成任务所必需的信息吗？

2）完成任务的信息能被正确感知吗？

3）在理解信息并依靠信息做出决策时，能有效进行沟通并做出正确判断和决策吗（这类行为通常需要以相互关联的一组岗位或团队作为考察对象）？

4）能有效地执行相关的操作吗？

环境因素包括影响人机系统有效性和安全性的外在条件，狭义的环境因素特指技术操作发生处的物理环境，如工作场所的照明、温度、噪声等；广义的环境因素还包括组织环境，如现场管理、操作规程、协同沟通等。由于环境因素可直接影响人员对信息的获取、状态和态势的判断以及操作动作的完成，所以，环境因素一直备受关注。

可用工具包括操作者获取信息和实施操作时用到的设施设备、仪器仪表、器具器械等，广义的可用工具还包括人机交互界面和决策支持系统。先进的工具可使操作者更易获取所需的信息，减小技术操作的复杂度，提高工作的效率，防止差错的发生。

任务时间包含两层含义，一是在可用时间范围内需要完成的任务；二是执行任务的持续时间。一个人如果在可用时间范围内有太多工作要做，即工作超负荷，会对其操作有负面影响。一个人如果连续执行任务的时间过长，即疲劳工作，也会对其操作有负面影响。主要表现为：信息加工处理能力下降、动作迟钝和精确性下降、对异常情况的响应时间明显滞后等。

组织管理包括组织规范、组织沟通、组织文化等因素，属环境因素中的组织环境部分，对操作差错有很大的影响。如"哥伦比亚"事故调查委员会公布的报告指出，美国国家航空航天局的疏忽和那块泡沫一样致命，美国国家航空航天局没有独立的安全计划、缺乏安全文化、存在侥幸心理、不善于学习和总结，未表现出一个高科技机构应具备的特点。

（3）"零差错"事前标准

基于载人航天运输技术操作差错诱因分析，在人机界面已经固定、任务内容已经明确的条件下，"零差错"的事前内涵或事前标准至少应包括以下几方面内容：

1）上岗人员训练有素。所有参加载人航天运输任务的定岗人员，依据岗位人员能力素质要求和任务分析的结果，经考核确认满足任务要求。

2）任务定义清晰准确。载人航天运输工作范围识别完备，针对每项工作的任务描述明确（包括任务目的和目标、层级关系、物流和信息流、任务序列和活动步骤、任务场景和工作环境等），每项工作的具体计划清晰（针对 5W1H 的回答是明确的）。

3）工作环境具有余量。工作环境在满足任务明确的条件外，还应具有一定的余量，并具有较强的应对气候变化的能力。

4）时间安排科学合理。任务流程、工作计划合理，不存在超负荷工作和疲劳工作的时间安排。

5）可用工具先进适用。人机界面友好，操作所用工具与操作所要完成的工作相适应。

6）操作差错识别充分。对操作差错进行了全息性辨识，并针对可能发生的差错采取了有效措施。

7）信息反馈渠道畅通。在技术操作实施过程中，系统能及时将当前结果和即将发生的事件反馈给操作者，在操作者反应和关键的安全系统发生变化之间具有适当的预留时差。

（4）"零差错"保证

图 6-6 简要描述了载人航天运输技术操作"零差错"保证体系的运行模式。

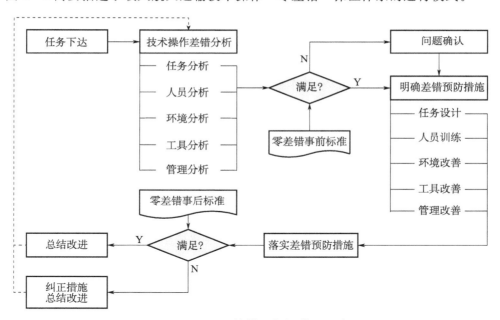

图 6-6　"零差错"保证体系示意

图 6-6 中，通过技术操作差错分析来识别载人航天运输任务实施中可能存在的技术操作差错，然后对照"零差错"的事前标准明确组织和关键岗位可能存在的问题，并针对问题制定落实相应的差错预防措施；通过对照"零差错"事后标准分析检查存在问题和隐患，然后通过采取有效的纠正和预防措施达到持续改进技术操作"零差错"保证体系水平的目的。事前预防、事后改进，二者相辅相成、相得益彰，共同保证载人航天运输"零差错"体系的有效性。

图 6-6 中，针对人因差错诱因—承担任务的措施包括任务分析与设计。任务分析是

"零差错"保证的起点，目的是揭示任务本质，不仅为任务设计奠定基础，更重要的是为人员训练、环境和工具保证、组织管理提供基本的信息输入，主要内容包括任务描述、人机交互分析和意外事件研究等。任务设计是依据任务分析的结果，在工艺流程和发射窗口等约束条件范围内，通过改变操作者所做的事情，来改善任务给操作者带来的不利因素，主要包括任务强度、睡眠和疲劳等方面的管理。

图 6-6 中，针对人因差错诱因—人员工作能力的措施包括人员能力分析和岗位培训。人员能力分析需要按照指挥相关岗位协同工作、协同相关岗位一起工作和完成仅属本岗位的具体工作等三个方面分别进行分析，并明确相应岗位对人员工作能力的要求。岗位训练是使用事先设计好的程序来促进岗位人员学习规定知识和技能的过程。从载人航天运输技术操作"零差错"的角度看，岗位训练是通过提高岗位人员胜任岗位的能力进而达到减小人因差错诱因影响的目的。载人航天运输岗位训练依据其训练顺序和难易程度分成基础性训练、针对性训练和提高性训练。

图 6-6 中，针对人因差错诱因—环境因素的措施包括环境分析与改善。环境分析的目的是识别任务剖面内影响人因差错的环境因素有哪些以及这些因素的当前状态，环境保证是基于环境分析的结果为减小环境因素对人因差错的影响而采取的措施。

图 6-6 中，针对人因差错诱因—组织管理的措施包括管理分析与改善。管理分析的目的是识别组织管理因素中与技术操作不相适应的部分及其当前状态。管理改善是针对组织管理因素中的不适应部分，结合先进适用的方法和技术，规范现场秩序、改进操作者行为和为操作者提供充分易懂的信息，进而有效解决疏忽、遗忘和违规等方面的操作差错。

图 6-6 中，针对人因差错诱因—工具的措施包括操作者所用工具的分析与改善。技术操作范畴所讲的工具是指完成规定操作时所使用的器具和设备。工具分析是基于任务分析结果和组织资源约束，分析信息获取与呈现、设施设备操作、安全防护等方面所需的技术操作工具。工具改善是依据工具分析的结果，从现有技术与可用工具箱中择优选择技术操作工具并形成相应的配置方案和操作规程，在通过验证评审后投入使用。

6.4.4　任务软件

（1）软件类型与特点

任务软件特指参与载人航天运输的专用计算机应用软件，包括程序及其文档。程序是计算机任务的处理对象和处理规则的描述，文档是为了便于了解程序所需的阐明性资料。航天产品和设施设备自带软件（又称嵌入式软件）与航天产品和设施设备研制同步开发和投入使用，不属于任务软件讨论的范畴。

任务软件根据软件失效后可能造成的危害程度将其安全性关键等级划分为 A、B、C、D 四个等级：A 级软件，若失效会造成灾难性后果；B 级软件，若失效会造成严重性后果；C 级软件，若失效会造成轻度危害；D 级软件，若失效会造成轻微危害。计算机软件的安全性关键等级适用于计算机软件配置项或软件部件。对保证系统安全特别重要的软件配置项或软件部件（即 A、B 级软件），在软件开发过程中须采用提高软件可靠性的特殊技术（如软件容错设计、软件故障树分析等），确保软件达到可靠性、安全性和其他质量特性要求。

任务软件根据其用途可分为指挥控制中心应用软件、逃逸指挥控制软件、加注供气应用软件、测发指挥监控应用软件和发射塔架控制应用软件等。指挥控制中心应用软件用于完成对航天器、运载器的捕获跟踪、状态监视、轨迹计算、落点预报、逃逸安控、轨道控制和辅助决策支持等功能，具有实时性强、可靠性和精度高、并发性多、计算量大和维护频繁等特点。逃逸指挥控制软件安全性关键等级为 A 级，软件对多个关键节点的关键参数采取融合处理，自动判别并产生最优数据处理结果。加注供气应用软件安全性关键等级为 B 级，集成了推进剂转注、存贮和调温，流量计在线校验，运载器推进剂加注等功能，具有远控、近控和控制台工序控制等多种控制方式。测发指挥监控应用软件安全性关键等级为 C 级，包括数据服务软件、指挥显示软件、接口软件和地勤监控软件等多个配置项，具有规模大、功能和接口关系复杂、实时性强和信息保障不确定性高等特点。

（2）软件开发

任务软件开发须遵守《载人航天工程软件工程化技术标准》（白皮书）和《载人航天工程软件研制工作管理规定》，从事软件开发的单位，须取得软件能力成熟度集成（Capability Maturity Model Integration，CMMI）二级以上资质，从事独立评测的机构应满足 GJB 2725A—2001 和《军用软件测评实验室测评过程和技术能力要求》中对评测机构能力的要求。

完整的任务软件开发过程包括软件系统分析与设计、软件需求分析、软件概要设计、软件详细设计、软件编码和单元测试、软件部件测试、软件配置项测试、软件系统测试、软件验收与移交、软件维护等过程。

软件系统分析与设计是根据系统总体要求和用户使用要求对软件功能、性能、接口和运行环境等进行定义。软件需求分析是通过对应用问题及其环境的理解与分析，为问题设计的信息、功能及系统行为建立模型，将用户需求精确化、完全化，最终形成需求规格说明的过程。

软件概要设计是根据软件需求规格说明以及应遵循的设计准则，设计软件结构和接口，并输出概要设计说明等技术文档。软件详细设计是对概要设计中产生的部件进行细化设计，并形成软件详细设计说明等文档。

软件编码实现是根据详细设计说明，进行软件编成、调试，开展静态分析、代码审查和单元测试，验证软件单元与设计说明一致性。

软件部件测试的重点是检查软件单元之间和软件部件之间接口和工作的协调性。软件配置项测试是根据软件需求规格说明中定义的全部需求及软件配置项测试计划进行软件配置项测试，确认该软件是否达到软件需求规格说明所规定的各项要求、是否可以进行验收交付和进行后续软件系统测试及系统验证。软件系统测试是将系统中的各软件配置项集成在一起，考核各软件配置项之间能否协调正确工作，是否符合软件系统设计说明或软件系统设计方案的要求。

软件验收移交是软件承办方将已经验收通过的软件产品转交给软件交办方的过程。提交验收的软件项目至少须具备以下条件：已通过计算机软件配置项（CSCI）测试评审；已通过系统测试评审；软件开发任务书（或合同）和系统/子系统设计文档规定的各类文档齐全；软件产品已置于配置管理之下。

　　软件维护是软件产品交付使用后，为纠正错误或改进性能与其他属性，或使软件产品适应改变了的环境而进行的修改活动。

　　（3）软件使用

　　载人航天运输实施过程中要求软件必须正确无误，如状态配置无误、状态切换正确、应急处置科学等。由于任务软件自身和运行环境的复杂性，致使软件测试无法穷尽所有可能条件、发现所有缺陷，因此，须通过软件使用阶段的一系列控制措施加以弥补，这些措施主要包括：接口协议、状态确认、联调联试、操作规程和应急处置。

　　接口协议以接口控制文件的形式加以确定。主要内容包括数据传输接口所涉及的网络协议、帧格式、传输频率、拣择规则，以及为理解一致而建立的指挥显示界面所涉及的数据类型、刷新周期、处理方法、切换脚本、定制能力和状态检查要求等。

　　状态确认是应用软件运行时的使用状态检查单，内容涉及所有识别出的可能引起状态错误的环节并保持过程和结果的可追溯性。任务执行过程中严格落实软件状态检查单可以同时达到操作提示、过程监督和问题追溯的目的。

　　联调联试是将软件置于实战或近似实战的环境中，按照真实或近似真实的流程，对其进行连续的运行考核，以检验其功能、性能以及应对突发事件的能力，是检查、验证和确认软件是否满足工程要求的最后环节。此外，通过联试联调，也可以同时达到训练、考核软件操作人员技能，磨合岗位间协同工作的目的。

　　操作规程是规定任务实施过程中软件运行及其所有与人员操作相关活动的文件。由于操作规程屏蔽了可能导致软件异常的操作，因此科学规范的操作规程可以有效规避软件内在缺陷，提高软件可靠性。

　　应急处理是指当软件运行发生异常时，快速进行问题原因诊断，及时消除问题影响并尽量使任务流程按计划进行或恢复到正常状态的过程。

　　在载人航天运输实践中，针对故障可能性大小和影响程度，软件应急处置通常遵循优先级、补救和告急三原则。优先级原则是指发生多种故障或发生的故障可以采取多种应对措施时，对应急处置方案进行优选。补救原则是指在发生任务软件操作差错后应尽可能采取补救措施，以消除差错造成的危害或使其降到最低。告急是指软件异常是由软件运行的外部原因引起，无法通过软件自身解决，若任其发展可能会导致严重后果，此时应发出告急信息，并连同异常现象及可能后果一起报给上级，由上级裁决和处置。

第7章
载人航天运输安全保证

载人航天运输安全指载人航天测试发射、测量控制、搜救回收和勤务保障等活动中不会将航天员（乘员）、工作人员、附近居民和航区落区的公众，地面设施设备，自然环境，试验数据等置于或使之遭受不可接受损害的状态。本章简要介绍载人航天运输安全保证模式，讨论载人航天运输风险识别、评估和控制的主要内容、工具和方法。

从 1961 年人类首次载人航天成功飞行至今，在载人航天地面试验和训练中有 9 名航天员死亡，载人航天飞行过程中有 18 名航天员罹难，载人航天运输任务中的"意外"情况时有发生。载人航天运输高投入、高风险的典型特性始终警示我们必须重点关注安全性问题。

7.1 安全保证概述

7.1.1 安全及其特性

"安全"是一个非常实际，又非常抽象的概念。"安"的本义是无危险、平静、稳定，"全"的本义是完整无缺。"无危则安，无损则全"，则是古人对"安全"的完美释义。安全的概念有三个层次：一是"没有危险或免于危险"，这是其内在属性，是内因；二是

"不受威胁"，这是其外在属性，是外因；三是"不出事故"，这是安全的基本要求，即在内、外因作用下，不产生意外的损失或灾害。

载人航天运输安全指在载人航天测试发射、测量控制、搜救回收和勤务保障等活动中，不会将航天员（乘员）、工作人员、附近居民和航区落区的公众，地面设施设备，自然环境，试验数据等置于或使之遭受不可接受损害的状态。

风险是不确定性的影响，影响可能有正面的，也可能有负面的。载人航天运输特别需要重视引起负面影响的风险控制，因此，其风险的定义可概括为在任务实施过程中，不期望事件发生可能性和不期望事件危害程度的一种度量，这里的不期望事件主要包括：

1）航天产品损毁或受伤；

2）航天器未进入预定轨道；

3）航天器入轨偏差超出规定范围；

4）航天产品测试或数据判读不满足要求；

5）航天产品装配错误或不满足要求；

6）推进剂加注不满足要求；

7）人员（包括航天员）死亡或受伤；

8）地面设施设备损坏；

9）关键或主要工作环境不满足要求；

10）发射任务取消；

11）发射窗口推迟；

12）关键节点计划时间调整；

13）工作环境不满足要求；

14）未完成规定弧段的跟踪测量任务；

15）主要通信中断或通信质量不满足要求；

16）数据处理分析错误或精度不满足要求。

上述不期望事件或风险的主要特征表现为：

（1）危害性

不期望事件的发生通常都会导致某种损失甚至是灾难。损害不一定表现为直接的人身财产损失，也可能会表现为政治、机遇和信誉等方面的损失。如 20 世纪 90 年代初期，中国航天发射接连受挫，导致中国商业航天发射出现国际信任危机。

（2）客观性

载人航天运输的目的及达成目的的途径、方法和技术决定了其风险具有客观性。如载人航天运输的目的性决定了只要进行发射就必然存在航天器不能正常入轨的风险，采用垂直转运技术就必然存在由气象条件所引发的各类风险。

（3）不确定性

不期望事件的发生具有不确定性，即可能发生也可能不发生，但其发生可能性的大小通常遵守统计规律，可以通过数据分析发现不期望事件发生可能性的概率分布。但由于每次航天发射几乎都具有"独一无二"性，很多不期望事件无法通过统计来分析其概率分布。

（4）可变性

不期望事件在一定条件下可以转化，包括危害程度的变化、发生可能性的变化和新风险的产生。危害程度变化是指由于不期望事件发生时的条件不同而导致其发生后的危害程度不同。如发射场地面设施设备在执行任务期间发生故障常常会影响工作进度，而在任务准备阶段发生通常不会对任务进度造成影响。发生可能性的变化是指不期望事件在不同时空范围内其发生的可能性会有明显的不同。如当发射场经过多次任务后，随着技术条件的不断完善，一些在发射场初建时常见的不期望事件会逐渐减少甚至消失。新的不期望事件的产生是指由于条件的变化会带来新的风险。如应用了新的测试发射和测量控制技术后，在消除旧技术固有的风险时往往会引入新的风险。

（5）可控性

不期望事件的可控性与其可变性相关，是指可以通过施加有目的的人为活动来影响不期望事件发生的可能性以及发生后造成的危害程度。如中心计算机采用双工热备份可明显降低中心计算机不能正常工作的可能性，发射应急预案可明显降低待发段发生意外情况时的损失。

7.1.2　风险度量方法

出于不同目的，不同主体对风险量化的角度也会不同。正如 Goovaerts 所指出的，即使某一风险测度具有很好的性质，也不存在一个风险测度的公理假设集合适用于所有类型的风险决策。期望损失是风险量化最常用的方法，即在所有事件集合中将每一事件的发生概率同发生时的损失相乘，再将这些乘积加总运算。这个运算等同度量了高损失低概率的极端事件与低损失高概率的不利事件。Haimes 指出分析家们所用的这种期望值函数（某些效用函数）的做法，扭曲了这些事件以及所发生序列的相关重要性，相对于经常发生的小危害事故，决策者更为关心的是低概率的极端损害事件，因此，风险期望值不是一个真正传递管理者或决策者意图或感觉的度量。基于上述原因，载人航天运输在处理风险定义时，既考虑期望值度量方法，同时又兼顾极端损害事件，将风险 R（Risk）定义为

$$R = \begin{cases} H \times P(H), H \notin \{\text{disaster}\} \\ H \bigcup P(H), H \in \{\text{disaster}\} \end{cases}$$

式中，H 是不期望事件发生后的损害；$P(H)$ 是损害发生的可能性；$\{\text{disaster}\}$ 是载人航天发射灾难性和致命性损害的集合。

损害通常用严重性等级标注其大小，常用的划分标准见表 7-1。

表7-1 损害严重性等级划分标准

等级	程度	程度定义
Ⅰ	灾难的	引起任务失败或人员死亡、航天产品和重要地面设施设备毁坏、重大环境损害
Ⅱ	致命的	引起任务部分失败或人员严重伤害、航天产品和重要地面设施设备严重损坏、严重环境损害、重大经济损失
Ⅲ	中等的	引起任务延误或人员的中等程度伤害、航天产品和重要地面设施设备中等程度损坏、中等程度环境损害、中等程度的经济损失
Ⅳ	轻度的	引起人员轻度伤害或航天产品和重要地面设施设备轻度损坏、轻度环境损害、轻度经济损失

损害可能性通常用损害发生的概率范围标注其大小，常用的划分标准见表7-2。

表7-2 可能性等级划分标准

等级	可能性	损害发生概率 $P(H)$ 参考范围
A	非常高	$P(H) > 1 \times 10^{-1}$
B	高	$1 \times 10^{-2} < P(H) \leqslant 1 \times 10^{-1}$
C	中等	$1 \times 10^{-4} < P(H) \leqslant 1 \times 10^{-2}$
D	较低	$1 \times 10^{-6} < P(H) \leqslant 1 \times 10^{-4}$
E	极低	$P(H) \leqslant 1 \times 10^{-6}$

通常可以使用损害严重程度和损害发生可能性构建风险矩阵图，以标识风险评价指数及接受准则，如图7-1所示。

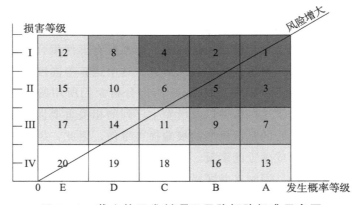

图7-1 载人航天发射项目风险矩阵标准示意图

1~5—不可接受；6~9—不希望（一般不接受）；10~17—可接受（须经评审）；18~20—可接受

图7-1中，指数是1~5的为不可接受类风险，此类风险对载人航天运输成功威胁巨大，是风险管理须首要处置的风险。由于载人航天运输是载人航天工程建造的最后阶段，航天产品已进入正样阶段，此类风险很少存在，通常也不允许将此类风险带入载人航天运输项目中。指数是6~9的为不希望类风险，此类风险对载人航天运输成功威胁较大，必须采取相关措施将风险降低到可接受类风险。指数是10~17的为可接受但须评审类风险，此类风险在载人航天运输中较为常见，处置办法是对其进行技术评审，确定可以不采取措

施直接接受的，则按可接受风险进行管理，确定必须采取措施加强控制的，应按照要求采取相关措施以降低风险水平。指数是 18～20 的为可接受类风险，此类风险应在载人航天运输实施中进行跟踪监测，保证相关控制措施的落实。此外，载人航天运输在实施过程中，随着内外部环境的变化、进度的持续推进，一些旧的不确定性因素会消失，新的不确定性因素会诞生，为保证成功，需要根据内外部环境变化和工作进展，持续开展风险识别、分析、评价、跟踪和控制。

7.1.3　安全保证模式

7.1.3.1　基于风险的思维

载人航天运输的安全保证要采用基于风险的思维，应从达成目的、保证目标实现的角度思考工作实施中可能存在的风险，从每项工作实施的环境和条件考虑可能发生的问题，针对存在的风险和可能发生的问题思考能够采取的措施和可供选择的方案，进一步确定应对风险和问题的措施，完善相关的计划、方案和预案。根据多年工程实践经验和经历的诸多教训，导致载人航天运输事故的主要因素可归结为潜伏隐患、条件遗漏、预案覆盖和工作透明等。

（1）潜伏隐患

统计载人航天运输问题发现，凡是能预想到的问题在运载器点火发射中几乎都不会出现，凡是出现的问题往往都是没有想到的问题，原因是相关问题没有得到充分暴露，因此，载人航天运输风险控制最关键的是暴露问题。工程实践显示，工程系统的潜伏问题大多存在于不可测和未被充分认识的内容，载人航天运输基于风险的思维强调，必须将不可测部分和未被充分认识部分以及其一旦出现问题所造成的危害性作为工作的重点之一。一般情况下，未被充分认识的部分大量地存在于新技术、新方案的采用上，旧有的方案已经成熟，新技术、新方案往往存在一些未被充分认识的部分，因此，载人航天运输风险控制尤为强调技术状态变化管理，强调五交集（状态有变化、质量有前科、测试不到、单点失效和上天有动作）和十新（新技术、新材料、新工艺、新状态、新环境、新单位、新岗位、新人员、新流程和新设备）的控制。

（2）条件遗漏

条件遗漏是指没有考虑到所有可能引发问题的条件、环境或诱因。条件遗漏不同于遗留问题，载人航天运输不允许遗留任何问题。诱发事故的条件往往会在运载器点火发射后和航天器运行过程中暴露出来，如 2017 年 7 月 2 日，长征五号运载火箭芯一级一台液氢液氧发动机故障导致发射失败。对于遗漏条件可以从两个方面进行考虑，首先考虑是否已做了完备的试验验证，其次考虑验证的条件与实际运行的条件是否存在差异，其实质就是试验是不是完备的？验证是不是充分的？试验完备是验证充分的前提，两者共同决定了遗漏的条件。

（3）预案覆盖

预案是根据预测，针对潜在的或可能发生的质量安全故障类别和影响程度而事先制定的应急处置方案。任何系统都可能会发生故障，任何项目的实施都可能会出现突发性破坏事件，预案就是将故障和突发性破坏事件的损失降到最低，同时尽量避免这类事件的发生。预案的覆盖问题主要是解决认识上的盲点，需要从知识和经验两个方面来认识。没有该领域的知识并且没有该领域的相关经验，很难想象预案会具有覆盖性，因此，新型号的载人航天运输中尤为强调和重视专家的作用，因为专家经历过相关项目的实施，特别是经历过的教训为新项目的实施提供了丰富的经验。中国载人航天工程专门组建有质量和可靠性专家组、软件工程专家组、逃逸飞控专家组等多个专家组，就是要充分发挥专家的专业知识和经验，检查、寻找载人航天工程中没有发现的问题，减少认识上的盲点，提高方案预案的覆盖率。

（4）工作透明

工作透明是在载人航天运输执行过程中，一是工作目的、计划、接口和应急预案应对相关组织和个人公开；二是任务进展、变更及异常情况应及时准确地通报到相关组织和个人，使决策者能够清晰准确地掌握全局和关键节点，上下左右各环节中的组织和个人清晰准确地掌握状态和协同关系。工作透明是避免系统之间、岗位之间接口不匹配、工作冲突、相互造成不利影响的重要手段之一，如载人航天运输电磁兼容小组每天通报第二天各单位、各系统无线电设备开机计划，避免无线电设备间的相互干扰。同时，工作透明也是避免问题瞒报、迟报等现象发生，促使问题及早暴露和解决的重要手段之一，如载人航天运输每天工作结束前召开协调会，协调通报各单位、各系统第二天的工作，严格控制计划项目随意增减。

7.1.3.2　全息动态风险控制

载人航天运输全息动态风险控制是在任务准备、实施和总结的所有活动中持续、反复地进行危险源和风险识别、评估、计划、实施、跟踪和决策的闭环过程，并始终贯穿着风险文档、沟通和记录活动，如图7-2所示。

（1）风险控制准备（Ready）

风险控制准备包括危险源辨识、风险识别和风险评估三类活动。

①危险源辨识

从硬件、软件、材料和能源等角度识别确认过程或活动中涉及的能量和有害物质，从任务性质、工作场所、航天产品、设施设备等方面识别确认过程或活动中的涉密信息，从人的不安全行为、物的不安全状态、组织监管的缺失与不力等角度识别确认事故隐患或不利事件的诱发因素，上述能量和有害物质、涉密信息、隐患或诱发因素统称为危险源。然后，根据识别确认的危险源进一步识别确认可能会导致的不利事件或事故，包括涉密信息计划外扩散、有害物质非预期泄漏和能量的意外释放等。

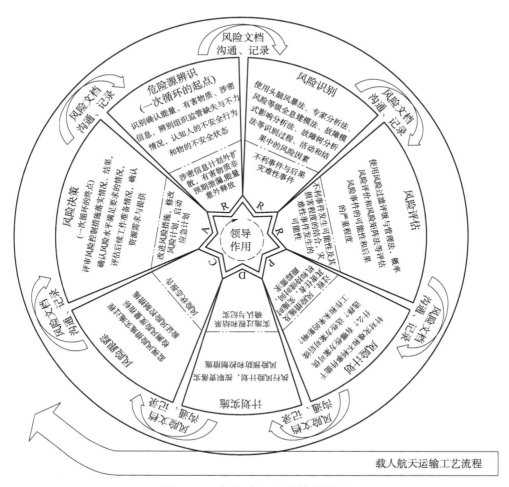

图 7-2　全息动态风险控制模型

②风险识别

针对危险源辨识获得的可能会发生的不利事件或事故，使用风险等级全息建模法、故障模式影响分析法、故障树分析法等方法，进一步分析确认不利事件及其可能导致的后果，灾难事故及其可能导致的损害等。

③风险评估

针对危险源辨识、风险识别获得的信息和数据，使用风险过滤评级、概率风险评价和风险矩阵等方法，基于历史数据、试验数据和检查测试数据等，评估每个不利事件的后果及其发生的可能性，每个灾难事故发生的可能性。不利事件和灾难发生的可能性通常用概率来表示。

（2）风险计划（Plan）

风险计划的重点是针对灾难和不利事件，基于航天发射的约束条件，确认为消除和降低风险，能干什么；有哪些方案可供选择；这些方案对后续工作和未来的影响。然后按照风险消除、替代、转移、工程控制、个人防护和管理控制的顺序，同时兼顾效果与社会影响和经济效益之间的平衡，制定和选择风险预防和控制措施、方案，并形成可执行的风险计划。

风险计划应阐明存在风险的过程，相应的风险措施和责任者，风险措施实施的时机、持续的时间和监视测量、分析评价的要求等。

（3）计划实施（Do）

计划实施即风险控制计划和措施的落实活动，重点是按照风险计划的安排，落实风险预防和控制措施。风险预防和控制措施的执行者应对风险预防和控制措施的实施情况进行确认和纪实。

（4）风险跟踪（Check）

风险跟踪即风险控制过程的检查活动，重点是监视风险预防和控制措施实施过程，持续监测风险参数，分析验证风险预防和控制措施的有效性，按要求形成风险状况报告；发现异常情况及时启动商业航天发射问题纠正和纠正措施系统，符合应急响应准则时，启动应急响应系统。

（5）风险决策（Act）

风险决策即风险控制过程的改进活动，重点是评审风险控制措施落实情况、结果，确认风险水平满足要求的情况，评估后续风险预防和控制措施落实的准备情况，确认资源需求与提供；尤其是针对风险控制过程中存在的重大和倾向性问题做出决策，包括改进风险措施、修改风险计划、启动应急计划等。

上述准备、计划、实施、检查和决策等五个步骤之间的联系、协同和转换主要依靠风险控制文档、组织内外沟通和过程实施及其结果的记录等。五个步骤在载人航天运输工艺流程的推动下，按照 RPDCA 的循环模式持续不断地循环，直至该次载人航天运输任务结束。

7.2　风险识别

载人航天运输风险识别是在全面收集数据资料和调查研究的基础上，运用各种方法，发现、确认和描述风险的过程。风险识别的任务是选择风险识别方法，动态识别、确认风险事件。

7.2.1　风险识别输入

载人航天运输风险识别的输入主要包括任务要求、影响因素、数据资料、任务剖面和质量问题处置等。

7.2.1.1　任务要求

载人航天运输安全保证的根本目的是消除、降低和控制任务实施中的风险，使载人航天运输实施过程及其结果满足任务要求。因此，任务要求是安全保证的基本约束，同时，也是风险识别的基本依据。任务要求的表现形式主要有：

　　1）上级的命令、指示与要求，客户的安全期望；

　　2）航天产品研制、生产、使用单位的要求；

　　3）载人航天运输任务大纲、测发工艺流程、总体技术文书；

　　4）任务计划、技术状态和系统间接口的变更。

7.2.1.2　影响因素

　　影响载人航天运输风险的因素众多，主要有技术因素、组织因素、行为因素、人员健康与安全因素、自然因素和社会因素。

　　（1）技术因素

　　影响载人航天运输风险的技术因素主要表现为技术途径、工艺方法和技术方案不成熟，设施设备功能性能达不到预期要求，监视测量手段不完备，系统固有和随机故障等。

　　载人航天运输系统构成复杂，涉及机、电、热、光、声、磁、材料等众多学科，新技术应用多，且航天器、运载器等航天产品的研制数量少，几乎每件都有"独一无二"性，所用设施设备又大多为特种装备，通用化程度较低，导致载人航天运输工程技术风险种类繁多，并成为灾难事故原因中的主要因素。载人航天运输质量问题统计显示，设计试验不到位引起的质量问题约占30%、技术机理未吃透引起的质量问题约占18%、元器件质量缺陷引发的质量问题约占12%。

　　针对技术因素导致的风险，中国载人航天发射的经验做法：一是在发射和着陆场建设时，应用可靠性技术和维修性技术设计系统，广泛采用先进可靠的自动化技术和在线监测技术、设备和工艺的冗余备份等，提高系统固有可靠性和自动化水平。二是依据技术方案和工艺流程，识别技术状态变化和接口关系变更、开展设施设备适应性改造和检修检测，降低任务潜在风险。三是进行任务可靠性和安全性分析，持续、广泛地开展技术风险分析识别，找出各系统、设备的质量控制点和风险预控点，制定落实风险防控措施，形成相应的风险预案。

　　（2）组织因素

　　影响载人航天运输风险的组织因素主要表现为任务机构和单位间关系不协调，参与各方对任务的理解、态度和行动不一致，部门和单位间的利益冲突等。参加载人航天运输的部门、单位和人员性质多样、种类繁多，组织计划、沟通协调、资源调配、环境保障、进度和质量控制等工作困难较大，存在以下常见问题：

　　1）漏掉和/或忽视缺陷；

　　2）纠正缺陷时拖延缓慢；

　　3）沟通失效或不充分；

　　4）丢失有用的数据；

　　5）组织之间、管理者与员工之间存在未解决的冲突；

6）掩盖错误、隐瞒问题；

7）缺乏寻找问题的激励；

8）接受有利假设的趋势；

9）丧失灵活和开发；

10）忽视决策的长期效果；

11）侥幸、冒险。

针对组织因素导致的风险，中国载人航天运输的经验做法：一是成立由各系统、部门和单位人员构成的联合指挥部，下设质量控制组、测发协调组、测控通信组等职能组织，对参与载人航天运输的各系统、部门和单位进行统一管理。二是统一制定各种管理规范，包括公开、汇报、更改、评审等制度，明确各级各类组织和人员的职责、权限、工作流程。三是确定各项制度和标准，明确过程控制方法、节点把关要求和里程碑放行准则，保证进度、质量、风险和资源保证计划的有效落实。四是保持顺畅、及时的交流与沟通渠道。

（3）行为因素

影响载人航天运输风险的行为因素主要表现为人员的知识缺乏、疏忽、遗忘、违章等不当行为。目前，航天产品转运、吊装、单元仪器安装、测试电缆连接和推进剂加注管路连接及气检等工作都由手工操作完成，容易发生误操作，同时，航天发射高频度常态化，常常导致岗位人员身心疲劳，认知判断和操作行为水平下降。

针对行为因素导致的风险，中国载人航天运输的经验做法：一是完善防止人因差错的制度，如"双岗""三检查""五不操作""班前会""班后会"等制度。二是严格落实检查评审、复核复查、质量问题归零"双五条"标准、技术状态更改"五条"规定等制度，预防差错、消除隐患。三是改进人机界面，提高岗位技术操作绩效，如优化指挥监控系统的界面，改进操作者的人机工效环境等。四是加强岗位选拔与培训，采用知识基础性训练、操作针对性训练、技能提高性训练等模式，提高人员完成任务、适应环境的能力。五是通过合理的任务设计、良好的工作环境、科学的方案预案，改善人因绩效。

（4）人员健康与安全因素

影响载人航天运输人员健康与安全的因素主要表现为机械伤害、电气伤害、辐射危害、粉尘危害、毒物毒气危害、压力容器泄漏与爆破、防火防爆、高空坠落、重高物搬运等。

针对人员健康与安全因素导致的风险，中国载人航天运输的经验做法是：一是缜密的危害辨识，将定期和随机、全面与重点、知识与经验、机理与案例相结合，广泛深入地开展危险源和危害辨识，确保所有危险源和可能发生的危害纳入风险防控。二是科学的风险评估，将专家和群众、现状和历史、定性和定量、范围和程度相结合，有效融合各类数据信息，分析评价不期望事件的可能性及其发生后的危害程度。三是有效的安全控制，建立安全管理体系和安全作业的长效机制，明确各级各类组织和人员的安全责任，完善落实安全措施评审与执行、安全检查、异常现象和事故报告、事故调查和处理、安全责任追究等工作制度。如建立联动消防、固定消防和活动消防三位一体的消防体系，实施快捷的阵地现场卫勤救护、抢险，对危险场所和物品器材进行安全警示标识，设置安全通道及紧急撤离路线，制定应急抢险和紧急撤离预案等。四是提高自动化水平、改善安全防护技术和相关设施设备，减少威胁人员健康和安全的操作，减少将人员暴露于危险环境中的机会与时间。

（5）自然因素

影响载人航天运输风险的自然因素主要表现为由于极端自然力而导致的财产毁损和人员伤亡，如沙尘暴、台风、地震、雷电等。载人航天运输一部分工作是在露天状态下完成的，如航天产品转运、吊装对接、点火发射等，气象成为上述工作能否实施的基本条件。因此，发射场、着陆场等均建有气象预报系统，规避自然因素给载人航天运输带来的风险。

（6）社会风险

影响载人航天运输风险的社会因素主要是不能预测或不能准确预测的反常社会行为，如恐怖活动、民族冲突、区域战争、地区动乱、员工罢工、重大泄密等，涉及地区稳定、宗教信仰、社会治安、风俗文化、劳动者素质等因素。中国载人航天运输应对上述风险因素的主要做法是：一是对载人航天运输实施集中组织指挥，建立对重大社会事件研判和决策的快速响应机制；二是建立安全防泄密的组织，完善保密措施和技术手段；三是对参加载人航天运输的人员进行政治审查，对进出场区的人员进行安全排查；四是建立应急防暴队伍，加强重点区域巡逻警戒等。

7.2.1.3　数据资料

数据资料是载人航天运输风险识别充分有效的基本保证，主要包括：

1）组织所处的内外环境信息；

2）假设条件和制约因素；

3）风险管理目标；

4）风险管理所需资源；

5）任务书（任务指示）、指标要求、放行准则、成功准则；

6）工艺流程、计划网络图、工作清单；

7）仿真计算、试验验证、检验检修等数据报告；

8）相关系统、航天产品、设施设备的知识；

9）变更分析与控制；

10）技术评审和审查结论；

11）类似风险评估经验和相关数据；

12）相关方的风险承受能力或容许度、提供的风险信息；

13）相关专家意见、标准、模板及其他可利用的信息；

14）其他相关的过程和活动。

7.2.1.4 任务剖面

载人航天运输任务剖面是在完成某规定任务这段时间内，对人员、航天产品和相关的设施设备所经历的事件和环境的时序描述。载人航天运输风险与任务剖面直接相关，因此，风险识别必须基于任务剖面来进行。表7-3是载人航天运输主要任务剖面简要示意。

表7-3 任务剖面简要示意

1 飞船进场	1-1 产品卸车；1-2 产品就位；1-3 内外观检查；1-4 测试准备
2 飞船总装测试	2-1 舱体检漏；2-2 太阳帆板检查；2-3 三舱对接；2-4 飞船综合测试；2-5 转运准备
3 火箭进场	3-1 产品卸车；3-2 产品就位；3-3 内外观检查；3-4 测试准备
4 火箭总装测试	4-1 单元测试；4-2 吊装对接；4-3 安装单元仪器；4-4 分系统测试；4-5 匹配测试；4-6 总检查；4-7 安装战斗码组和对接
5 飞船加注	5-1 飞船加注准备；5-2 飞船加注、充气；5-3 飞船扣罩
6 船箭组合体垂直总装与转运	6-1 船罩组合体转运；6-2 逃逸塔转运；6-3 船箭塔对接；6-4 火箭火工品安装；6-5 垂直整体转运准备；6-6 转运
7 发射区测试与发射	7-1 发射台对中、定位、调整；7-2 功能检查准备；7-3 功能检查；7-4 火箭加注；7-5 发射
8 上升段测量与控制	8-1 起飞漂移量测量；8-2 外弹道测量；8-3 景象测量；8-4 遥测；8-5 逃逸安控；8-6 微波统一测控

7.2.2 风险识别方法

载人航天运输风险识别最常用的方法是风险等级全息建模技术。风险等级全息建模技术是一种全面的思想和方法论，目的在于多方面、多视角、多维度、多层次地捕捉展现系统和过程的内在不同特征与本质。"全息"是指当确定系统脆弱性和过程薄弱环节时，希望有一个系统的、全面的多视角图像，如不同视角的风险包括（但不限于）：地理、气象、时间、组织、管理、技术、实物、资源和知识。为获得一个全息的结果，分析者应具有广泛的知识和经验。"等级"是指在系统和过程的不同层面上"什么会出问题、会出什么问题"，等级性指出一个系统高层管理者所了解的宏观风险不同于低层管理者所观察到的微观风险，因此，风险识别者应包括来自各层面的人员。等级全息建模思想的主旨是：复杂系统和过程无法用单一视角、单一模型来描述，等级全息建模技术是将复杂系统和过程以互补、协作的方式分解为子系统和子过程、部件和工作项等层次，每一层次都是完整系统的某一特定视角结构。

等级全息建模技术使多视角、多方位的风险识别变得更加可行，且更利于评估子系统、子过程风险，尤其适用于具有等级特性的大型复杂系统和过程的风险识别。图7-3为发射场系统风险识别等级全息建模示意图。

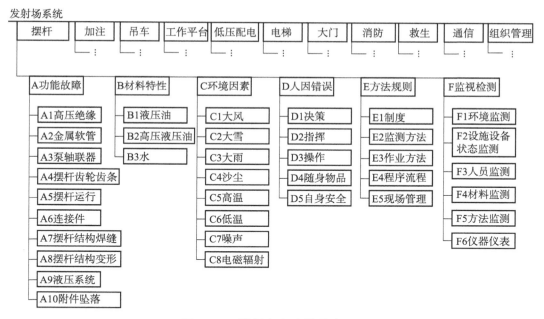

图 7-3 等级全息建模示意图

图 7-3 中：

Ⅰ级是发射场系统。

Ⅱ级包括加注分系统、摆杆分系统、吊车分系统、工作平台分系统、大门分系统、电梯分系统、低压配电分系统、固定消防分系统、通信分系统、C³I分系统、共用射频光纤转发分系统、待发段地面应急救生分系统和组织管理等。

Ⅲ级以摆杆分系统的风险类型为例展开，包括功能故障、材料故障、环境因素、人因差错、方法规则、监视测量。

Ⅳ级是对摆杆分系统风险的全息识别，共计 37 项风险，包括：A1—高压绝缘，A2—金属软管，A3—泵轴联器，A4—摆杆齿轮齿条，A5—摆杆运行，A6—连接件，A7—摆杆结构焊缝，A8—摆杆结构变形，A9—液压系统，A10—附件坠落；B1—液压油，B2—高压液压油，B3—水，C1—大风，C2—大雪，C3—大雨，C4—沙尘，C5—高温，C6—低温，C7—噪声，C8—电磁辐射，D1—决策，D2—指挥，D3—操作，D4—随身物品，D5—自身安全，E1—制度，E2—监测方法，E3—作业方法，E4—程序流程，E5—现场管理，F1—环境监测，F2—设施设备状态监测，F3—人员监测，F4—材料监测，F5—方法监测，F6—仪器仪表。

除最常用的等级全息建模技术外，可用于载人航天运输风险识别的方法还有很多，包括头脑风暴法、德尔菲法、情景分析、检查表、故障模式影响分析（FMEA）法、危险分析与关键控制点（HACCP）、风险矩阵、人因可靠性分析、以可靠性为中心的维修、决策树分析、技术成熟度评价、风险指数等，上述方法简介见表 7-4。

表 7 - 4 常用风险识别分析评价方法简介

工具及技术	简要说明	风险识别	风险分析		风险评价
			后果	可能性	
等级全息建模	多方面、多视角、多维度、多层次地捕捉系统和过程实施中的风险	非常适用	不适用	不适用	不适用
头脑风暴法	一种收集各种观点及评价并将其在团队内进行评级的方法	非常适用	适用	适用	适用
德尔菲法	一种综合各类专家观点并促其一致的方法,这些观点有利于支持风险源及影响的识别、可能性与后果分析以及风险评价	非常适用	适用	适用	适用
情景分析	在想象和推测的基础上,对可能发生的未来情景加以描述。可以通过正式或非正式的、定性或定量的手段进行情景分析	非常适用	非常适用	适用	非常适用
检查表	一种简单的识别技术,提供了一系列典型的需要考虑的不确定性因素。使用者可参照以前的风险清单、规定或标准	非常适用	不适用	不适用	不适用
故障模式影响分析(FMEA)	一种识别失效模式、机制及其影响的技术。常见的有:设计(或产品)FMEA,系统 FMEA,过程 FMEA 和软件 FMEA 等	非常适用	不适用	不适用	不适用
危险分析与关键控制点	一种系统的、前瞻性及预防性的技术,通过测量并监控那些应处于规定限值内的具体特征来确保产品质量、可靠性以及过程的安全性	非常适用	非常适用	不适用	非常适用
风险矩阵	分别以事件发生可能性和后果构建的矩阵,可用于评价风险等级	非常适用	非常适用	非常适用	适用
人因可靠性分析	一类用于分析和控制人为差错的技术	非常适用	非常适用	非常适用	适用
以可靠性为中心的维修	一种以保证可靠性为目的来选择设备维修策略的技术	非常适用	非常适用	非常适用	非常适用
决策树分析	对于决策问题的细节提供了一种清楚的图解说明	适用	非常适用	不适用	适用
技术成熟度评价	评价技术满足预期装备目标程度(分为 9 级)的方法。用于查找关键技术的薄弱环节	非常适用	不适用	适用	不适用
风险指数	风险指数可以提供一种有效的划分风险等级的工具	适用	非常适用	非常适用	非常适用
故障树分析	始于顶事件分析并确定该事件可能发生的所有方式,然后以逻辑树形图的形式进行展示。在建立起故障树后,就应考虑如何减轻或消除潜在的风险源	不适用	适用	适用	适用
事件树分析	运用归纳推理方法将各类初始事件的可能性转化成可能发生的结果	不适用	非常适用	非常适用	不适用
因果分析	综合运用故障树分析和事件树分析,并允许时间延误。初始事件的原因和后果都要予以考虑	不适用	非常适用	非常适用	适用

续表

工具及技术	简要说明	风险识别	风险分析		风险评价
			后果	可能性	
层次分析法	定性与定量分析相结合,适合于多目标、多层次、多因素的复杂系统的决策	不适用	非常适用	非常适用	非常适用
蒙特卡罗模拟法	蒙特卡罗模拟用于确定系统内的综合变化,该变化产生于多个输入数据的变化,其中每个输入数据都有确定的分布,而且输入数据与输出结果有着明确的关系	不适用	非常适用	非常适用	非常适用
贝叶斯分析	贝叶斯分析是一种统计程序,利用先验分布数据来评估结果的可能性,其推断的准确程度依赖于先验分布和似然率的准确性	不适用	不适用	非常适用	非常适用

7.3　风险评估

7.3.1　可靠性分析

可靠性是产品在规定的时间内、规定的条件下完成预定功能的能力，通常用概率表示，不包括故障结果。因此，与可靠性相比，风险具有更好的代表性。然而，可靠性分析在某些方面比风险分析应用的还要广泛，原因是从实体和功能的角度来看，工程师或决策者有时无法接受把概率和结果这两个有着不同度量单位的概念融合成风险，更重要的是，研究可靠性不需要工程师在成本和故障结果之间寻求精确的权衡。载人航天运输任务可靠性分析的目的在于，通过定性和定量分析评估，客观评价参加任务的设施设备（或系统）的可靠性，准确识别其薄弱因素和关键环节，并针对识别出的薄弱因素和关键环节提出切实可行的质量控制措施。

载人航天运输可靠性分析的程序可概括为收集整理资料、定义可靠性框图、分析故障模式、估算任务可靠度、确定关键部位和薄弱环节并制定相应措施。以发射场电缆摆杆系统为例，对载人航天运输可靠性分析方法简要说明如下。

（1）收集整理资料

电缆摆杆系统由机械结构、电控系统、液压气动系统等组成。机械结构包括：竖直杆、水平杆、强脱机构、防回弹机构；电控系统包括远控台、近控台、手控盒及通信部分；液压气动系统包括液压泵站、液压缸、强脱气缸和若干油气管道。可采用近控、远控和程控三种控制模式，在运载器点火前 1 分钟，强制将脱落插头脱落并防止回弹，待强脱到位后摆杆摆开，为运载器点火起飞提供净空。主要任务剖面有：

－5 小时，电缆摆杆系统远近控制台进行状态检查；

－3 小时，电缆摆杆系统油泵试运行；

－1 小时，电缆摆杆系统打开强脱机构供气阀；

－40 分钟，电缆摆杆系统启动油泵，近控台状态置远控；

－1分钟，电缆摆杆系统强脱机构动作，摆杆摆开。

（2）定义可靠性框图

电缆摆杆系统的每种控制方式均采用双回路软件并行控制和双电源热备份供电，液压部分采用双泵供油、双回路设计，根据系统中各故障单元的逻辑及其相互作用关系，定义其任务可靠性功能框图如图7-4所示。

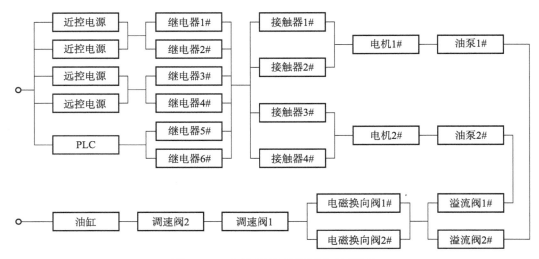

图 7 - 4　电缆摆杆系统可靠性框图

（3）故障统计和故障模式分析

电缆摆杆系统经过全面的试验验证，投入使用后发现2个问题并已及时处理，目前系统功能性能良好，满足载人航天运输技术要求。

按照部件级约定，包括远控台、近控台、手控盒、发控台接口、液压泵、液压管路、油路体、液压缸、溢流阀、换向阀、调速阀、强脱气缸和电磁换向阀，利用故障模式方法和程序分析，汇总出电缆摆杆系统故障模式共24个，其中灾难类故障模式为0，严重类故障模式有8个，一般类故障模式有7个，轻度类故障模式有9个。

（4）估算任务可靠度

电缆摆杆系统属复杂可维修机械设备，根据相同和类似设备以及本身的历史故障数据特征和规律分布得出，系统处于稳定运行阶段，故障率基本恒定，可靠度服从指数分布。

依据历史数据和系统当前状态，基于任务剖面，按照可靠度指数分布，计算得出的电缆摆杆系统各主要部件可靠度，见表7-5。

表 7 - 5　电缆摆杆系统主要部件可靠度计算结果

序号	单元名称	主要参数	任务可靠度
1	气动阀	$t=1$ h, $\lambda=r/T=1/90=0.011\ 1$	0.989 0
2	接触器	$t=1$ h, $\lambda=r/T=1/120=0.008\ 3$	0.991 7
3	电磁换向阀	$t=1$ h, $\lambda=r/T=1/90=0.011\ 1$	0.989 0

续表

序号	单元名称	主要参数	任务可靠度
4	气缸	$t = 1\ \text{h},\ \lambda = r/T = 1/90 = 0.011\ 1$	0.989 0
5	继电器	$t = 1\ \text{h},\ \lambda = r/T = 1/200 = 0.005$	0.995 0
6	电源	$t = 5\ \text{h},\ \lambda = r/T = 1/1\ 500 = 0.000\ 7$	0.996 5
7	电机	$t = 1\ \text{h},\ \lambda = r/T = 1/1\ 500 = 0.000\ 7$	0.999 3
8	换向阀（液压）	$t = 1\ \text{h},\ \lambda = r/T = 1/1\ 500 = 0.000\ 7$	0.999 3
9	溢流阀	$t = 1\ \text{h},\ \lambda = r/T = 1/1\ 500 = 0.000\ 7$	0.999 3
10	调速阀	$t = 1\ \text{h},\ \lambda = r/T = 1/1\ 500 = 0.000\ 7$	0.999 3
11	油泵	$t = 1\ \text{h},\ \lambda = r/T = 1/1\ 500 = 0.000\ 7$	0.999 3
12	PLC	$t = 5\ \text{h},\ \lambda = r/T = 1/1\ 500 = 0.000\ 7$	0.996 5

依据电缆摆杆系统可靠性框图和各部件任务可靠度，计算摆杆系统任务可靠度

$$R_{摆杆} = \left[1 - (1 - R_{电机}R_{油泵}R_{溢流阀})^2\right] \times \left[1 - (1 - R_{换向阀})^2\right] \times$$
$$R_{接触器} \times \left[1 - (1 - R_{电源})^2\right] \times R_{PLC}$$
$$= 0.9960$$

（5）确定关键部位和薄弱环节

综合承担任务、系统状态、历史资料、故障统计、故障模式、任务可靠度，确定电缆摆杆系统关键部位和薄弱环节，并制定相应的可靠性保证措施，见表 7 - 6。

表 7 - 6　电缆摆杆系统关键部位和薄弱环节控制措施

序号	名称		控制措施	备注
1	关键部位	近控台	检修和功能及状态检查中详细测试	
2		远控台	检修和功能及状态检查中详细测试	
3		油泵	任务前检修，重点检查泵的润滑和密封	
4		油缸	运行检查时重点检查有无渗油及爬行等现象	
5		溢流阀	运行检查时重点观察系统压力	
6		换向阀	检修时重点测量电磁线圈电阻和线路通断情况	
7		调速阀	检修时重点观察摆杆运行速度，测量摆杆摆开到位时间	
8	薄弱环节	气缸	运行检查时仔细观察气缸的动作情况，观察是否有漏气	
9		气管	运行检查时重点观察是否有漏气	
10		液压软管	检修和运行检查时重点观察是否有漏油	
11		控制线路	检修时重点检查接线端子是否松动、锈蚀，检查控制线路导通情况	重点关注单点环节

（6）故障数据选取说明

设施设备或系统任务可靠性评估时，应按照任务剖面选取相关数据，包括设备自身故障和使用操作故障。对于从来没有出现故障，从感官上看也不可能出现故障的设备，如吊车横梁，可假定其可靠度为 1。对于从来没有出现故障，从感官上看故障模式肯定存在，

只是目前还没发生过故障的设备，其任务可靠度可通过故障分布函数及任务剖面内工作持续时间计算。

故障数据统计应遵从以下原则：

1）在一次工作中出现的同一部件或设备的间歇性故障或多次虚警只记为一次故障；

2）当可证实多个故障模式是由同一器件的失效引起的时候，整个事件记为一次故障；

3）在有多个零部件或单元同时失效的情况下，当不能证明是一个失效引起了另一些失效时，每个元器件的失效均记为一次独立的故障；

4）已经报告过的故障由于未能真正修复而又再次出现的，应和原来报告过的故障合计为一次故障；

5）由独立故障引起的从属故障不计入设备的故障次数；

6）试验对象或其部件计划内的拆卸事件不计入故障次数；

7）零部件的轻微缺陷，若不丧失规定功能，并且能够按照维修规程通过工作前检查和工作后检查等予以原位修复（不引起拆卸）的事件，如松动、漂移、噪声、渗漏等，不计入故障次数。

7.3.2　风险分析

载人航天运输风险分析的任务是针对识别出的风险，进一步分析风险的可能性和危害、评价风险等级并过滤不需考虑的风险。组织应依据活动特点及其实施环境、条件假设和制约因素，选择适宜的风险分析方法。适用时，应综合利用多种风险分析技术，融合各方信息，以提高风险分析的准确性和完整性。

载人航天运输风险分析的程序可概括为收集整理资料、进行危害性分析和可能性分析、绘制风险矩阵、过滤风险。这里仍以发射场电缆摆杆系统参加某次秋季实施的载人飞行任务为例，简要说明载人航天运输风险分析的具体方法。

（1）收集整理资料

电缆摆杆系统安全性设计措施主要有：

1）液压系统有两个不同的液压泵，摆杆摆开时双泵同时工作，一个泵出现故障，另一个泵可使摆杆在规定时间内可靠摆开。

2）电磁换向阀、电磁溢流阀等阀件采用双阀并行工作，摆开时同时通电，确保摆杆可靠摆开。

3）电缆摆杆控制有程控和手控两种方式，互为备份。

4）控制线路采用双回路同时工作并互为热备份。

经检查测试，确认上述安全设计落实到位，相关设备线电路工作正常。

大型复杂系统和过程使用等级全息建模方法识别出的风险数目众多，在任务实施过程和预期的时间内，并非所有的风险都存在，此时可基于专家经验，通过对系统和过程的情景分析，直接过滤掉不需要考虑的风险。如根据工作范围、使用者职责和工程常识，考虑到发射场在任务实施期间的气候特征，针对图 7-3 识别出的 37 项风险，使用情景过滤方法可过滤掉 C2—大雪、C3—大雨、C4—沙尘、C5—高温、C6—低温共 5 项风险；考虑到任务为成熟性任务，可以过滤掉 E1—制度、E2—监测方法、E3—作业方法、E4—程序流程、E5—现场管理、F5—方法监测共 6 项风险。

（2）危害分析

载人航天运输风险危害分析是假定某不期望事件已经发生，确定风险危害的性质、范围和程度的过程。典型的危害分析方法有：因果分析、层次分析（AHP）、故障树分析、事件树分析、头脑风暴法、德尔菲法、情景分析、危险分析与关键控制点（HACCP）、人因可靠性分析、决策树分析和蒙特卡罗模拟法，上述方法的简要介绍见表 7 - 4（7.2.2 节）。

危害分析应考虑：

1）可能产生的所有危害；

2）涉及的相关方；

3）即将发生及一段时间后可能发生的危害；

4）次生危害。

依据表 7 - 1 给出的度量标准，针对经情景过滤后电缆摆杆系统剩余的 26 项风险，进行风险危害性分析后的结果见表 7 - 7。

表 7 - 7　电缆摆杆系统风险危害性分析结果（示意）

序号	风险名称	等级	序号	风险名称	等级	序号	风险名称	等级
1	A1—高压绝缘	Ⅲ	2	A2—金属软管	Ⅳ	3	A3—泵轴联器	Ⅲ
4	A4—摆杆齿轮齿条	Ⅱ	5	A5—摆杆运行	Ⅱ	6	A6—连接件	Ⅲ
7	A7—摆杆结构焊缝	Ⅳ	8	A8—摆杆结构变形	Ⅱ	9	A9—液压系统	Ⅲ
10	A10—附件坠落	Ⅲ	11	B1—液压油	Ⅱ	12	B2—高压液压油	Ⅲ
13	B3—水	Ⅳ	14	C1—大风	Ⅰ	15	C7—噪声	Ⅲ
16	C8—电磁辐射	Ⅲ	17	D1—决策	Ⅰ	18	D2—指挥	Ⅱ
19	D3—操作	Ⅱ	20	D4—随身物品	Ⅲ	21	D5—自身安全	Ⅲ
22	F1—环境监测	Ⅰ	23	F2—设施设备状态监测	Ⅱ	24	F3—人员监测	Ⅳ
25	F4—材料监测	Ⅲ	26	F6—仪器仪表	Ⅲ			

（3）可能性分析

载人航天运输风险可能性分析用于确定风险事件发生的概率。典型的可能性分析方法有：头脑风暴法、德尔菲法、情景分析、风险矩阵、人因可靠性分析、以可靠性为中心的维修、技术成熟度评价、故障树分析、事件树分析、因果分析、层次分析法、蒙特卡罗模拟法、贝叶斯分析等，上述方法的简要介绍见表 7 - 4。

可能性分析应考虑：

1）利用相关历史数据来推断风险发生的可能性，使用统计分析技术来定量预测；

2）当历史数据无法获取或不够充分时，使用试验、评审、验证、仿真等技术推断风险发生的可能性；

3）通过整合专家观点估计风险发生的可能性。

依据表7-2给出的度量标准，针对经情景过滤后电缆摆杆系统剩余的26项风险，进行风险可能性分析后的结果见表7-8。

表7-8　电缆摆杆系统风险可能性分析结果（示意）

序号	风险名称	等级	序号	风险名称	等级	序号	风险名称	等级
1	A1—高压绝缘	E	2	A2—金属软管	D	3	A3—泵轴联器	E
4	A4—摆杆齿轮齿条	E	5	A5—摆杆运行	E	6	A6—连接件	E
7	A7—摆杆结构焊缝	C	8	A8—摆杆结构变形	E	9	A9—液压系统	D
10	A10—附件坠落	E	11	B1—液压油	E	12	B2—高压液压油	D
13	B3—水	D	14	C1—大风	E	15	C7—噪声	D
16	C8—电磁辐射	E	17	D1—决策	E	18	D2—指挥	E
19	D3—操作	E	20	D4—随身物品	D	21	D5—自身安全	E
22	F1—环境监测	E	23	F2—设施设备状态监测	E	24	F3—人员监测	D
25	F4—材料监测	E	26	F6—仪器仪表	E			

（4）风险评价

载人航天运输风险评价是对比风险分析结果和风险准则，确定风险等级，实施风险排序，过滤掉不须考虑和可以直接接受的风险，以梳理出需要重点关注和严格控制的风险，支持后续的风险控制过程。

载人航天运输风险评价习惯上将风险分为可接受和不可接受。不可接受风险是指对载人航天运输安全威胁较大，必须采取相应的防控措施以降低或规避的风险，通常包括以下几种情况：

1）一个故障或一个人为差错就可能造成产品损坏的那种设计或使用状态；

2）可能造成事故的操作规程，且没有采取有效控制措施对产品进行有效的防护；

3）对风险因素或风险事件没有采取预防或控制措施来保护人员免受损害或系统免受损失的那种设计或使用状态；

4）危险情况下设备不能正常运行，有毒有害气体排除不干净，可能引起燃烧或爆炸事故的设计或使用状态；

5）其他确定为不能接受的风险。

可接受风险通常是指以下情况：

1）对于关键系统和关键设备，两个故障或更多的独立故障，两个或更多的人为差错，或独立故障和人为差错的组合，不会造成航天员伤害或航天产品损坏的那种设计或使用状态，采用冗余来满足上述设计要求时，冗余系统没有共模或共因故障；

2）对危险因素、危险事件和危险情况，切实采取了安全性措施的系统设计，将风险降低到工程可接受的水平；

3）有备份措施的设备或状态；

4）能控制可能造成事故的能量聚集（如静电、漏电等）的系统设计；

5）对信号干扰问题，系统信号传输采取了双线屏蔽传输及系统可靠接地等电磁兼容性设计；

6）对不可接受风险已采取纠正措施并经验证有效的情况；

7）其他确定为可以接受的风险。

绝大多数载人航天运输风险评价都可使用数学期望值方法来进行评价，但由于数学期望值等同度量了高损失低概率的极端事件与低损失高概率的不利事件，扭曲了这些事件以及所发生序列的相关重要性，因此，在载人航天运输风险管理中，灾难性的Ⅰ类和致命性的Ⅱ类事件，其风险水平通常会使用可靠性和安全性直接度量，如某载人航天运载火箭的可靠性为 0.97、安全性为 0.997。

载人航天运输风险评价的典型方法有风险矩阵、头脑风暴法、德尔菲法、情景分析、故障模式影响分析（FMEA）、危险分析与关键控制点（HACCP）、人因可靠性分析、以可靠性为中心的维修、决策树分析、风险指数、故障树分析、因果分析、层次分析法（AHP）、蒙特卡罗模拟法和贝叶斯分析等，上述方法的简要介绍见表 7 - 4。

风险矩阵评价技术具有方法简单，易于使用，显示直观，可将风险很快划分为不同重要性水平等方面的优点，在载人航天运输风险评价中得到广泛应用。针对经情景过滤后电缆摆杆系统剩余的 26 项风险，综合表 7 - 7 和表 7 - 8 的评价结果，使用风险矩阵进行分析后的结果如图 7 - 5 所示。

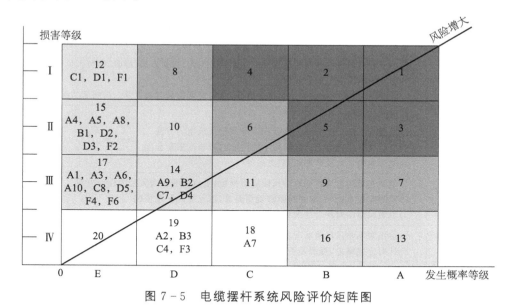

图 7 - 5　电缆摆杆系统风险评价矩阵图

1～5—不可接受；6～9—不希望（一般不接受）；10～17—可接受（须经评审）；18～20—可接受

可接受风险包括：

1）风险指数为 18 的 A7—摆杆结构焊缝；

2）风险指数为 19 的 A2—金属软管、B3—水、C4—沙尘、F3—人员监测。

可接受但须经评审风险包括：

1）风险指数为 12 的 C1—大风、D1—决策、F1—环境监测；

2）风险指数为 14 的 A9—液压系统、B2—高压液压油、C7—噪声、D4—随身物品；

3）风险指数为 15 的 A4—摆杆齿轮齿条、A5—摆杆运行、A8—摆杆结构变形、B1—液压油、D2—指挥、D3—操作、F2—设施设备状态监测；

4）风险指数为 17 的 A1—高压绝缘、A3—泵轴联器、A6—连接件、A10—附件坠落、C8—电磁辐射、D5—自身安全、F4—材料监测、F6—仪器仪表。

不存在不希望和不可接受风险。

（5）风险评估输出

载人航天运输风险评估的输出形式主要有风险登记册、风险排序结果和风险评估报告，其中风险评估报告的主要内容见表 7-9。

表 7-9　风险评估报告主要内容（示意）

内容	要素
1. 概述	1）概况：背景、要求与目标 2）系统描述：系统组成、功能要求、技术性能指标等 3）该阶段主要工作及成果等
2. 引用文件	本部分列出引用的标准化文件、规章制度及技术文件等，给出所列文件的编号、名称、版次、发布机构等信息
3. 风险管理策略	1）本阶段的风险管理目标与要求 2）项目内外部环境变化，以及被评估对象与内外环境的关联情况 3）所使用的风险准则及其合理性等
4. 本阶段风险管理工作评价	简要说明本阶段风险管理工作及其成果，主要包括： 1）对已识别的风险开展的分析、应对、监控等工作，包括方法、措施、参与人员等 2）本阶段风险应对效果评价 3）必要时，说明风险管理计划变更情况、风险管理委员会或主要人员履职情况等
5. 本阶段工作及成果风险评估	1）说明剩余风险状况 2）说明对本阶段工作及成果新识别的风险及采用的方法 3）说明该阶段风险对后续阶段工作可能的影响范围及程度 4）说明风险评价及排序结果、方法等
6. 风险应对措施	1）说明在后续阶段将采取的风险应对措施，重点说明重大风险的应对方案 2）说明应对责任人、应对时限和费用要求，以及资源配置情况 3）说明风险应对预计达到的效果，以及评价准则
7. 结论与建议	1）给出对本阶段风险状况的总体评价结论，业务相关方是否可承受 2）针对上述结论，提出是否可转入下一阶段的建议等
8. 附件	根据项目需要，可能包括： 1）风险管理计划及变更说明 2）风险登记册或风险排序清单 3）本阶段风险应对效果证明文件，如计算分析报告、试验报告、评审记录、变更记录等 4）后续阶段重大风险的应对方案 5）其他支持文件

7.4　风险控制

载人航天运输风险控制的目的在于将风险控制在可接受的程度，主要工作包括：风险控制策划、风险控制跟踪、风险控制执行和剩余风险控制等。

7.4.1　风险控制策划

载人航天运输风险控制策划是针对风险评估的结果确定风险控制计划的活动，包括确定风险控制原则、明确风险控制策略、确定风险控制措施和编制风险控制计划等内容。由于载人航天运输实施过程存在诸多不确定因素，风险控制策划还应配合风险跟踪和风险控制实施情况及时调整。

7.4.1.1　风险控制原则与策略

载人航天运输风险控制应遵循以下原则：

1）须采取措施将不可接受和不希望风险降低到可接受水平或消除；

2）组织评审，确认可接受但须评审风险的控制措施有效且风险水平可接受；

3）应对可接受风险进行持续的跟踪监控，防止风险水平非预期上升。

载人航天运输风险控制策略应依据风险评估所确定的风险水平、风险性质和特点而确定，常见的风险控制策略包括风险消除或规避、风险降低、风险监视、风险接受和风险研究等，由于载人航天运输的特殊性，一般不考虑风险转移。

风险消除或规避即取消或规避某项不确定性因素。如载人航天发射避免在恶劣气象条件下实施，加注量经多方验证确认。风险消除或规避须掌握约束条件间关系并熟知各种要求，且与需求分析同步开展。

风险降低即承认并通过减小风险可能性和（或）后果程度与范围，使风险降低到可接受水平，主要措施包括：

1）替代，用低危害物质替代或降低系统能量（如较低的动力、电流、压力、温度等）；

2）工程控制，如安装通风系统、机械防护、联锁装置、隔声罩、消音器等；

3）标识和（或）警告，如安全标志、危险区域标识、发光标志、人行道标识、警告器或警告灯、报警器；

4）管理控制，如安全规程、设备检修、门禁控制、作业安全制度、操作牌和作业许可等；

5）个体防护装备，安全防护眼镜、听力保护器具、面罩、安全带和安全索、口罩和手套等。

风险监视（评审）即监视并评审风险。经评审，若风险可以容忍并予以接受则采取风险承担策略，若风险不能容忍则采取风险降低策略。该措施多用于可接受但须评审类的风险。

风险接受（承担）即判定风险可以容忍或承受并予以接受。该策略多用于风险处于可接受水平的风险，在特殊需求下，也可用于其他区域的风险。

风险研究。载人航天运输中存在一类特殊风险，可能会由某一特定事件触发而造成危险，并可随着任务的进展而变化。针对此类风险应采取风险研究策略，即建立预警系统，制定应急处置措施，以便在风险早期及时找到控制依据，并配合风险监控适时应对，降低风险损害。

7.4.1.2　风险控制措施

确定风险控制措施方法是按照"能够做什么及可利用的选择有哪些；从费用、效益和风险的角度看，相关的权衡是什么；当前的决策对未来选择有何影响"来系统梳理风险控制措施，制定风险控制计划。

在风险控制措施确定时，最重要的是分析现有控制措施的充分性，并判断现有措施是不是最适宜的模式，以此作为确定新措施的依据。选择风险控制措施时，应重点考虑以下方面：

1）风险控制措施的及时性、有效性，及其与风险重要性或优先顺序的匹配程度。

2）评估剩余风险的性质和程度，判断是否可以容忍。如果剩余风险不可容忍，应调整、选择或增加新的控制措施，直到剩余风险可以容忍。

3）可能产生的次生风险，对次生风险也应开展评估、应对和监督。

4）从备选措施中选择一项综合效益最佳的风险控制措施，并获得相关方的同意。

5）风险控制措施与相关计划的协调性，对相关计划性文件须做出的调整。

以电缆摆杆系统风险"C1—大风"为例，说明风险控制措施制定过程。表 7-10 是其风险分析报告表。

表 7-10　电缆摆杆系统风险分析报告表——"C1 大风"（示意）

危险源：大风　　　　　　　编号：921-5-02-C1　　　　　　　编写单位：

事故	发生条件	事故后果	评价结果			
			损害等级	频率等级	风险指数	接受准则
摆杆速度失控	摆杆打开或合拢过程中	航天产品受损	I	E	12	评审后接受
摆杆结构变形	摆杆处于打开状态或打开、合拢过程中	设施设备损伤	II	E	15	评审后接受
附件吹落	摆杆状态不限	设施设备损伤	III	E	18	可接受

说明：对事故进一步编号，摆杆速度失控　921-5-02-C1-01；摆杆结构变形　921-5-02-C1-02
　　　附件吹落　921-5-02-C1-03

从表 7-10 看出，事故"附件吹落（编号 921-5-02-C1-03）"的风险指数为 18，可接受。事故"摆杆速度失控（编号 921-5-02-C1-01）"和"摆杆结构变形（编号 921-5-02-C1-02）"的风险指数分别为 12 和 15，须制定风险控制措施，在评审通过后接受。

针对大风可能导致的"摆杆速度失控（编号 921 - 5 - 02 - C1 - 01）"的风险，可选择的控制措施有：

措施 1　航天产品不转往发射区。根据航天产品在发射区的工作时间推算，如果中期气象预报显示，航天产品在发射区期间有大风，则航天产品不转往发射区。此措施可以消除事故的后果，但受航天发射窗口的约束，要求设定大风标准和中期气象预报准确。

措施 2　摆杆不进行打开或合拢操作。根据发射场地面风速实时测量结果，在风速超过设定标准时，不进行摆杆打开或合拢工作。此措施可以消除事故发生的条件，达到消除风险的效果。但要求在发射场建立地面风速实时测量设施，并设定地面风速标准。

措施 3　全面评审防御大风的能力。在航天产品转往发射区前，对摆杆分系统进行全面的功能、性能检查，对紧固件、连接件进行专项检查，确认摆杆系统防御"大风"的能力。此项措施从系统防御能力出发，可以有效降低风险，但需要评审专家具有相应的能力，并且评审增加了费用。

措施 4　组织应急预案演练。针对发生大风情况下，制定任务应急预案，并反复组织演练，确保人员熟悉应急程序、掌握操作规程，应急器材按时间、地点要求准备到位，抢修、抢救工程器械、作业人员到达预订位置。此项措施从减少损失出发，可以有效降低风险发生时的损害程度，但须投入相应的应急资源。

综合衡量费用、效益和风险，考虑到载人航天运输风险管理基本原则和电缆摆杆系统处于关键过程的情况，而且上述措施费用均在可接受范围内，四项风险控制措施应同时采用。

针对"摆杆结构变形（编号 921 - 5 - 02 - C1 - 02）"的风险，可选择的控制措施有：

措施 1　调整工作计划，使摆杆不处于打开状态。在打开摆杆之前，确认气象条件，如咨询发射场气象部门、关注国内和地方的气象预报等，当气象条件不满足摆杆处于打开状态的要求时，应调整工作计划，使摆杆在大风条件下处于合拢状态。此项措施从消除事故发生条件出发，可以达到消除风险的目的，但可能会导致工作延误的后果。

措施 2　检查功能性能，确认摆杆结构处于正常范围。采取专业岗位人员自查和资质机构定期检查相结合的方式，确认摆杆结构防御风险的能力处于正常范围。此措施从系统抵御风险的能力着手，对降低风险有明显作用，但会增加组织的运营成本。

措施 3　应急预案演练，保证紧急情况处置正确有效。针对不同情况下发生大风情况，制定应急处置方案，并反复组织演练，确保紧急情况下，组织行为得当、处置方法正确、损失减到最小。

综合衡量成本、效果和风险，结合载人航天运输质量管理基本原则，三项风险控制措施应同时采用。

7.4.1.3　风险计划编制

应针对危险源和风险编制风险控制计划，以明确风险接受准则或标准，评审确认风险控制措施，指定风险控制措施的责任单位或个人，确定措施落实时机、工作程序和实施标准等，并对风险监控提出要求，包括风险预警报告制度、风险跟踪检查方法、风险沟通评审程序等。风险控制计划应经有资质的机构评审并报有权批准的组织或人员审批，表 7 - 11 对风险控制计划内容进行了示意性说明。

表 7 - 11　风险控制计划编制模板

内容	要素
1. 引言	1）目的和范围 2）概述：风险特点、需优先考虑的风险、风险管理目标 3）组织：风险管理机构、主要职责 4）风险控制策略、原则和程序 5）主要时间节点计划
2. 风险分析	1）风险定义：风险分类、风险情况调查、风险来源等 2）任务可靠性分析：数据选取说明、系统任务、可靠性框图、故障模式、可靠度计算、关键部位和薄弱环节 3）风险估计：风险可能性、风险后果、估计准则和估计误差的可能来源 4）风险评价：风险评价使用方法、假设前提和局限性、风险评价结果
3. 风险控制	1）根据风险评价结果得出的结论 2）风险及其相关的控制措施 3）风险跟踪和相关措施落实情况的检查确认办法
4. 附录	1）项目风险形势估计 2）风险控制措施检查表

7.4.2　风险控制跟踪

载人航天运输不期望事件具有突发性，一旦发生，后果通常比较严重。因此，载人航天运输应建立风险监控体系，以有效落实风险控制计划，跟踪风险控制措施效果，纠正实施中偏差，并及时发现风险预兆、识别新增风险。为提高工作效率，载人航天运输风险监控体系应与其故障报告分析纠正系统（Failure Report，Analysis and Correct Action System，FRACS）统一建立。

（1）故障报告分析纠正系统

故障报告分析和纠正系统是载人航天运输获取质量和风险信息、预防不期望事件发生、及时纠正偏差的重要手段，与故障树分析和故障模式影响分析合称为 3F（FRACAS、FTA 和 FMEA）技术，在载人航天运输中得到了广泛应用，图 7 - 6 是 FRACAS 闭环管理流程示意图。

载人航天运输建立 FRACAS 的要点如下：

1）与质量控制系统统一构建，通过信息的有效收集，建立故障和风险数据库；

2）所有岗位都有及时报告系统故障和风险预兆的责任；

3）制定工作制度，规范系统故障和风险预兆信息收集的部门、人员、职责、流程，明确系统故障和风险预兆的分析、故障纠正和风险处置的具体要求；

4）保持齐全、完整的文档记录，使每个故障和风险预兆的处置可追溯；

5）纠正措施要求应结合质量问题归零标准制定，以确保纠正措施有效。

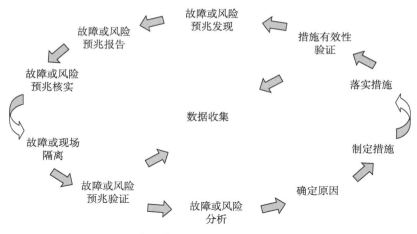

图 7-6　载人航天运输 FRACAS 流程示意图

（2）风险跟踪方法与要求

风险跟踪是确定风险监控活动和有关结果是否符合风险控制计划的安排，以及这些安排是否有效地实施并达到预期的目的。

载人航天运输风险跟踪的经验做法主要有：

1）对所有风险损害严重度为Ⅰ、Ⅱ级的控制措施落实情况进行跟踪；

2）风险跟踪在任务阶段的不同节点展开，须注重检查的及时性，且不能替代里程碑评审；

3）跟踪按规定的程序实施，跟踪结果不作为考核人员的依据；

4）明确人员分工与职责，并进行相关培训，确保风险跟踪人员能够胜任工作；

5）做好充分准备，包括风险跟踪项目、内容、问题/缺陷分类与记录，具有最大的问题/缺陷发现能力，问题/缺陷分类为：缺失、错误、偏离和多余；

6）检查时要注意进行良好的协作与沟通，避免武断的言语，不要对风险措施负责人品头论足；

7）只负责提出问题，不负责解决或提出解决问题的建议；

8）避免风格方面的讨论；

9）坚持标准，除非能改变它；

10）公开对所有问题进行记录，及时统计问题/缺陷的数量和类型，并反馈给相关部门以采取相应措施。

（3）风险监控检查表

风险监控检查表是岗位人员根据以往任务积累的知识和经验、有关技术文件和其他有关信息而设计的，用于跟踪检查相关风险状态和控制措施落实情况及其效果的检查用表格。风险监控检查表的优点在于可以将与检查人相关的项目风险因素和控制措施尽可能考虑周全，使用者可以按照检查表的内容"按图索骥"，进而达到有效监控相关风险的目的。不足之处在于容易将检查表使用者限制在检查表所列范畴之内。这种方法一般在载人航天运输任务实施过程中的每项活动开始前使用，以识别存在风险，并保证相关控制措施落实到位。

检查表应尽可能详细列举与检查人相关的所有风险及其控制措施，表 7 – 12 是某飞船加注过程的风险检查表。

表 7 – 12　某飞船加注过程风险检查表（示意）

主要风险 控制措施	1. 确认加注间消防设施设备状态良好； 2. 确认加注间静电释放装置状态良好； 3. 确认洁净度控制设施设备状态正常工作； 4. 确认供配电和供配气安全防护状态良好； 5. 对加注过程推进剂泄漏情况进行实时监督； 6. 加注前，确认防护装具数量和质量情况； 7. 确认工作时，操作人员按要求穿戴好防护装置； 8. 设置门岗，确认所有进入加注间人员有上岗证、按规定着装、除去身上灰尘、触摸静电释放装置等； 9. 确认针对不期望事件的应急处置预案正确，所有相关人员均已掌握
检查方法	1. 查看相关记录，确认包括人员、设备、环境、监测装置、操作规程、方案预案等与风险相关的要素均满足要求； 2. 现场查看相关设施设备状态，并确认其功能性能良好； 3. 现场确认门岗设置情况，进入加注间的人员管理情况； 4. 现场确认防护装置良好，操作人员按要求穿戴； 5. 检查应急预案评审与批准情况，检查相关人员对应急预案的掌握情况； 6. 现场查看推进剂泄漏监测情况
措施落实情况	
存在问题	
系统负责人（签字）：	检查人（签字）：

7.4.3　风险控制执行

载人航天运输风险控制执行是依据风险计划的安排落实控制措施，并根据风险跟踪的结果确认控制措施的效果、识别新的潜在风险，必要时调整或更新原有风险控制计划。

载人航天运输工程风险控制原理如图 7 – 7 所示。图中每项活动都应依据风险计划的安排进行事前检查、过程监视和事后审核，保证每项风险控制措施落实到位。阶段性工作结束后，应组织阶段评审，评价风险控制措施的实施情况，分析识别后续风险及其应对措施，当遇到损害度在Ⅰ、Ⅱ级的风险征兆时，采取集中决策的方式进行处置。

事前检查是在一项活动开展前，尤其是关键工作，要检查风险控制措施的落实情况，待确认所有风险控制措施全部按要求落实到位后，工作才能按程序启动。以航天产品测试为例，在航天产品加电测试前，技术安全组要对供电、接地、消防、洁净度、温湿度和产品防护等测试环境进行检查，确认全部符合要求并经检查人签字后，才能启动后续工作；测试实施前，一岗人员对测试用设施设备和航天产品的状态进行检查，对测试用规程、程序、测试过程中的状态变化进行确认，并经二岗人员检查签字提交指挥人员审定后，指挥人员才能下达口令开始测试工作。事前检查须填写状态检查确认表。

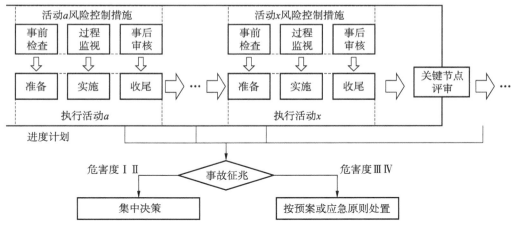

图 7-7 载人航天运输工程风险控制原理示意图

过程监视是在一项活动实施中，二岗依据工作程序和状态监视表监视一岗操作过程。对于关键工作，在工作现场设立质量安全员，保证各级各类人员按定岗要求及时到位，工作过程落实程序、规程、质量和风险控制措施，同时，通过视频留样制度，记录工作过程，保证过程和结果的可追溯性。

事后审核是一项活动结束后对其实施结果进行审核，待确认结果正确后才能启动下一工作项目，以保证不将风险传递给下道工序。如针对运载器单元、分系统匹配测试和总检查，在每个分项目测试完毕后组织相应的数据判读、比对和确认，在每个关键节点处，组织测试汇报和评审，待确认结果正确后方能进行下一项目的测试和检查。

阶段评审又称里程碑评审，是在测试发射工艺流程关键节点处组织系统级评审，确认前一阶段工作质量满足要求，后一阶段工作准备充分，所有风险处于有效监控范围内。

集中决策是针对任务实施中发生的损害度为Ⅰ、Ⅱ级的风险征兆，在时间允许时，由任务相关方以会议的形式进行集中决策，相应的风险控制措施须会签确认。当时间不允许时，责任单位应按风险控制计划进行处置，事后须报相应组织评审。

载人航天运输风险控制的经验做法主要有：

1）重视人的因素。通过文化建设，使人员行为方式符合规范要求；合理调配，保证人力资源充分；依靠技能培训、任务训练和岗位考核，使人员胜任岗位工作；采取操作规程、多级检查和过程监控等措施，保证技术操作一次做好。

2）聚焦关键环节。重点关注影响任务进度、质量和成败的设备、岗位、工作项目，以工艺流程为主线，确定关键过程、保证资源充分、避免单点失效；任务实施中，实时监视工作环境、任务进度和系统状态，及时发现风险征兆，提前部署预防措施。

3）强化组织监督。构建各方参与、职责明确、制度健全、运行顺畅的组织管理机构，实行"有困难共同克服、有问题共同研究、有余量共同掌握、有风险共同承担、有成绩共同分享"的协同监督机制，建立信道畅通、质量风险信息共享的组织指挥平台，保证风险控制工作清晰、透明、完整、正确。

4）严格规范落实。履行技术文件会签确认手续，确保技术文件完整、正确并经各方认可；严格执行技术文件约定，保证组织间、系统间接口一致，技术操作、检查和确认工作规范有序；有效落实"双岗""三检查"和"五不操作"等制度，最大限度地减少误操作、误动作事件的发生。

5）加强预案演练。针对人员、设备、操作、环境、指挥等方面存在的风险，制定应急处置措施和原则，并组织相关人员反复演练，确保人员熟知应急处置程序和方法，熟练操作应急设施设备。

6）精细状态管控。细致梳理各级各系统的技术状态，建立技术状态管理基线，形成技术状态检查确认表，并在任务实施中严格落实。技术状态确需修改时，由责任单位提出书面申请，按照"充分论证、各方认可、试验验证、审批完备、落实到位"的要求实施，消除因某个系统或分系统擅自更改技术状态而带来的风险。

7）实施问题归零。任务实施过程中发生的质量问题，严格按照"双五条"归零标准进行归零。因条件约束不能在阶段性任务中归零的问题，应进行影响域及风险分析，经相关专家和质量控制机构评审，有不影响后续工作的结论，才能转入下一阶段工作，有不影响任务成败的结论，才能实施运载器加注或点火发射。

7.4.4　剩余风险控制

各分系统或专业依据审批后的计划实施风险控制，对不能消除或降低的风险，汇总形成分系统级或专业剩余风险清单，制定具体的监控方案和应急处置预案并上报系统或上级组织备案。

参加载人航天运输的系统或单位应制定风险控制方案并有效落实，对不能消除或降低的风险，形成系统或单位的剩余风险清单，制定具体的监控方案和应急处置预案并报上级指挥部备案。

指挥部下属的质量风险控制组织应牵头制定载人航天运输顶层风险控制计划并严格实施，对不能消除或降低的风险，形成项目剩余风险清单，并制定具体监控方案和应急处置预案。

测试发射系统针对 N_2O_4 推进剂泄漏确定的应急处置措施：

由于 N_2O_4 推进剂是入库保存并使用专用设备进行加注，因此，除运输过程外，N_2O_4 推进剂泄漏只会发生在贮罐间、泵间、固定加注管道、阀门、加泄连接器和取样排放口等处，为此，可针对 N_2O_4 推进剂泄漏事件采取以下应急处置措施：

1）切断泄漏源和停止加压输送及冲压保护。此措施可以有效控制泄漏量的进一步增大，有利于事件的处置，是事件发生后首先采取的措施。由于加注管线长且管内有一定的压力，因此，采取该措施后，仍会有大量的推进剂泄漏需进一步加以有效控制和处理。

2）采用围栏措施。由于推进剂储存地点和加注管线固定，可能发生泄漏的地点、范围和空间相对固定，因此可采取如盛、围、堵等围栏措施将泄漏液控制在一定范围内，使其不再进一步扩大。在环境狭小或塔架平台环境复杂的部位，可采取抛洒处理粉的控制措施，阻止泄漏液流淌。

3）泵吸措施。一般泵吸措施和围栏措施配套使用，当泄漏液经围栏有效控制后，可使用带有自吸泵的移动罐或车把泄漏液吸走。该措施可减少污染和控制污染的进一步扩大，并为排除 N_2O_4 推进剂泄漏险情争取时间，以减少事件现场处理的工作量、控制事件进一步升级。

4）覆盖措施。覆盖措施是大量推进剂泄漏得到有效控制并被泵吸之后对残液进一步采取的一种控制措施，可使用特制的 $Ca(OH)_2$ 粉剂或其他中和液与 N_2O_4 发生中和反应，使残液得到有效控制。

5）水冲洗。对残液进行中和处理后，使用水冲洗被 N_2O_4 覆盖过的地面和结构物表面，以清除残余物。

第 8 章
载人航天运输的未来

── 内 容 提 要 ──

本章简要介绍国内外载人航天发展规划，讨论未来载人航天运输商业化需求和途径，论述载人航天运输航班化发展态势和技术路线，阐述载人航天运输国际化的概况。

60 多年来，世界载人航天取得了许多成就，但与人们的期望还有一定的差距。载人航天技术与其他领域的前沿技术相比，发展速度并不快。过去的经验教训仍然正确，但是许多新的进展仍然引发我们再思考。发展载人航天既要考虑提高国家的威望，又要有明确的科学试验技术发展和应用的目的；必须高度重视载人航天系统的可靠性和安全性；降低空间运输系统的运输费用和提高其使用性能，已成为有效开发空间资源的重要前提；国际合作已成为发展载人航天运输的必然趋势。

8.1 发展规划

8.1.1 目标任务

在载人航天 60 多年的发展历程中，从载人飞船到空间站，世界载人航天取得了巨大的成就，掌握了空间大结构组合体装配和应用技术、使人在轨驻留成为常态（乘组轮换）、实现了载人登月、保障了非职业航天员的太空之行、开发了可重复使用的载人航天系统、完成了大规模的空间科研和试验计划、验证了人造地球卫星的在轨维护和维修等，但在探索宇宙的征途中，一切才刚刚起步，正如著名学者和作家阿瑟·克拉克说的那样，"航天纪元才刚刚开始"。未来载人航天几个主要的发展方向包括：进一步开发近地空间，开发"地月"空间（建立月球基地），向小行星和拉格朗日点飞行（走向深空的第一步），飞向火星（人登陆火星并建立火星基地）。

（1）建立空间站

作为人类历史上规模最大的航天器，空间站是一种在近地轨道长时间运行，可使航天员长期在轨生活、工作以及地面航天员寻访的载人飞船，代表了当今航天领域最全面、最复杂、最先进和最综合的科学技术成果。

SpaceX 公司于 2021 年 4 月 23 日利用猎鹰-9 火箭成功发射载人龙飞船执行第二次商业乘员运输服务，实现了首次载人飞船复用，以及首次复用火箭和复用飞船的组合发射。8 月 29 日，使用复用代号为 C208 的货运龙飞船（曾在 2020 年 12 月首次执行国际空间站任务）完成第二阶段商业补给服务（CRS）合同的第三次任务，凸显了该飞船的可重复使用性。

2021 年 7 月 21 日和 11 月 24 日，俄罗斯成功将科学号多功能实验舱和停泊号节点舱送入预定轨道，完成国际空间站俄罗斯舱段扩建。随着科学号多功能实验舱、停泊号节点舱的部署，国际空间站俄罗斯舱段的能力大幅提升，一是航天员支持能力增强，为俄罗斯航天员增设了第 3 个铺位、第 2 个卫生间；二是对接能力增强，支持联盟号和进步号飞船对接，满足任务重叠期间的对接需求。美国国会、NASA 等均有意支持"国际空间站"延寿，拜登政府也在 2021 年承诺将国际空间站运行延长至 2030 年。此外，美俄均已着眼后国际空间站时代，开展提前研究和布局，确保近地轨道载人航天能力不出现断档。NASA 在 2021 年 3 月通过商业近地轨道目的地（CLD）项目，于 12 月 2 日以航天法案协议方式，向蓝色起源公司、纳米架公司、诺斯罗普-格鲁曼公司提供了总计 4.156 亿美元的资金，支持商业空间站的发展。与此同时，俄罗斯提出在"国际空间站"退役后，构建独立的俄罗斯轨道服务站（ROSS），除了开展近地轨道载人航天活动外，还能够支持载人月球和深空探测。

在近地轨道空间应用方面，欧洲共有 11 个国家参与"国际空间站"项目。2021 年 7 月 21 日，欧洲机械臂（ERA）和 DMS-R 多功能计算机随科学号多功能实验舱成功发射。新机械臂全长 11.3 m，拥有 7 自由度，抓取精度为 5 mm，可抓取最大质量为 8000 kg，成为首个能触达俄罗斯舱段部分的机械臂。2021 年，日本希望号实验舱成功向太空中部署了 13 颗立方体卫星，并完成了多项生物技术试验。8 月 29 日，货运龙飞船将日产半自主半遥控机械臂 GITAI S1 送达国际空间站，该机械臂全长 1 m，拥有 8 自由度，用于帮助航天员执行日常任务。2021 年，印度继续推进全自主载人飞船"天空飞船"的研制工作，但由于 Covid-19 影响，飞船首次无人轨道飞行测试任务推迟到 2024 年。世界主要载人航天国家在围绕"国际空间站"发展取得重要成果外，稳步推进载人深空探索系统研制。

此外，商业航天公司在太空旅游方面快速发展，商业太空旅游进入常态化发射新时期。随着航天技术不断发展成熟，商业航天迅猛发展，亚轨道、轨道飞行也从早期的试验性质逐步向商业性质发展。2021 年 7 月，维珍银河公司和蓝色起源公司分别利用太空船二号、新谢泼德系统成功完成载人亚轨道飞行；9 月，SpaceX 公司利用载人龙飞船成功开展首次无专业航天员参与的轨道旅游任务；12 月，美国太空探险公司时隔 12 年再次利用联盟飞船将两名太空游客送达国际空间站。轨道/亚轨道旅游直接面向公众客户，其竞争十分激烈。目前，轨道/亚轨道太空旅游价格仍较为高昂。除了价格外，优化服务和体验也是重要的竞争点。在激烈的竞争中，不断创新发展模式、优化服务已经成为重要的发展方向。随着太空船二号、新谢泼德系统、载人龙飞船、联盟飞船等多型系统投入常态化商业旅游服务并成为世界载人航天的重要组成部分，太空旅游业进入快速发展时期。

世界载人航天发展出现了新的目的地，必将影响到目前载人空间站的任务。无疑，低地球轨道（LEO）的空间站最初是作为低轨道太空微重力科学技术实验室，现在仍然担负着这项任务。目前的航天运输系统将人类送至火星至少要半年以上，为此，空间站是研究人类长期在太空环境中生存能力的最好的基础设施。与此同时，在原有的低地球轨道空间站的基础上，人类逐步认识到建设月球轨道空间站和火星轨道空间站的必要性。

（2）飞向月球

太空可分为近地空间、地月空间以及行星际空间，其中地月空间拥有重大战略价值，从空间结构看，其向下可控制近地空间，向上可控制迈向火星等天体的行星际空间。因此，有关国家在加快进军近地空间的同时，也把目光投向了地月空间，且抢占地月空间战场主动权已进入实质性加速阶段。

2019 年 5 月 23 日，美国国家航空航天局（NASA）发布了《飞向月球：NASA 月球探索战略计划》。美国重返月球计划取名为阿尔忒弥斯（Artemis），它将分两阶段实施。第一个阶段的目标是要执行"太空发射系统"（SLS）与猎户座（Orion）飞船集成的无人飞行测试（阿尔忒弥斯-1 任务），再执行猎户座飞船载人绕月飞行测试（阿尔忒弥斯-2任务），然后执行载人登月任务（阿尔忒弥斯-3 任务）。在此期间，NASA 还将与美国工业界合作，为快速重返月球开发月球轨道"门户"（Gateway）部件、无人商业月球着陆器和载人月球着陆系统，并为其提供商业运载火箭发射服务。第二个阶段的目标是具备在月球轨道及其表面的持续探索能力，为完成载人火星任务打下基础。月球"门户"空间站将作为深空前哨站和绕月燃料补给站，并作为未来前往火星的中转站。2022 年 11 月 16 日，美国新一代重型运载火箭"太空发射系统"首次发射获得成功，猎户座飞船首次进入逆行绕飞月球特殊轨道，并于 12 月 11 日返回地球，"阿尔忒弥斯"计划取得突破性进展。

美国持续推进"太空发射系统"、"猎户座"飞船的研发，开展商业合作，研发"载人着陆系统"和月球"门户"空间站，进行前沿科学和技术研究，促进商业航天的发展。2021 年，韩国、新西兰、巴西、波兰和墨西哥 5 个国家同美国签署了《阿尔忒弥斯协定》，美国太空联盟进一步扩大。2021 年 1 月 12 日，日本政府与 NASA 签订了地月空间站项目的合作协议，日本将为月球"门户"空间站提供蓄电池等组件，开发新一代 HTV－X 货运飞船，丰田公司将与日本宇宙航空研究开发机构合作，共同开发载人加压月球车月球巡洋舰（Lunar Cruiser）。同年 2 月，空客公司与欧洲空间局签署合同，为猎户座飞船研制另外 3 个"欧洲服务舱"（ESM）。

近年来，关于月球探测特别值得一提的是，日本航天器"月女神"在月球表面找到了一个直径为 65 m、深达 100 m 的洞。如果在月球曾经发生过火山变化过程，那么不难推测，所发现的洞就是火山熔岩洞的入口。在这种岩洞里可以安置生物和工作隔舱，可以有效地防护辐射，这样就能够解决一个月球上最为重要的生命保障问题。如果洞的拱顶厚度达到 1～2 m，则洞内的温度应当是恒定的（−30～40 ℃），这对于生命保障也是非常重要的。在岩洞中建立月球基地可能有几种方法，其中建立充气式结构的月球基地基本生活和工作舱是最实用和最安全的。开发此类岩洞最佳的方案是，利用机器人完成舱室安放和充气，航天员尽量少参与或根本不参与。航天员主要负责进行启封、安装，将服务、科研和生活设备调制到工作状态。

在载人登月领域，2021 年俄罗斯由于叶尼塞号火箭技术参数暂未确定，火箭研制工作暂停。鉴于此种情况，俄罗斯首次载人登月将计划采用安加拉火箭/小鹰号飞船＋空间拖船的技术实施方案。俄罗斯雄鹰号飞船在 2021 年进行了单个结构元件、仪器和组件的制造和测试工作，计划于 2023 年完成雄鹰号飞船首飞，2025 年利用雄鹰号飞船完成载人飞行，2029 年利用雄鹰号飞船完成载人绕月飞行，并在此基础上完成轻便型小鹰号飞船首飞，2030 年搭载俄罗斯航天员登上月球，但目前雄鹰号飞船首飞已推迟至 2028 年。

（3）登陆火星

深空探测由于其极高的技术难度、无法预知的回报前景，一直以来都不是航天商业化的热点，但对于始终引领航天技术前沿发展，且以冒险著称的美利坚民族来说，这都不是障碍，美国在行星探测方面得到了快速发展。NASA、欧洲空间局和日本宇宙航空研究开发机构在 21 世纪开展了近 20 次小行星探测任务，典型的包括"黎明号""隼鸟号"以及"罗塞塔/菲莱"等探测器。火星作为人类比较感兴趣的星球之一，历来是各方关注的焦点，成为迄今为止已经公布的商业月球和深空探测计划的终极目的地。

40 多年来，人类制造了 40 多个航天器来探索火星。从历史上第一个成功飞越火星的水手探测器，到美国第 7 个火星着陆探测器好奇号登陆火星后成功采样，人类都在为探索火星做着不懈的努力。美国的勇气号探测器登陆火星，朱诺探测器抵达木星，旅行者 1 号探测器飞出太阳系，欧洲空间局的菲莱着陆器登上彗星。日本的隼鸟一号探测器完成人类首次将小行星样本带回地球；隼鸟二号在"龙宫"小行星上投放了着陆器，并把采集的密封在返回舱中的首个来自小行星的地下物质样本抛到澳大利亚南部沙漠地带的伍麦拉火箭试验场。2020 年，阿联酋的希望号、中国的天问一号、美国的毅力号先后奔赴火星开展探测。

马斯克曾在 2016 年墨西哥瓜达拉哈拉举行的国际宇航大会（IAC）上公布了火星载人飞行计划，将于 2024 年送航天员登陆火星，要在 2028 年建成一个火星基地，为火星移民奠定基础，并在此基础上发展成为一个火星城市，此计划堪称目前最为宏伟的商业火星探测计划，因此，登陆火星又成为航天界讨论最热烈的话题之一。早在 2012 年，SpaceX

公司总裁马斯克在英国皇家学会演讲时表示，他的理想是将 8 万人送上火星定居，未来 15～20 年，他会首先向火星发射不到 10 名"殖民先驱"，逐步建立火星殖民地，这个殖民地最后将会扩展成一个数万人的社区。马斯克称，这些火星"殖民先驱"必须都是志愿者，因为火星之旅显然是张"单程票"，此后他们将永远留在火星上生活。此外，每位火星"殖民先驱"都必须为这趟火星之旅支付 50 万美元的"旅费"。马斯克说："这个火星之旅的票价要低到发达国家中大多数四十多岁的中年人都能筹到的地步，从而可以让他们轻松实现前往火星探险的梦想。"

马斯克称，第一批火星探险者并不是到火星上去旅游"度假"，而是去充当"建筑工人"，他们将用跟随飞船一起携带而去的特殊建筑材料，在充满灰尘的火星荒漠上建立一个密封"透明穹顶形大型增压建筑"，该"透明穹顶建筑"将成为未来数代人的火星殖民家园，它的内部将拥有二氧化碳气体，使建筑内部的火星土壤可以种植庄稼。为了防止建筑内的居民受到太阳辐射的伤害，该透明穹顶建筑的表层可能还会覆盖一层"水墙"。

8.1.2　国外规划

目前世界上大多数国家都有自己的航天计划，将发展自己的航天实力作为谋求大国地位的砝码，把时间不约而同地设定在 2020 年至 2030 年之间。

（1）建造空间站

2021 年 9 月 21 日，美众议院科学、太空与技术委员会举行听证会，主题为"NASA 在低地球轨道的未来——对国际空间站延寿和过渡的思考"。NASA"国际空间站"项目主任罗宾·加滕斯、美国战略与国际问题研究中心航空航天安全项目主任托德·哈里森等在会上发表证词，阐述了 NASA 支持国际空间站延寿至 2030 年的理由，指出从"国际空间站"无缝过渡至未来商业平台符合国家利益。2022 年 2 月，NASA 宣布计划在 2031 年摧毁国际空间站，残骸将沉入南太平洋无人区。

2021 年 10 月 26 日，蓝色起源公司宣布将联合波音公司、Sierra Space 以及其他多家合作伙伴，计划在 2030 年建成名为轨道礁（Orbital Reef）的一座模块式空间站。该站将可在 21 世纪 20 年代后半段开始接纳人员和有效载荷入驻，从而能在国际空间站退役前实现两者间的平稳过渡。据悉，蓝色起源公司将负责研制大直径核心舱和公用系统，并将利用其在研的新格伦火箭提供发射服务。波音公司将提供一个科学舱及其 CST－100 星际客机载人飞船，并将承担该站运行、维护和工程工作。Sierra Space 将提供名为"生活"（LIFE，"大型综合柔性环境"英文缩写）的一款充气式舱段以及追梦者货运航天飞机，其中后者还规划有载人型号。红线空间公司（Redwire Space）将负责微重力研究，以及有效载荷运行和可展开式结构研究。创世工程解决方案公司（Genesis Engineering Solutions）将提供其正在研制的一款"单人飞船"吊舱，而亚利桑那州立大学将率领一个大学联盟承担研究和推广工作。

2021 年 4 月 18 日，俄罗斯官方表示，将对国际空间站进行技术检查，并可能于 2025 年退出国际空间站项目，着手建立自己的空间站。2023 年 2 月 13 日，俄罗斯空间站总设计师弗拉基米尔·科热夫尼科夫表示，俄方计划在 2027 年发射空间站能源舱以组建自己的空间站，并在 2028 年至 2030 年发射另外的四个舱段。

（2）载人登月

2015 年 7 月，NASA 计划与 SpaceX 公司和波音公司等现有商业服务伙伴共同开发月球，此方案将使未来十年重返月球计划的花费大大少于先前预估的 1000 亿美元，可能会节约 90%。通过利用这些商业合作关系，NASA 可能在未来 5～7 年内重返月球，甚至在 10～12 年后建立一个永久基地，总预算可能不超过 40 亿美元。研究方案中，计划从月球两极开采液体燃料运送到月球轨道上的其他航天器，以减少人类登火星和其他低地球轨道飞行的成本，减少燃料补给，登火星任务的预算将不超过 100 亿美元。NASA 首席飞行主管克里斯托弗·克拉夫特称（也是该方案的参与研究人员之一），从理论上讲，登月将成为实现人类登火星的重要途径。

在 2017 年 9 月召开的第 68 届国际宇航大会上，俄罗斯航天国家集团公司和 NASA 就在月球轨道联合建成"深空之门"月球空间站已达成一致，将于 2024—2026 年发射首个舱段。在第一阶段建成空间站后，其技术将应用到月球开发及探索火星任务中。随后欧洲、日本等纷纷表示愿意参与该计划，希望借此"搭车"实现载人登月，这也为国际空间站到期后的国际载人航天合作开辟了新的方向，国际社会可以继续通过合作实现优势互补，整合力量共同进行深空探索。围绕上述计划，美国盟国及其相关组织纷纷加入该任务活动中，继加拿大、日本、澳大利亚之后，在第 70 届国际宇航大会上，欧洲空间局和 3 个欧洲国家机构、卢森堡政府、意大利航天局、波兰航天局与 NASA 签订合作协议，正式加入美国月球登陆计划，加拿大将负责为"门户"研制机械臂，日本将提供居住舱和后勤服务，澳大利亚将在机器人、自动化和远程资产管理等领域开展合作，欧洲空间局将负责研制月球"门户"项目中的两个模块，其他国家的工作细节还在进一步讨论中。

除了扶持商业航天发展的一贯理念外，NASA 在国家太空探索行动中又向前迈进了一大步，提出希望将月球打造成为商业航天企业的中心。为此，NASA 提出两方面举措：一是把此前"国际空间站"与商业航天部门的合作关系转移到月球"门户"空间站项目中，将月球"门户"空间站的一些部件交由商业伙伴建造，并采购商业运载火箭发射服务。二是通过持续增长的商业航天能力来增强月球着陆器的能力和促进对月球的利用（包括潜在的月球通信网络），从 2019 年开始通过采购"商业月球有效载荷服务"，获得新兴的商业着陆器来运输月球有效载荷。

2019 年人类登月 50 周年纪念仪式上，美国确认启动阿尔忒弥斯登月计划，"阿尔忒弥斯"计划由地月运输系统（运载火箭、载人飞船、货运飞船）、月球轨道空间站（"门户"空间站）、月球轨道-月球表面运输系统（月球着陆器）、月球表面系统（月球基地）、月球-火星运输系统（深空运输飞船）、火星表面系统（火星基地）等部分构成。美国制定阿尔忒弥斯计划就是希望将"竞赛场"拓展到月球与小行星，利用美国的绝对技术优势，重新获得载人航天及太空资源开发的绝对领导地位。为此，NASA 调整了相关任务安排，提出阿尔忒弥斯计划整体分两个阶段实施，第一个阶段关注速度，计划在

2024 年实现载人登月；第二个阶段关注可持续性，将支持月面长期活动，并为载人火星探测做准备。

2019 年 5 月，NASA 选择麦克萨技术公司（MAXAR）为其开发月球"门户"空间站的首个舱段——动力和推进组件（PPE）。在此计划的影响下，实力雄厚的商业航天领跑者们，把载人月球探测和旅行作为目标。美国蓝色起源公司计划于 2023 年完成首次"蓝色月亮"月球着陆任务，为在月球极点建立人类永久定居点做准备。SpaceX 公司计划于 2023 年用"超重·星舰"搭载一名日本富豪及其朋友们进行绕月旅行。但目前这些计划均已推迟。

2021 年 11 月 9 日，NASA 正式宣布将登月时间推迟到至少 2025 年。NASA 提到了几点原因：美国蓝色起源公司对选择 SpaceX 作为"载人着陆系统"（HLS）研发团队的诉讼；国会没有为载人着陆系统拨出足够的资金；新航天服无法在 2024 年登月前完成研发。11 月 13 日，NASA 总监察长办公室公布审计报告，认为 2025 年的目标是不现实的，要想把航天员送上月球，必须解决包括航天服和着陆系统研制进度、资金短缺以及 Covid - 19 考验等问题，预计要到 2028 年才能完成登月。

2021 年 12 月 1 日，美国白宫发布太空领域最新指导文件——《美国太空优先事项框架》（United States Space Priorities Framework，以下简称《框架》），是继 2020 年 6 月美国国防部发布《国防太空战略》之后又一份太空领域的重要战略文件。《框架》指出，为了美国在未来继续掌控太空利益，美国需要在民用、商业和国家安全领域都建立并保持一个充满活力的太空体系，美国后续的载人航天任务计划将人类历史上第一位女性和有色人种送上月球，并推进建设一个强大的月球生态系统；继续利用美国在低地球轨道的优势，使美国航天员们能够在太空中安全地生活和工作，并为未来登陆火星和其他地方的任务做准备。

无论是独立实施载人登月还是通过国际合作开展登月计划，俄罗斯月球探测这一目标一直非常明确，从未动摇。目前，俄罗斯航天国家集团公司已经拟定重型运载火箭研制计划书，根据计划书，该型火箭低地球轨道运载能力将达到 160 t，计划于 2028 年首飞，其目标是进行月球、火星等目的地的深空探索。为了维持国际空间站和实现载人登月，俄罗斯正在研制雄鹰号宇宙飞船，计划 2028 年进行首次无人飞行和有人飞行。

（3）载人登陆火星

2021 年，SpaceX 公司快速推进"星舰"（Starship）系统的研制和试验工作，包括星舰 SN9/10/11/15 等，主要用于开展高空飞行试验。于 2021 年 5 月 5 日实现 10 km 跳跃飞行，并获得 NASA 商业载人月球着陆器研制合同。尽管在蓝色起源公司等竞争对手的抗议下，NASA 暂停了商业月球着陆器合同，但 SpaceX 公司最终于 11 月赢下了合同，成为中标载人月球着陆器研制与验证合同的唯一研制商。后续，SpaceX 公司计划继续推进"星舰"的研制和试验工作，包括对星舰 SN20 进行重大技术升级，开展轨道飞行试验，实现马赫数达 25 的再入和着陆。如果一切顺利，SpaceX 公司可在 2024 年或 2026 年执行第一次"星舰"的深空飞行。2024 年或 2026 年对应着下两个探火周期（火星和地球每隔

26 个月会接近一次）。马斯克表示，如果 SpaceX 公司在未来的 20 年可以制造出一个由 1000 枚星际飞船组成的庞大舰队，将几万吨货物和几百人送到火星，那么人类在 2050 年前就可以在火星建立一个自给自足的殖民地。每隔 26 个月，一个批次的星际飞船舰队执行一次发射，携带必要的物资设备，第一批火星定居者为人类在火星建造第二个家园奠定基础。为了使地球生命占领除地球以外的行星，SpaceX 公司需要建造 1000 艘以上的星际飞船。

8.1.3 国内计划

2022 年 11 月 3 日，梦天实验舱顺利完成转位操作，中国空间站"T"字基本构型在轨组装完成；11 月 30 日，神舟十五号与神舟十四号的两个乘组在太空"胜利会师"，我国首次实现空间站三船三舱构型以及 6 名航天员同时在轨飞行，至此，我国圆满完成了"天宫"空间站的建造任务，空间站建设转入运营阶段。中国空间站是中国独立自主建造运营的载人空间站，在近地轨道长时间运行，靠货运飞船实现推进剂和消耗品的补充，可满足航天员长期在轨生活、工作需要，代表了当今航天领域最全面、最复杂、最先进和最综合的科学技术成果。

长征五号系列火箭的研发成功，让中国拥有了进行星际探测和大型空间站建设的能力，但它 25 t 的近地轨道运力依然有限，为了开展载人登月任务和未来更多的探测任务，中国正在研发性能更强大的重型运载火箭和新一代载人运载火箭。新一代载人运载火箭按照载人飞行的最高安全标准设计，可用于载人月球探测，在更远的将来还可以和重型运载火箭组合使用，帮助建立月球基地，实现月球可持续开发利用。

我国新一代载人飞船在执行近地轨道任务时最多可乘 7 人，返回舱可重复使用，进一步降低成本。在航天员工作、生活的返回舱内，新一代载人飞船采用了一系列人性化设计，操作上删繁就简、降低使用难度，生活、娱乐设施更丰富，让航天员工作、生活更便捷、更舒适。除了近地轨道任务，我国新一代载人飞船还兼顾月球与深空探测任务。在首次飞行任务中，我国新飞船试验船通过多次自主轨控将轨道抬升至远地点为 8000 km 左右的大椭圆轨道，制动后以超过 9 km/s 的再入速度返回，为返回舱创造了接近第二宇宙速度返回再入的热流条件，验证了月球与深空探测任务的相关技术。低成本、低操作难度、高集成、高舒适，新飞船体现的商业化思维也意味着商业航天旅行的时代离我们越来越近了。未来，将有更多人有机会飞向太空，仰观宇宙之大，俯察人类之盛。

未来，中国将加快航天强国建设步伐，持续提升航天工业基础能力，加强关键技术攻关和前沿技术研究，继续实施载人航天、月球探测、北斗卫星导航系统、高分辨率对地观测系统、新一代运载火箭等重大工程。

对于深空任务，科学家们致力于开发高耐久度的轻质金属复合材料，提高运载工具的能源效率。对恒星级飞船和核动力飞船来说，这种材料都是必要的，因为目前仅有这两类飞行器可以探索太阳系之外的区域。此外，科学家们将航空航天工程领域的最新成果与人工智能相结合，开发出了能在空间任务中预测、识别、修正错误的智能科技。中国借助大数据和云计算建设新型空间平台，目的是改善远程控制、优化航天器通信。空间飞行器的生产、测试、发射、航务运行、外形重构、多个飞行器的连接，均逐步实现自动化。

8.2　商业化模式

早期，航天大国都把载人航天作为国家的头等大事。美国和俄罗斯发展载人航天，也是由太空竞赛所启动。因此，这两个国家都采用了由政府领导的举国体制。以美国为例，"阿波罗"（Apollo）计划每年花费了美国国内生产总值将近 4.5％的资金，虽然取得了载人登月的胜利，但从 1973 年以来，美国人再也没有重返月球。此后，由政府主导的航天飞机计划也远未达到降低运输费用的目的。1986 年挑战者号和 2003 年哥伦比亚号航天飞机爆炸解体，多名航天员罹难，让美国载人航天遭遇巨大的挫折。

NASA 早在 2008 年就启动了"商业轨道运输服务（COTS）"项目，旨在为 ISS 发展商业补给服务，这种模式又很快推进到载人运输领域。

在承担 NASA 合同的几家公司中，表现最突出的是由马斯克在 2002 年创建的 SpaceX 公司。该公司研制的猎鹰-9 可回收式中型运载火箭进展顺利，既可靠又便宜。2012 年 5 月 22 日，SpaceX 公司向 ISS 发射了史上第一艘用于商业运货的龙飞船。2020 年 5 月 30 日，SpaceX 公司使用猎鹰-9 火箭把载有两名航天员的载人龙飞船成功送入 ISS。这次发射是在美国航天飞机退役后，首次利用美国自己的飞船实施的载人发射，目前已完成了多次载人任务和商业太空旅游。

美国载人航天的商业化正在从航天运输系统扩展到空间站和重返月球等领域。2019 年 6 月 7 日，NASA 发布了 ISS 商业化计划，商业化的首要途径是太空旅游。NASA 将允许每年让两名私人航天员造访空间站，每人驻站时间不超过 30 天。其次就是提出 ISS 货物往返运输和站上服务的定价方案。增加商业化的试验项目，不仅可以增加收入，还可孕育一批具有产业前景的项目，让其在市场竞争当中脱颖而出。最后，NASA 还鼓励商业公司自己建设商业空间站。NASA 认为，ISS 商业化的经验必将有助于未来载人深空探测和太空资源的开发。

8.2.1　传统航天渊源与特点

人类航天计划从科幻走向现实是在 20 世纪中叶的第二次世界大战期间。德国纳粹党卫军的天才航天工程师冯·布劳恩设计的 V2 火箭在第二次世界大战末期第一次达到第一宇宙速度，飞出大气层并对伦敦实施了轰炸，这个在当时被称为秘密武器的 V2 火箭成为盟军情报部门最头痛的目标。V2 火箭被认为是人类第一个突破大气层飞入太空的火箭，无论是美国、俄罗斯的火箭，还是欧洲的阿丽亚娜火箭，都和 V2 火箭有直接的渊源。由此可见，运载火箭的技术来自军工，而之后发展起来的卫星、飞船等航天任务更是由政府投资，并由各国的军工企业来承担。整个航天技术领域从开始一直到 20 世纪 70 年代，都是国家严格管控的军工技术领域，因此，其任务从决策、研制、发射到运行都逐渐形成了一套严格的流程和管理规范，无论在哪个航天国家和机构，这一套流程和规范都大同小异，其根本目标就是要确保成功。

（1）航天任务主要由工业集团承担

航天任务特别是载人航天任务是庞大的系统工程，需要分解为多个系统，各系统各司其职并相互配合。系统又分解为多个分系统，分系统还可以分解为子系统、子子系统，相互之间密切联系、协同工作，从而才能完成一个统一的任务。因此，任何一个国家实施一项航天任务都是采取举国体制，动员一切可以动员的力量，在 20 世纪航天活动开始的初期尤为如此。经过几十年的演化，那些初期动员起来的力量现在已成为国家实验室或者国防工业集团，如美国 NASA 的 10 个飞行中心，以及洛克希德·马丁等大型企业集团。由于当时的国家任务是分配的，这些国家实验室和企业集团的数量也是十分有限的，无法通过市场竞争机制来定价；再加上对航天任务有万无一失的要求，他们对任务成本的控制有限，对任务的报价就形成了垄断。对政府而言，其优势是培育了国防军工力量，可以比较容易地实施举国体制，完成一般单一企业难以完成的任务，而且在战时，这些机构很容易就可以转为军工产品的生产单位。

（2）目标具有政治性和公益性

政府的经费来自纳税人，自然应该用于国家政治目标和公益目标。典型的计划如美国 20 世纪 60 年代的阿波罗计划、80 年代的航天飞机、90 年代起步的"国际空间站"等，都是为国家政治和公益目标服务的。这些计划实现了国家政治目标，如"阿波罗"计划就是美苏太空竞赛的产物，同时带动了高技术的发展，激发了至少一两代美国青少年对国家的自豪感和热爱科学及太空的情怀。但是当政治目标完成之后，政府资助的航天任务的可持续性就会出现问题，如"阿波罗"计划取得巨大成功之后无法持续，"国际空间站"任务在政治目标不再明确、公益性产出不足的情况下也遇到了如何持续的问题。因此，国家投入的航天任务如何做到可持续是一个非常难以解决的问题。此外，国家在航天领域的经费投入体量是有限的，即使有增长也仅仅是与 GDP 的增长相适应的，无法像商业领域那样呈现自我滚动不断增长的趋势。

（3）"万无一失"始终是最高标准

20 世纪 60 年代，我国在实施"两弹一星"任务期间，周恩来总理提出了 16 字方针："严肃认真、周到细致、稳妥可靠、万无一失"，特别是其中的"万无一失"成为我国航天人长期以来在工作中遵循的标准，在美国和俄罗斯也有类似标准。"万无一失"带来的影响是设计中冗余成分增加，地面越来越完善的试验能力和必须严格遵守的研制流程，也因此带来参研人员更多的投入，使得研制时间延长、产品成本增加，从而对设计、试验更加小心翼翼，这与追求技术快速迭代、缩短产品成熟周期的商业理念相悖，进而导致发展规模受限、高费用难以维持等问题。以美国为例，阿波罗计划每年花费了美国国内生产总值将近 4.5% 的资金，虽然取得了载人登月的胜利，但从 1973 年以来，美国人再也没有重返月球。此后，由政府主导的航天飞机计划也远未达到降低运输费用的目的。

8.2.2 商业航天成为新途径

与其他技术领域一样，航天技术本质上也是中性的，既可以用于国家任务和国防，也可以用于商业服务并融入国家经济发展，但是，必须克服在商业领域只靠政府投入、高成本"怪圈"和垄断报价这 3 个缺点。

最早的变化出现在 20 世纪 70 年代，美国政府首先意识到卫星通信是一个可以完全交给市场来运营的领域，并推动了卫星通信服务的市场化。此后国际上第一个卫星通信组织——国际通信卫星组织（Intelsat）逐渐转为纯商业组织，紧随其后的还有国际海事卫星组织（Inmarsat，现为国际移动卫星公司），但是这些组织仍然从政府航天机构和大型军工企业采购火箭与卫星，使得卫星通信费用居高不下。从 20 世纪 80 年代开始，英国萨瑞大学马丁·斯威丁教授开始独立研制小卫星，第一次打破了所有卫星都由政府机构或军工企业研制的局面，将卫星研制技术拉下了神坛，极大地促进了商业卫星应用的发展，但是萨瑞卫星公司的合同大部分仍然来自政府任务。从 20 世纪 90 年代开始，商业性质的卫星研制逐渐普及，包括大学在内的很多实验室也开始研制卫星，微型卫星的标准化工作提上议程，并逐渐形成了立方星标准，进一步推动了商业性质的航天任务的发展。在运载火箭层面，商业性质的变化出现在 2000 年以后。美国首先对民企开放了运载火箭市场。由马斯克领导的 SpaceX 公司率先突破一级火箭发动机的回收技术，将进入太空的成本从每千克 5 万美元，逐渐降低到现在的 2 万美元。除此以外，维珍银河公司与蓝色起源公司则采取了不同的技术路线，最大限度地使运载器和飞船都能够复用，从而降低成本。在这一过程中，政府也发挥着不可替代的作用，如果政府没有逐渐放开对这个领域的管理，相关技术和人才及资本都不可能大胆地向商业航天领域涌入。

商业航天要求与市场需求紧密结合，其投入的资本要求回报，而回报可以来自企业能力和规模增长带来的增值，以及用户市场的不断扩大。因此，其发展不像政府航天机构那样总是存在一个投入的上限，只要有市场需求，用户不断增加，市场规模就可以越做越大，形成一个生态系统，实现可持续发展。为了加快发展，使资本获得回报，商业航天对设计、试验过程中的失败也是可以容忍的，甚至可以通过试错来加快设计迭代。这从技术创新上给予商业航天从业者更大的空间和机会，使得商业航天更快发展。

美国卫星产业协会（SIA）发布的 2020 年卫星产业状况报告显示，2020 年全球航天经济规模已达 3718 亿美元（2019 年为 3660 亿美元）。由此可见，太空经济现在已经发展到较高水平，但太空经济在世界经济中的比重仍停留在较低水平（可能与许多公益性航天活动带来的经济增长并未计入有关），而且全球航天经济规模虽然保持逐年增长的趋势，但增速较慢，特别是 2020 年受疫情影响，增速更慢。无疑，太空经济发展缓慢主要是受航天运输费用太高等因素的制约。进入 21 世纪后，太空经济正在发生深刻的变化，其中最显著的特点是正在从过去以政府投入为主，转向政府和市场双轮驱动，推动了新一轮的航天创新创业潮。由于各国大力推进航天商业化，促使商业航天成为太空经济空前繁荣和发展的新动力，促进世界太空经济进入 2.0 时代。在这一背景下，全球涌现出一大批航天创业公司。其中，最有创新能力和最有成效的是马斯克创建的 SpaceX 公司。猎鹰-9 火箭的近地轨道发射报价从最初约 6000 万美元到目前已降到约 3000 万美元。2020 年 5 月 30 日，SpaceX 公司用猎鹰-9 火箭发射了载有 2 名航天员的载人"龙"飞船，飞船随后与"国际空间站"成功对接。

太空经济是指各种太空活动所创造的产品、服务和市场及形成的相关产业。它既包括太空产品使人在地面获益的经济活动，如卫星通信和电视、卫星导航定位、卫星气象监测、卫星遥感等；也包括太空产品使人在太空获益的经济活动，如保障人在太空中生活的一切产品。显然，随着太空旅游和商业空间站的发展，这类经济活动将日益繁荣。运载火箭的制造及发射，以及卫星与地面设备的制造等，将为上述两类经济活动服务。

当今，3D 打印、人工智能、物联网等前沿技术的应用，必将大大降低卫星、火箭和地面设备的研制成本，缩短研制周期。与此同时，太空经济的发展也将进一步促进航天前沿技术的创新。首先，在微小卫星技术和现代通信技术的基础上，新一代低轨宽带互联网卫星星座得到发展；其次，可重复使用运载技术的进步将促进太空旅游的发展；最后，上述发展趋势必将带动新一代航天制造业的发展。因此，投资银行摩根士丹利认为，到 2040 年，全球航天产业规模将达到 1.1 万亿美元，但其同时认为该行业的风险仍相当高。

2023 年 4 月 14 日晚，美国联邦航空管理局（FAA）终于批准了"超重·星舰"的发射。SpaceX 公司发布了发射"超重·星舰"的暂定时间框架，并在社交媒体上提到 4 月的第 3 周进行发射，最早的暂定发射日期是 4 月 17 日，SpaceX 公司的网站也提到了这个日期，4 月 18 日至 4 月 22 日作为这次飞行的备用窗口。2023 年 4 月 17 日，"超重·星舰"首个预定发射日，SpaceX 公司"虚晃一枪"，一个被冻结的阀门"冻结"了"超重·星舰"首飞。美国中部时间 2023 年 4 月 20 日早 8 时 33 分，北京时间 2023 年 4 月 20 日晚 21 时 33 分，位于得克萨斯州博卡奇卡"星舰"基地发射场，编号为"B7＋S24"组合体的"超重·星舰"首次发射升空。

起飞后，"超重"助推器 33 台猛禽发动机其中 3 台没有点火，30 台持续发力。$T＋40\,\mathrm{s}$，飞行高度约 2 km 时，第 4 台猛禽发动机熄火。$T＋1\,\mathrm{min}\ 01\,\mathrm{s}$，飞行高度约 5 km 时，第 5 台猛禽发动机熄火。按照原计划，本应在 $T＋55\,\mathrm{s}$ 通过最大动压点（Max-Q），但此时"超重·星舰"的飞行速度和高度都未达到，直到 $T＋1\,\mathrm{min}\ 18\,\mathrm{s}$，组合体才通过最大动压点（Max-$Q$）的考验。$T＋1\,\mathrm{min}\ 40\,\mathrm{s}$，飞行高度 14 km 之际，第 6 台猛禽发动机熄火。$T＋1\,\mathrm{min}\ 51\,\mathrm{s}$，飞行高度 17 km 之际，刚刚熄火的第 6 台猛禽发动机"戏剧性"地再次点火。

但随后"超重"开始排出大量推进剂白色气体，尾焰也开始出现不对称燃烧状态。$T＋2\,\mathrm{min}\ 20\,\mathrm{s}$ 后，组合体异常旋转加快。$T＋2\,\mathrm{min}\ 32\,\mathrm{s}$，水平飞行突然转向近 $180°$，出现了明显的不受控异常状态。此时飞行高度达到 32 km，处于墨西哥湾高空。紧接着组合体又 $360°$ 大翻滚，出现完全失控状态。经过 5 次 $360°$ 翻跟头之后，可能是启动了飞行终止系统（FTS），最终在 $T＋3\,\mathrm{min}\ 59\,\mathrm{s}$ 发生大爆炸，"超重·星舰"首飞尝试折戟，壮烈"牺牲"在 39 km 高空。

按照发射前的预期，本次"超重·星舰"综合飞行测试的目的是全面收集火箭、发动机、计算机和地面系统性能等方面的数据，测试结果将用于设计模型改进。SpaceX 公司认为，此次试验的成功与否并不以入轨为标准，而是通过在试验中取得的经验来衡量，这些经验将为快速推进"超重·星舰"的研发奠定基础。

发射失败后，SpaceX 公司首席执行官马斯克在"推特"对此次爆炸做出回应，称通过此次任务为几个月后的下一次测试发射吸取了教训。马斯克称，"在一次令人兴奋的'星舰'测试发射后，祝贺 SpaceX 团队！为几个月后的下一次测试发射学到了很多东西。"现场欢呼声不断，普遍认为首次发射就能取得这样的成绩实属不易，虽然没有达到最高目标，但是一型开众多先河的开创性产品，研制难度可想而知。只要"超重·星舰"点火"一小步"，就意味着其已经迈出了"一大步"。仅凭目视似乎也可以发现一些问题，不光是部分发动机未点火的问题，飞行过程中"超重"助推器身上不断地冒着火苗，"星舰"S24 的隔热瓦也掉了一些，说明还可能存在其他更多问题。

按照 SpaceX 公司的一贯风格，公司绝不会止步于此，历史上每一项伟大的成就都需要承担一定程度的风险，因为风险越大回报越大。而后续试飞的"超重·星舰"组合体"B9＋S26"和"B10＋S27"就矗在那里，暂定执行第二和第三次试飞任务。两次任务将与首飞任务相同，不进行回收，主要目的是进一步对进入轨道能力、"猛禽"发动机重启能力、离轨燃烧能力、有效载荷部署能力、回收方案以及在轨推进剂加注技术进行测试。可能不久以后，就能看到另一艘"星舰"在另一个"超重"助推器的托举下腾空而起。

8.2.3　太空旅游成为新热点

通信、导航、遥感和教育科普更像是政府公益责任领域内的应用，而太空旅游则是政府责任之外的纯商业性质的市场领域。美国新航天企业——维珍银河、蓝色起源和 SpaceX 公司的报价目前已经撬动了广泛的市场需求。据悉，除了维珍银河公司已经预售的 600 张票之外，还有几十万人在排队等待它下一次预售的开放。蓝色起源公司公开拍卖的一个即将实施的商业飞行座位，到 2021 年 6 月初为止已经高达 280 万美元，是最初评估的可接受价格的 10 倍。SpaceX 公司在 2021 年 9 月首次近地轨道商业旅游飞行的票价早已被人买断，具体价格估计在每人数百万至千万美元量级，但是由于这是为时 3 天真正的太空旅游，即使这个价格也是供不应求，可见这个新的市场即将进入一个可持续的、不断发展的进程。

目前大众对太空旅游的市场预测大都比较乐观。据调查显示，60％的美国人、70％的日本人和 43％的德国人都希望能够有机会到太空中去。事实上，即便是亚轨道旅行也有很大吸引力，据悉，贝索斯首飞的竞标近 7600 人参加，匿名的中标者最终花费了 2800 万美元。维珍银河公司宣称已有 600 名希望参与太空旅行的乘客在排队，其中还包括 SpaceX 公司的老板马斯克。美国一家投行的问卷调查结果显示，在净资产超过 500 万美元的人群中，近五分之二的人愿意付 25 万美元从维珍银河公司购票，而符合该条件的人大概有 200 万，市场的规模已经很可观。布兰森近期表示，现在的太空旅游市场和民用航空业发展的早期阶段很像，当时跨大西洋航班的成本也高达数十万美元。预计 10 年后，太空旅游的价格降幅会比当年的民航还要快。2021 年 3 月，瑞银集团曾预估，太空旅游将在 10 年后成为一个 30 亿美元的市场。

目前将乘客送到"国际空间站"的价格是 5500 万美元/人，即使把这个价格降低 10 倍，普通人也承担不起。由此看来，亚轨道旅游可能更容易被普通人接受，目前这种旅游的报价是 20 万～25 万美元/人。运载系统实现批量生产和航班化运行以后，在多个公司的参与竞争下，旅游的价格会进一步下降，如果能够降到 10 万～20 万人民币/人，普通人就可以接受了。相对来说，维珍银河公司的运载系统更接近目前的民航系统，蓝色起源公司的飞行全程都是自主飞行，飞行时间只有 11 min。

普通人进行太空旅游的另一个挑战是安全性。1986 年，"挑战者号"航天飞机失事，1 名教师及 6 名航天员丧生，从此，NASA 暂停了普通人参加轨道飞行的所有项目。亚轨道旅游的风险相对较低，对生命保障系统的要求也低，其紧急逃生技术更成熟。美国议会在 2004 年为商业太空飞行制定了"学习期"规定，期间只要确保客户得到明确的风险警示，私有公司就可以自行确定医疗和安全标准。即使如此，维珍银河公司的飞行器在 2014 年也发生过一次机毁人亡的事故，对亚轨道旅游事业的发展影响很大。因此，即使对于亚轨道旅游，在设计、建造和运营商业载人飞船方面，也必须开展自上而下的严格监管。

太空中的微重力、强辐射、高真空、强磁场、超低温等环境会对人体造成影响，其中以微重力的影响最为显著，包括使人产生神经系统紊乱、体液头向分布、心血管系统功能失调、肌肉萎缩、骨质流失和引发心理问题等，但这些影响与人在这种环境中的时间长短有关。目前的航天医学研究结果表明，在轨道上仅停留 7 天左右，则影响很小。此外，乘客乘坐火箭加速进入地球轨道时，在上升段要承受其 6 倍体重的压力，时长会达 20 s 或 30 s 以上。为了克服环境对人体的不利影响，保证乘客健康，必须要采取一系列防护措施，主要包括飞行前的体验和训练、飞行中采取身着航天服等防护措施和飞行后的康复治疗等。目前 NASA 规定，乘客在太空旅行之前必须进行必要的体检和 15 周的地面训练。当然，亚轨道飞行对人体的影响要小得多，但上述 2 家亚轨道旅游公司也要求乘客接受短期的培训。

当太空旅游向普通人普及时，还应考虑其对地球环境的影响。太空旅游中产生的碳排放比普通飞机更高，但其对环境的影响会因方案不同而有所差别，与飞行器使用的燃料、制造燃料所需的能量，以及燃料燃烧后的去向等均有关系。例如，贝索斯曾指出，蓝色起源公司使用的液氢和液氧燃料对环境的破坏程度比其他公司使用的燃料要小。即使如此，仍需要进一步研究其环保风险。

为实现普通人的太空旅游，必须大力发展完全重复使用的航天运载系统，数据表明，重复的次数越多，运载的成本就越低。目前正在发展的运载系统有 2 种，一种是垂直起飞垂直降落的系统，以 SpaceX 公司在建的"星舰"为代表；另一种是水平起飞和水平降落的空天飞机。究竟哪一种方案的成本更低，目前还无法定论，但是从乘客的舒适性和便捷程度来看，肯定空天飞机会更好。维珍银河公司目前的系统也可以认为是两级空天飞机的亚轨道初级版。不过能入轨的空天飞机必须要提高其第一级飞机的飞行速度，可能要达到 5 倍声速以上，为此，必须研制出一种能将几种形式的发动机组合起来的组合动力系统。显然，发展这种组合发动机还面临许多挑战，需要有更大的技术创新才能满足要求。预计从运载系统研发成功到运行和成本都能满足要求，还需要 20 年以上的时间。

8.3　航班化运营

60 多年来，世界载人航天取得了许多成就，但与人们的期望还有一定的差距。载人航天技术与其他领域的前沿技术相比，发展速度并不快。现如今，摩尔定律在芯片领域仍然有效，而载人航天技术依赖的航天运输系统主要取决于火箭技术。60 多年来，火箭的比冲只提高了 10%。目前，载人航天技术的瓶颈仍然是航天运输系统的能力不足和效费比低。航空航天界十分期待使用组合式发动机的空天飞机，近年来，虽然高超声速吸气式发动机取得重大突破，但是距离低成本的航班化运行还很远。另一方面，使用火箭发动机的垂直起飞、垂直降落的重复使用的航天运输系统却取得了很大的进展。目前，SpaceX 公司研制的"星舰"可能是一种性能最高、费用最低的航天运输系统。

8.3.1　航班化发展需求

人类对太空的依赖与日俱增，太空领域是 21 世纪世界大国争夺的重要疆域，航天技术正发挥着越来越重要的作用。当前，世界航天已进入以大规模互联网星座建设、空间资源开发、载人月球探测和大规模深空探测为代表的新阶段，进入空间需求正在快速增长，对航天运输系统提出了更高要求。像飞机一样实现航班化运营，是革命性提升航天运输系统能力的重要途径。以美国为代表的世界主要航天国家正在持续提升航天运输系统性能，发展重复使用、智能化、先进结构、高性能发动机、高性能空间转移运输等技术，不断向航班化运输迈进。

（1）满足人类生存与发展的需求

"地球是人类的摇篮，但人类不会永远生活在摇篮里。"航天科技的发展，能够帮助人类更好地认识地球、太阳系、宇宙以及探索生命之源等基础问题，能够帮助人类解决社会发展中遇到的贫穷、灾难、疾病以及人口快速增长带来的能源匮乏、资源短缺等各类问题。航班化航天运输系统是实现人类自由进出太空、开发和利用太空资源、寻求新的生存与发展空间的基础，能更好地服务于人类未来的生存与发展。

（2）满足人们对美好生活的向往

每一次运输方式的变革都会带来人类生活方式和生活水平的革命，例如高铁、飞机的商业运行不仅带来人们出行方式的改变，还带来了经济、文化、生活、观念上的变化，并深刻影响着社会的各个方面。随着人们生活水平的提高，对交通运输的速度和范围提出了更高要求，例如人们对太空旅游关注度日益升高，"一小时全球抵达"已提上日程，航班化航天运输系统是实现以上需求的重要技术基础。

（3）满足开发利用太空资源的需求

大规模开发利用太空资源将为人类提供更广阔的活动空间、更丰富的物质资源，也是经济实现健康增长的新动能，将带动相关科学技术快速发展。预计到 2045 年进入空间载荷规模将达万吨级，宝贵的太空轨道、频段、资产等太空资源将日趋紧张。发展航班化航天运输系统能够满足未来大规模进入空间需求，以更高效更大规模开发和利用空间资源，支撑未来大规模地月空间探索与开发、大规模深空探测、小行星探测与开发、火星移民等重大航天任务的实施。

（4）实现航天运输"从全到强"的历史跨越

航天运输系统是一切航天活动的基础，也是航天强国的重要标志。自 1970 年长征一号运载火箭发射半个世纪以来，我国运载火箭已经走过了"从无到有""从有到全"的历史进程，正迈入"从全到强"的时代；着眼于未来发展，发展航班化航天运输系统，能够实现我国航天运输系统"从全到强"的历史转变，支撑航天强国建设，实现近地空间运输便捷经济、地月空间运输高效可靠、星际空间运输自主可达。

（5）带动国防、科技、经济全方位发展

发展航班化航天运输系统，能够带动基础设计理论和方法、动力与能源问题、智能控制问题、高超声速气动问题、材料的极端服役疲劳问题、多学科耦合与优化问题等基础科学问题的研究，带动重复使用技术、高性能发动机、先进热防护、复杂大型结构、高精度制导控制等重大关键技术的突破，引领科技创新发展新方向；也将带动诸多传统产业的创新发展，并促进以太空资源开发、太空旅游、太空制造等为代表的新型产业的兴起，推动国防、科技、经济全方位发展。

8.3.2　国内外发展态势

美国 SpaceX 公司依托其高效率、高可靠性的运载火箭优势技术基础，不断开展重复使用技术验证，其猎鹰-9 火箭垂直起降重复使用技术日趋成熟，截至 2022 年 3 月，其一子级单模块已实现 12 次重复利用；SpaceX 公司"超重·星舰"运输系统面向未来航班化运营需求，可全面提供全球快速抵达运输、进出空间、太空资产回收和空间转移等服务，正持续开展飞行验证；美国火神、新格伦火箭都计划采用重复使用技术；俄罗斯国家航天集团公司公布了其一子级重复使用的阿穆尔火箭方案；欧空局计划在下一代阿里安火箭上采用重复使用技术，并持续开展"普罗米修斯"发动机和塞弥斯垂直起降验证机的研制，同时英国持续开展组合动力佩刀发动机和云霄塔空天飞机的技术攻关；日本和印度也在不断开展重复使用技术的试验验证工作。

同时，国外主要航天国家还通过应用智能化设计、轻质结构设计、高性能发动机等新技术，不断提升航天运输系统可靠性和运载效率。智能技术的快速进步为航天领域发展带来新动能，成为研究的重点方向。全生命周期数字化管理、基于数字样机的虚拟设计、快速生产制造、智能飞行和自主返回控制等技术不断取得突破。各国不断发展铝锂合金和复合材料轻质结构技术，降低结构系数；不断发展高性能液氧煤油、液氧甲烷和氢氧发动机技术，具备高比冲、高推重比和推力深度调节能力。

美国持续开展以"先进半人马座"为代表的长时间在轨高性能低温上面级的研制工作，通过应用先进的低温推进剂在轨蒸发量控制等新技术，使其在轨时间最长可延长到数周，可执行近地和深空探测等空间运输任务以及在轨服务、空间碎片清理等任务，通过在轨加注实现重复使用，大幅拓展了现有空间运输系统的设计理念和应用模式；ULA 公司已计划将"先进半人马座"上面级作为其未来大规模开发和利用地月空间资源、建立地月空间经济圈的重要基础设施之一。

我国航天运输系统经过 60 多年的发展，取得了举世瞩目的成绩。进入空间方面，构建了较为完善的一次性运载火箭产品体系，新一代运载火箭陆续开始应用发射。空间转移运输方面，形成了"远征"系列上面级。目前，我国正在持续开展新一代载人运载火箭、重型运载火箭和低温上面级等技术攻关。重复使用、新型动力等关键技术攻关取得显著进展，围绕垂直起降、垂直起飞水平返回、水平起降等开展了方案论证和部分飞行演示验证。同时，我国正在持续积极推进智慧火箭技术研究，通过智能技术赋能，进一步提升航天运输系统综合能力。

所取得的这些成就为建设航班化航天运输系统奠定了一定的基础，但针对航班化航天运输系统的建设仍处于起步阶段。可重复使用火箭方面，我国新一代运载火箭在飞行可靠性、发射成本以及发射准备时间等方面距航班化目标差距明显，目前不具备重复使用能力。重复使用航天运输系统重点突破重复使用技术，能够发展成为满足未来我国航班化航天运输系统能力需求的重要组成，但目前处于预研阶段，发展进度与航班化航天运输系统的预期目标要求还存在差距。空间转移运输方面，当前仍以常规有毒推进剂上面级为主力，低温等高性能空间转移运输系统工程尚未立项，与设定的空间转移运输的预期目标差距较大。

8.3.3　航班化技术路线

"航天港"是为执行飞行任务的航天器进行任务准备、发射服务、飞行管理和返回着陆等操作所必需的设施、设备、人员和邻近区域，是航班化发射的基础。1999 年春，美国总统国家安全事务助理和总统科学技术助理组成了一个跨部门工作组，评审美国卡纳维拉尔角空军站和范登堡空军基地的未来管理和使用。2000 年 2 月 8 日美国白宫跨部门工作组完成了一份题为《美国航天发射基地和靶场的未来管理和使用》的报告，报告第六条建议美国空军和 NASA 携手制定计划，协调、开发并验证下一代靶场技术，使未来一次性运载火箭和可重复使用运载器安全性提高；灵活性增加，性能提高，成本降低；建议NASA 任命肯尼迪航天中心为国家级技术中心，负责下一代可重复使用运载器靶场技术开发验证，这份报告得到了美国总统的批准。

美国空军和 NASA 联合成立了一个高级靶场技术工作组，NASA 还另外组建了一个姊妹工作组——高级航天港技术工作组，两个工作组均由 NASA 与肯尼迪航天中心领导。它们与美国政府机构共同确定未来跨部门靶场与航天港计划研发技术与方向，研究成果一经批准，美国国防部、NASA 和美国联邦航空管理局将会对重点项目进行联合出资。高级航天港技术工作组有 250 多名成员，他们来自美国国防部、美国空军、NASA 各航天中心、拥有航天港的州政府、航天器子系统和部件合同商、运载火箭开发商、大学以及学会等，可谓是各行各业，大家群策群力，共同致力于制定美国航天港技术路线。

通过分期改造，经过一系列"代"的发展，逐步与空中交通管制系统相整合，最终将成为支持往返于地球表面、绕地轨道和星际航天运输活动的下一代航天发射靶场——航天港。未来的航天发射靶场与空中交通管制交织在一起，靶场/航天港系统和航空/航天运输管制融合在一起，现在的靶场系统、规程和规章将会被航空航天运输控制和管理系统所取代，继而增加轨道运输管理并最终实现星际运输管理。虽然从当前航天运载器和航天测控技术水平来看，未来航天港的设想过于超前，但是其所提出的发射场标准化和自动化思路，必将成为航天发射场建设的一个重要趋势。

从美国航天港的技术路线来看，航天运输系统实现航班化，就是实现国家太空和空域交通管制系统融合，军地双方空间空中管制密切协同。这样，进出空间和空间运输的方式将出现颠覆性变革，垂直起降技术完全成熟，核推进技术具备能力，天梯、地球运输站、空间驿站建设有望实现。形成各类资源多层级、信息化、智能化管控，多种力量、多类要素快速联动和深度交互。发射场的建设和管理模式不局限于军事化管理，根据市场能力大小和技术发展水平，适应市场需要和国家安全利益，灵活采用租赁、政府私人合资、完全商业化运营等措施，满足任何类型的飞行器、有效载荷的顺利进入和大型航天计划顺利实施的需求。

基本步骤包括：第一步实现从发射到着陆全过程的地基航天港快捷化、通用化、现代化；第二步实现完全融合的太空交通管制；第三步打通空间转移轨道运输节点；第四步建立包括在月球在内的其他行星上的运输节点；第五步具备完善的航天运输系统、有效的管理体制和顺畅的投资机制，地基、天基航天港现代化、通用化、航班化基本成熟。

8.4　国际化选择

载人航天是人类历史上最为激动人心的系统工程之一，其特点是技术复杂、工程艰巨、高风险和高投入，单靠一两个国家是难以持久和深入地开展下去的。因此，基于空间探索和开发的载人航天，是整个人类的共同事业。广泛、深入的国际合作已成为推动和普及空间科学、技术与应用，并使之更好地服务于人类社会的有效途径。

8.4.1　20 世纪 70 年代的合作

1957 年，苏联成功发射第一颗人造地球卫星，揭开了人类向太空进军的序幕，同时也揭开了东西方两大阵营太空竞赛的序幕。在 20 世纪 60 年代这段时间，出于政治上的需要，苏美两国基本上只开展了与营垒内成员国间不载人的航天合作。而 20 世纪 70 年代，美国和苏联从激烈的竞争和绝对的排斥开始转向相互试探性的接触和进行有限度的合作，合作的领域也从不载人的航天扩展到载人联合飞行。

　　"阿波罗"－"联盟"飞船联合飞行计划是第一个国际性的太空合作载人航天工程，该工程因为是由两个相互敌对的最强国家第一次合作完成的一项复杂航天工程而在人类空间探索历史上成为一座里程碑。1972 年 5 月 24 日，美国总统尼克松和苏联总理柯西金在莫斯科正式签署协议，规定双方商定的飞船联合飞行将在 1975 年进行。1975 年 7 月，参与联合飞行的两艘飞船分别是阿波罗－18 和联盟－19 飞船，两艘飞船在漆黑的太空中缓缓驶向对方，最后成功地实现了对接，像两只大手一样紧紧地握在一起。当对接过渡舱的舱门一打开，两位飞船指令长——苏联的列昂诺夫和美国的斯坦福德的手就热烈地握在一起。列昂诺夫主动用英语对斯坦福德说："很高兴见到您。"全世界在电视上见证了这一具有历史意义的画面。这次太空"握手"的成功证明了为了实现共同的和平太空探索的目的，不同社会、文化和政治的阻碍将可以被克服。但是 20 世纪 70 年代的政治气候持续恶化，导致更复杂的联合飞行的希望落空。联合飞行留下了一段传奇，它在当时既缓和了长期以来美苏两国间你争我夺的太空竞赛，又为现在国际空间站的合作做好了示范。与此同时，东西方两大阵营内部的航天合作的范围和规模不断扩大，合作的性质也发生了一些微妙的变化，在西方阵营内的多数国家希望对美国的依赖逐渐减小，开始朝着相对独立和平合作的方向发展。

8.4.2　20 世纪 80 年代的合作

　　到了 20 世纪 80 年代，国际上兴起了发展载人航天的热潮，航天领域内的合作也日趋频繁，合作的内容更加广泛。东西两大营垒内许多成员国要求独立发展航天的意识进一步增强，并开始从"一边倒"向"双向合作"的趋势发展，这种独立发展航天的愿望在西方阵营内尤为明显。当 1984 年美国提出希望与欧洲合作研制空间站时，欧洲就明确提出要与美国建立"真正的合作伙伴"关系，欧洲将提供计划中独立的能确认的部分，而不是像过去那样只提供设备。同期，日本一方面决定研制自己的 H－Ⅱ型火箭，以增加自己独立开展航天活动的能力，另一方面又谋求与美国建立一种新的航天合作关系，为美国的空间站计划提供可与之对接的日本实验舱。以苏联为首的国际航天活动也发生了重大变化，在这一阶段，搭乘苏联航天器实现航天活动的航天员，不仅有来自东方阵营的国家，而且也有来自西方阵营的国家。比如，在 20 世纪 80 年代末，苏联对来自日本和英国的航天员进行了培训，他们在 20 世纪 90 年初与苏联航天员还进行联合飞行。

　　1984 年 1 月 25 日，美国总统里根在国情咨文中正式提出美国将在未来十年内发展永久空间站。他说："今晚，我命令美国国家航空航天局，在十年之内发展永久性载人空间站。空间站的建立，将使我们的科学研究、通信、金属冶炼以及只有在太空才能生产的救生药品的发展发生更大的飞跃。"这就是模型庞大的"自由"（Freedom）号空间站计划。美国后来邀请其盟国参加，欧洲空间局、日本和加拿大做出了响应，决定加入发展载人空间站的行列。经过里根、克林顿两届政府任期，最终演变成为今天的国际空间站，成为一个多国合作的项目。苏联于 1986 年发射了新一代的和平（Mir）号长期载人空间站，它有

6 个对接口，能接上多个舱体组成大型空间站。在此后运行在轨道上的 15 年来，和平号先后接待了包括阿富汗、奥地利、保加利亚、法国、德国、日本、叙利亚、英国和美国等十几个国家 24 个乘务组的 62 位科学家，取得了一大批空间科研成果。

8.4.3 20 世纪 90 年代的合作

随着苏联的解体，冷战宣告结束，东西方关系得以缓和，这也为载人航天国际合作的开展提供了良好的国际环境，为空间科学、技术和应用研究的相互交流带来了难得的机遇。1992 年 1 月 22 日，发现者号航天飞机的飞行是这种新形势下广泛进行国际合作的典型事例。这次飞行中，航天飞机的"国际微重力实验室"是由 6 个国际空间研究机构共同发起和组织的，在里面一共安装了来自世界 15 个国家的科学实验载荷。美国为这次科学实验投入 0.7 亿美元，加上航天飞机的发射费用及国际载荷基金，此次任务共耗资约 4.5亿~5 亿美元。在这次航天飞机的航天员乘务组中，其中有两名航天员分别是来自加拿大航天局和欧洲空间局的载荷专家，并且这两名专家与地面科学家的相互结合在历史上还是第一次。在这次飞行中进行了大量的生命科学和材料加工科学实验，在世界范围内为这些实验做出重要贡献的有关科学家在 220 名以上。中国在这次飞行中的搭载项目包括一项材料加工实验和一项空间碎片实验。

作为美国与俄罗斯合作的一个积极信号，美国航天飞机与和平号空间站实施了交会对接，并进行了设备和航天员的交换。1995 年 2 月 6 日，发现号航天飞机与和平号空间站在太空交会，两个航天器相距仅 11.3 m。同年 6 月 29 日至 7 月 4 日（恰逢美国独立纪念日），美国的阿特兰蒂斯号航天飞机和俄罗斯的和平号空间站这两个质量均逾 100 t 的庞然大物在轨道上实现了对接。

这次空间对接创造了多个第一：美国的第 100 次载人航天，美国航天飞机第一次与俄罗斯空间站对接，组成轨道上体量最大的空间飞行器，第一次在轨交换航天飞机的机组人员。两国的新闻媒体纷纷发表评论，盛赞这次太空对接是冷战结束后国际合作新时代的开始。的确，如果说 1975 年"阿波罗"和"联盟"飞船在冷战背景下对接主要是出于装饰政治门面的需要，那么这次时隔 20 年的太空第二次握手则主要体现了两国开展航天计划的务实性。阿特兰蒂斯号航天飞机和和平号空间站的历史性空间对接，拉开了国际空间站建造工程的序幕。

8.4.4 21 世纪载人航天合作

国际空间站可以说是世界航天界通力合作的典范。目前建成的国际空间站为人类迄今为止最大的一项合作航天工程，参与国际空间站研制的国家包括美国、俄罗斯、欧洲空间局 11 国（正式成员国有比利时、丹麦、法国、德国、英国、意大利、荷兰、西班牙、雅典、瑞士和爱尔兰）、日本、加拿大和巴西等 16 个国家。

由 1998 年 11 月升空的第一个太空舱——俄罗斯曙光号功能货舱拉开了国际空间站的建设序幕。此后十余年间，美国团结号节点舱、俄罗斯星辰号服务舱、美国命运号实验舱、美国寻求号闸门舱、俄罗斯码头号对接舱、意大利和谐号连接舱、欧洲空间局哥伦布实验舱、日本希望号实验舱、俄罗斯探索号小型实验舱、欧洲空间局宁静号节点舱和炮塔号天体观测台以及俄罗斯黎明号小型实验舱等总共 13 个舱体先后升空并相互对接，形成一座设计寿命为 10～15 年，总质量为 423 t，长 108 m、宽（含翼展）88 m，运行轨道高度为 397 km，载人舱内大气压与地表面相同，可载 6 人的规模空前的"太空城"。

"国际空间站"一直处于边建设边工作的状态，迄今已有超过 10 万人参与该空间站的建设，其项目总耗资已达 1200 亿美元。共有来自 15 个国家的 189 名航天员在此工作过，其中有些人还曾两度造访。他们顺利完成了各项飞行和科研任务，有力地促使相关技术日益成熟，推动太空科研不断取得开拓性进展，为人类迈向更加深邃的宇宙打下坚实基础。

作为世界上第三个把航天员送入太空的航天大国，中国一直在积极加强与世界各国的航天交流与合作。中国已先后与十多个国家和机构签署了政府或机构间空间合作协议，建立了空间合作机制。中国特别与俄罗斯建立了良好的战略合作伙伴关系，在中俄睦邻友好合作条约的框架下，中国和俄罗斯在载人航天领域开展了互惠互利的合作、交流。两国在航天员的培训、载人飞船的研制等多方面进行了合作。2008 年 9 月 27 日，在"神舟"七号飞行任务中，中国航天员翟志刚和刘伯明分别穿着中国自行研制的"飞天"舱外航天服和俄罗斯为中国研制的"海鹰"舱外航天服实施首次舱外活动，俄罗斯专家还提供了全过程的技术支持。2010 年，中国参加了由俄罗斯主办的 MARS500 模拟火星载人航天飞行试验，目前还在进行当中。

2021 年 3 月 9 日，中俄两国签署合作建设国际月球科研站谅解备忘录，双方将协同实施中国"嫦娥七号"和俄罗斯月球-资源-1（LUNA - 26）任务，并联合建设月球与深空探测数据中心，标志着中俄两国在月球探测领域的合作迈出新的一步。2021 年 4 月 12 日，国际载人航天日暨人类首次进入太空 60 周年盛大庆祝活动在中国北京俄罗斯文化中心举行。俄罗斯驻华大使馆公使衔参赞卢基扬采夫表示，1961 年 4 月 12 日尤里·加加林的太空飞行实现了人类进入太空的愿望，证明了苏联在科学方面的强大能力，而如今中俄两国在航天领域的合作不断加深，有利于深化中俄新时代全面战略协作伙伴关系。

未来中俄在航天领域多方面的合作令人期待，北京宇航学会秘书长吴琼对未来中俄航天领域深化合作表示肯定，他说，当前中俄两国一直致力于在空间技术等多领域开展合作，航天领域作为双方合作的重要领域之一，从战略合作到科研技术，未来两国的合作会更加广泛。21 世纪是人类和平探索与开发利用外层空间的新世纪。在科学技术突飞猛进、全球化趋势日益明显的新时期，为了解决人类共同面临的生存和发展问题，加强航天国际合作已成为世界航天国家的必然选择。可以预料，在国际载人航天合作大潮的推动下，世界载人航天事业必将蓬勃兴盛地发展下去。

参 考 文 献

［1］ 陆晋荣，董学军．航天发射质量工程［M］．北京：国防工业出版社，2015.

［2］ 董学军，等．民商航天发射探索与实践［M］．北京：中国宇航出版社，2019.

［3］ 董学军，等．航天发射一体化管理理论与实践［M］．北京：中国宇航出版社，2021.

［4］ 董学军，等．航天装备质量工程技术［M］．北京：中国宇航出版社，2022.

［5］ 中国航天科技集团公司．航天质量管理基础［M］．北京：中国宇航出版社，2017.

［6］ 中国航天科技集团公司．通用质量特性［M］．北京：中国宇航出版社，2017.

［7］ 中国航天科技集团公司．产品保证［M］．北京：中国宇航出版社，2017.

［8］ 中国航天科技集团公司．航天质量管理方法与工具［M］．北京：中国宇航出版社，2017.

［9］ 栾恩杰．航天系统工程运行［M］．北京：中国宇航出版社，2010.

［10］ 袁家军.神舟飞船系统工程管理［M］．北京：机械工业出版社，2005.

［11］ 袁家军．航天产品工程［M］．北京：中国宇航出版社，2011.

［12］ 余后满．航天器产品保证［M］．北京：北京理工大学出版社，2018.

［13］ 花禄森．系统工程与航天系统工程管理［M］．北京：中国宇航出版社，2007.

［14］ NASA. NASA 系统工程手册［M］．朱一凡，等译．北京：电子工业出版社，2012，6.

［15］ 张新国．国防装备系统工程中的成熟度理论与应用［M］．北京：国防工业出版社，2013.

［16］ 国际系统工程协会．系统工程手册［M］．张新国，译．北京：机械工业出版社，2022.

［17］ 汪应洛．系统工程［M］．5 版．北京：机械工业出版社，2019.

［18］ 陶家渠．系统工程原理与实践［M］．北京：中国宇航出版社，2013.

［19］ 黄春平，侯光明．载人航天运载火箭系统研制管理［M］．北京：科学出版社，2007.

［20］ 孙家栋，等．北斗二号卫星工程系统工程管理［M］．北京：国防工业出版社，2017.

［21］ 张红军，等．武器装备体系原理与工程方法［M］．北京：电子工业出版社，2019.

［22］ 龙乐豪，等．导弹与航天丛书之总体设计（上、中、下）［M］．北京：宇航出版社，2001.

［23］ 周载学，等．导弹与航天丛书之发射技术（上、中、下）［M］．北京：中国宇航出版社，2009.

［24］ 张泽明．发射技术（上、下）［M］．北京：国防工业出版社，2004.

［25］ 崔吉俊．载人航天发射技术［M］．北京：科学出版社，2007.

［26］ 崔吉俊．航天发射试验工程［M］．北京：中国宇航出版社，2010.

［27］ 宋征宇．运载火箭地面测试与发射控制技术［M］．北京：国防工业出版社，2016.

［28］ 杨宏，等．载人航天器技术［M］．北京：北京理工大学出版社，2018.

［29］ 徐建强．火箭卫星产品试验［M］．北京：中国宇航出版社，2012.

［30］ 褚桂柏．航天技术概论［M］．北京：中国宇航出版社，2002.

［31］ 郑荣跃．航天工程学［M］．长沙：国防科技大学出版社，1999.

［32］ Project Management Institute. A Guide to the PROJECT MANAGEMENT BODY OF KNOWLEDGE（PMBOK GUIDE）［M］. 北京：电子工业出版社，2015.

［33］ 中国优选法统筹法与经济数学研究会项目管理研究委员会. 中国现代项目管理发展报告（2016）［M］. 北京：中国电力出版社，2017.

［34］ 哈罗德·科兹纳. 项目管理［M］. 11 版. 杨爱华，王丽珍，等译. 北京：电子工业出版社，2015.

［35］ 吴涛，丛培经. 中国工程项目管理知识体系（上、下册）［M］. 北京：中国建筑工业出版社，2006.

［36］ 卢有杰，王勇. 项目管理知识体系指南［M］. 3 版. 北京：电子工业出版社，2003.

［37］ 蔺石柱，等. 工程项目管理［M］. 2 版. 北京：机械工业出版社，2015.

［38］ 蒋国瑞，等. IT 项目管理［M］. 北京：电子工业出版社，2006.

［39］ 李帜，林立新，曹亚波. 软件工程项目管理：功能点分析方法与实践［M］. 北京：清华大学出版社，2005.

［40］ 卢向南. 项目计划与控制［M］. 北京：机械工业出版社，2005.

［41］ 徐培德，祝双江，等. 项目风险分析理论方法及应用［M］. 长沙：国防科技大学出版社，2007.

［42］ 张洪太，余后满. 航天器项目管理［M］. 北京：北京理工大学出版社，2018.

［43］ 康锐，何益海. 质量工程技术基础［M］. 北京：北京航空航天大学出版社，2012.

［44］ 卢碧红，等. 现代质量工程［M］. 北京：机械工业出版社，2013.

［45］ 詹姆斯·R. 埃文斯，威廉·M. 林赛. 质量管理与控制［M］. 7 版. 焦叔斌，译. 北京：中国人民大学出版社，2010，191.

［46］ 刘小方，谢义. 装备全寿命质量管理［M］. 北京：国防工业出版社，2014.

［47］ S B Johnson et al. 系统健康管理及其在航空航天领域的应用［M］. 景博，等译. 北京：国防工业出版社，2014.

［48］ 徐克俊. 航天发射质量控制［M］. 北京：国防工业出版社，2012.

［49］ 徐克俊. 航天发射故障诊断技术［M］. 北京：国防工业出版社，2007.

［50］ 于永利，郝建平，杜晓民，等. 检修性工程理论与方法［M］. 北京：国防工业出版社，2007.

［51］ 任猛，黄年金，徐国良，等. 基于状态的测控设备维护决策方法［J］. 电讯技术，2013，53（8）：1088-1093.

［52］ 李晗，萧德云. 基于数据驱动的故障诊断方法综述［J］. 控制与决策，2011（1）：1-9.

［53］ 龚庆祥. 型号可靠性工程手册［M］. 北京：国防工业出版社，2007.

［54］ 徐克俊，金星，郑永煌. 航天发射场可靠性安全性评估与分析技术［M］. 北京：国防工业出版社，2006.

［55］ 王安生. 软件工程化［M］. 北京：清华大学出版社，2014.

［56］ 韦群，龚波，任昊利. 军用软件工程［M］. 北京：国防工业出版社，2010.

［57］ 李学仁. 军用软件质量管理学［M］. 北京：国防工业出版社，2012.

［58］ 刘小方，程绪建. 装备软件质量检验与监督［M］. 北京：国防工业出版社，2012.

［59］ 谭洪华. IATF16949 质量管理体系详解与案例文件汇编［M］. 北京：中华工商联合出版社，2017.

［60］ 杨孟飞. 航天企业质量管理成熟度模型［M］. 北京：中国宇航出版社，2012.

［61］ 马双民. 液体火箭发动机质量管理与检测技术［M］. 北京：中国宇航出版社，2017.

［62］ Peter S Pande，Robert P Neuman，Roland R Cavanagh. 六西格玛管理法［M］. 马钦海，陈桂云，译. 北京：机械工业出版社，2011.

［63］ 马林，何桢. 六西格玛管理［M］. 2 版. 北京：中国人民大学出版社，2008.

[64] 罗云. 风险分析与安全评估 [M]. 3 版. 北京：化学工业出版社，2015.

[65] 符志明. 航天项目风险管理 [M]. 北京：机械工业出版社，2004.

[66] 罗云. 风险分析与安全评估 [M]. 3 版. 北京：化学工业出版社，2015.

[67] 陈伟珂. 工程项目风险管理 [M]. 北京：人民交通出版社，2003.

[68] Yacov Y Haimes. 风险建模、评估和管理 [M]. 2 版. 胡平，译. 西安：西安交通大学出版社，2007.

[69] 中国质量协会，卓越国际质量科学研究院. 卓越绩效评价准则实务 [M]. 2 版. 北京：中国标准出版社，2012.

[70] 龚钴尔. 别逗了，美国宇航局 [M]. 北京：科学出版计，2012.

[71] GB/T 19000—2016. 质量管理体系 基础和术语（idt ISO9000：2015）[S]. 中华人民共和国国家质量监督检验检疫总局，中国国家标准化管理委员会，2016.

[72] GB/T 19001—2016. 质量管理体系 要求（idt ISO9001：2015）[S]. 中华人民共和国国家质量监督检验检疫总局，中国国家标准化管理委员会，2016.

[73] 中华人民共和国国家质量监督检验检疫总局，中国国家标准化管理委员会. 质量管理体系 业绩改进指南（GB/T 19004—2016）[S]. 北京：中国标准出版社，2016.

[74] GJB 1378A—2007 装备以可靠性为中心的检修性分析 [S]. 北京：中国人民解放军总装备部，2007.

[75] 中华人民共和国国家质量监督检验检疫总局，中国国家标准化管理委员会. 质量管理体系 项目质量管理指南（GB/T 19016—2005）[S]. 北京：中国标准出版社，2003.

[76] 中华人民共和国国家质量监督检验检疫总局，中国国家标准化管理委员会. 企业现场管理准则（GB/T 29590—2013）[S]. 北京：中国标准出版社，2013.

[77] GJB 1378A—2007 装备以可靠性为中心的维修分析 [S]. 北京：中国人民解放军总装备部，2007.

[78] GJB 3206B—2022 技术状态管理 [S]. 北京：中央军委装备发展部，2022.

[79] GJB 1442A—2019 检验工作要求 [S]. 北京：中央军委装备发展部，2019.

[80] GJB 1406A—2021 产品质量保证大纲要求 [S]. 北京：中央军委装备发展部，2021.

[81] 闻新，成奕东，秦钰琦，等. 航空航天知识与技术 [M]. 北京：国防工业出版社，2015.

[82] Jerry Jon Sellers et al. 理解航天 [M]. 张海云，李俊峰，译. 北京：清华大学出版社，2007.

[83] 宋健. 航天纵横 [M]. 北京：高等教育出版社，2007.

[84] 《中国航天事业发展哲学的思想》编委会. 中国航天事业发展哲学的思想 [M]. 2 版. 北京：北京大学出版社，2016.

[85] 《中国航天文化的发展与创新》编委会. 中国航天文化的发展与创新 [M]. 北京：北京大学出版社，2016.

[86] 肯·G. 史密斯. 管理学中的伟大思想 [M]. 徐飞、路琳，等译. 北京：北京大学出版社，2016.

[87] 张浩. 管理科学研究模型与方法 [M]. 北京：清华大学出版社，2016.

[88] Ｃ D 威肯斯，J D 李，刘乙力，等. 人因工程学导论 [M]. 2 版. 张侃，等译. 上海：华东师范大学出版，2007.

[89] 罗伯特·W. 普罗克特，等. 简单与复杂系统的人为因素 [M]. 揭裕文，等译. 上海：上海交通大学出版社，2020.

[90] 龚庆祥. 型号可靠性工程手册 [M]. 北京：国防工业出版社，2007.

［91］ 吴文汇. 数据包络分析及其应用［M］. 北京：中国统计出版社，2002.

［92］ 美国 DAMA 国际. DAMA 数据管理知识体系指南［M］. 2 版. 北京：机械工业出版社，2020.

［93］ 董学军，杜建洲. 基于证据合成与贝叶斯网络推理的航天器发射风险评估模型［J］. 系统工程理论与实践，2019，39（8）：2170－2178.

［94］ 邢云燕，蒋平. 基于顺序 Dirichlet 分布的 Bayes 可靠性增长评估方法［J］. 系统工程与电子技术，2017，39（5）：1178－1182.

［95］ 姜江. 证据网络模型及其推理算法［J］. 系统工程理论与实践，2015，35（4）：984－990.

［96］ 王博，蒋平，郭波. 基于多源信息融合的航天阀门可靠性评估［J］. 兵工学报. 2022，43（2）：199－206.

［97］ 董学军，张科昌，陈露凌，等. 航天发射技术操作安全风险防控模型［J］. 质量与可靠性，2021，（5）：21－27.

［98］ 董学军，邢立宁，陈英武. 航天器发射多任务并行调度模型及算法［J］. 系统工程与电子技术，2013，35（7）：1438－1444.

［99］ 董学军，白国庆，陈英武. 基于 BER 和 CTMC 的航天器发射组织过程可靠度模型［J］. 国防科技大学学报. 2013，35（2）：46－51.

［100］ 董学军，黎明，陈英武. 航天发射组织可靠性模型［J］. 管理工程学报，2013，27（4）：75－81.

［101］ 陆晋荣，董学军，信聪. 基于信息融合的航天发射风险管理［J］. 载人航天，2013，19（2）：17－23.

［102］ 董学军，武小悦，陈英武. 基于 Markov 链互模拟的航天器发射任务可靠度模型［J］. 系统工程理论与实践，2012，32（10）：2323－2331.

［103］ 董学军，陈英武. 基于补偿和不可替代因素合成的人因可靠性分析方法［J］. 系统工程理论与实践，2012，32（9）：2087－2096.

［104］ 董学军，陈英武，邢立宁. 基于混合粒子群策略的航天发射工艺流程优化方法［J］. 系统工程，2011，29（1）：110－116.

［105］ ZHANG JUN, JIANG JIANG, et al. A belief rule－based safety evaluation approach for complex systems［J］. Mathematical Problems in Engineering，2015，1－10.

［106］ YU HAIYUE, WU XIAOYUE. A Petri net software for mission reliability evaluation of PMS［C］. Proceedings of the 2015 27ᵗʰ Chinese Control and Decision Conference, Qingdao, Chinese, 2015, 6040－6044.

［107］ XING YUNYAN, JIANG PING, CHENG ZHIYUN. A reliability growth model in a multiple test stages framework［C］. 4ᵗʰ IEEE International Symposium on Systems Engineering, Roma, Italy. 2018.

［108］ HOU KEWEN, ZHAO TAO, QI JIANJUN, et al. Comprehensive evaluation method for importance of pre task review of key equipment using the index weight calculation model based on analytic hierarchy process［C］. Proceedings－2021 International Conference on Management Science and Software Engineering, Chengdu, China. 2021，56－59.

［109］ YU HAIYUE, WU XIAOYUE. Mission reliability simulation of time redundancy PMS with Multiple Missions［C］. Proceedings－12ᵗʰ International Conference on Reliability, Maintainability, and Safety, Shanghai, China. 2021，124－129.

［110］ QI JIANJUN, WANG DONGFENG, WANG LIXIN, et al. performance reliability assessment method of a pump based on multi – performance parameters [C]. 10th Prognostics and System Health Management Conference, Qingdao, China. 2019.

[111] WANG BO, JIANG PING, XING YUNYAN, et al. Reliability evaluation by accelerated testing with zero failure data [C]. Proceedings of the 29th European Safety and Reliability Conference, Hannover, Germany. 2020, 991 – 996.

[112] XING YUNYAN, JIANG PING, YAO FENG, et al. Reliability test demonstration method for exponential life system with reliability growth under the condition of In – Time corrective strategy [C]. Proceedings of the 7th European Congress on Computational Methods in Applied Sciences and Engineering. Crete, Greece. 2016, 8528 – 8538.

[113] YU HAIYUE, WU XIAOYUE. Simulation method for mission reliability assessment of space telemetry tracking and command system with dynamic redundancy [J]. International Journal of Performability Engineering. 2019, 15 (6): 1684 – 1691.

[114] WANG BO, JIANG PING, LI WENHUA. Space product reliability evaluation in two – stage development based on scaling factor [J]. IEEE ACCESS. 2020, 8: 92565 – 92572.

[115] JIANG PING, XING YUNYAN, JIA XIANG, et al. Weibull failure probability estimation based on zero – failure data [J]. Mathematical Problems in Engineering. 2015.

[116] JI XIAOXIAO, JIANG JIANG, SUN JIANBIN, et al. A hierarchal risk assessment model using the evidential reasoning rule [J]. Systems. 2017, 5 (1): 1 – 11.

[117] DONG XUEJUN, CHEN YINGWU, LI MING, et al. A Spacecraft launch organizational reliability model based on CSF [J]. Quality and Reliability Engineering International. 2013, 29 (7): 1041 – 1054.

[118] DONG XUEJUN, MA JIANJUN, CHEN YINGWU, et al. A disaster warning model for a spacecraft launch based on information fusion and network inference [J]. Int. J. Risk Assessment and Management. 2012, 16 (1): 142 – 171.

[119] MARK FRENCE. Aerospace applications [M]. Springer International Publishing, 2018.

[120] STAAL M A, Stress. Cognition and human performance: a literature review and conceptual framework [R]. NASAP TM – 2004 – 212824, 2004.

[121] HSIMES Y Y, S KAPLAN, J H LAMBERT. Risk filtering, ranking, and management framework using hierarchical holographic modeling [J]. Risk Analysis 2002, 22 (2): 383 – 397.

[122] JOSEPH DEFEO, J M JURAN. Juran's quality handbook: the complete guide to performance excellence, sixth edition [M]. New York: McGraw – Hill Professional, 2010.

[123] SUZANNE M DAWS. Aircrew coordination and communication: the role of decision styles in individual and group performance under skill –, rule –, and knowledge – based decision marking [M]. ProQuest, 2006.

[124] SMETS P. Decision making in the TBM: The necessity of the pignistic transformation [J]. international Journal of Approximate Reasoning, 2005, 38, 133 – 147.

[125] WIEGMANN D A, SHAPPELL S A. Human Error analysis of commerial aviation accidents [J]. Aviation, Space, Environmental Medicine. 2001, 72 (11), 1006 – 1016.

[126] HYO – NAM Cho, et al. A risk assessment methodology for incorporating uncertainties using fuzzy concepts [J]. Reliability Engineering and System Safety, 2002, (78): 173 – 183.

［127］ MICHAEL STAMATELATOS. Probabilistic risk assessment procedures guide for nasa managers and practitioners ［R］. Office of Safety and Mission Assurance NASA Headquarters Washington DC，2002：1 - 50.

［128］ DEPARTMENT OF DEFENSE. Risk management guide for DoD acquisition，sixth edition ［R］. 2006.

［129］ YACOV Y HAIMES. Risk modeling，assessment，and management，third edition ［M］. Hoboken：John Wiley & Sons，2009.

［130］ POLLOCK E，CHANDLER P，SWELLER J. Assimilating complex information ［J］. Learning & Instruction. 2002，12，61 - 86.

［131］ 网站：www. nasa. gov（美国国家航空航天局 National Aeronautics and Space Administration）.

［132］ 网站：www. federalspace. ru（俄罗斯联邦航天局 Russian Federal Space Agency）.

［133］ 网站：www. esa. int（欧洲空间局 European Space Agency）.